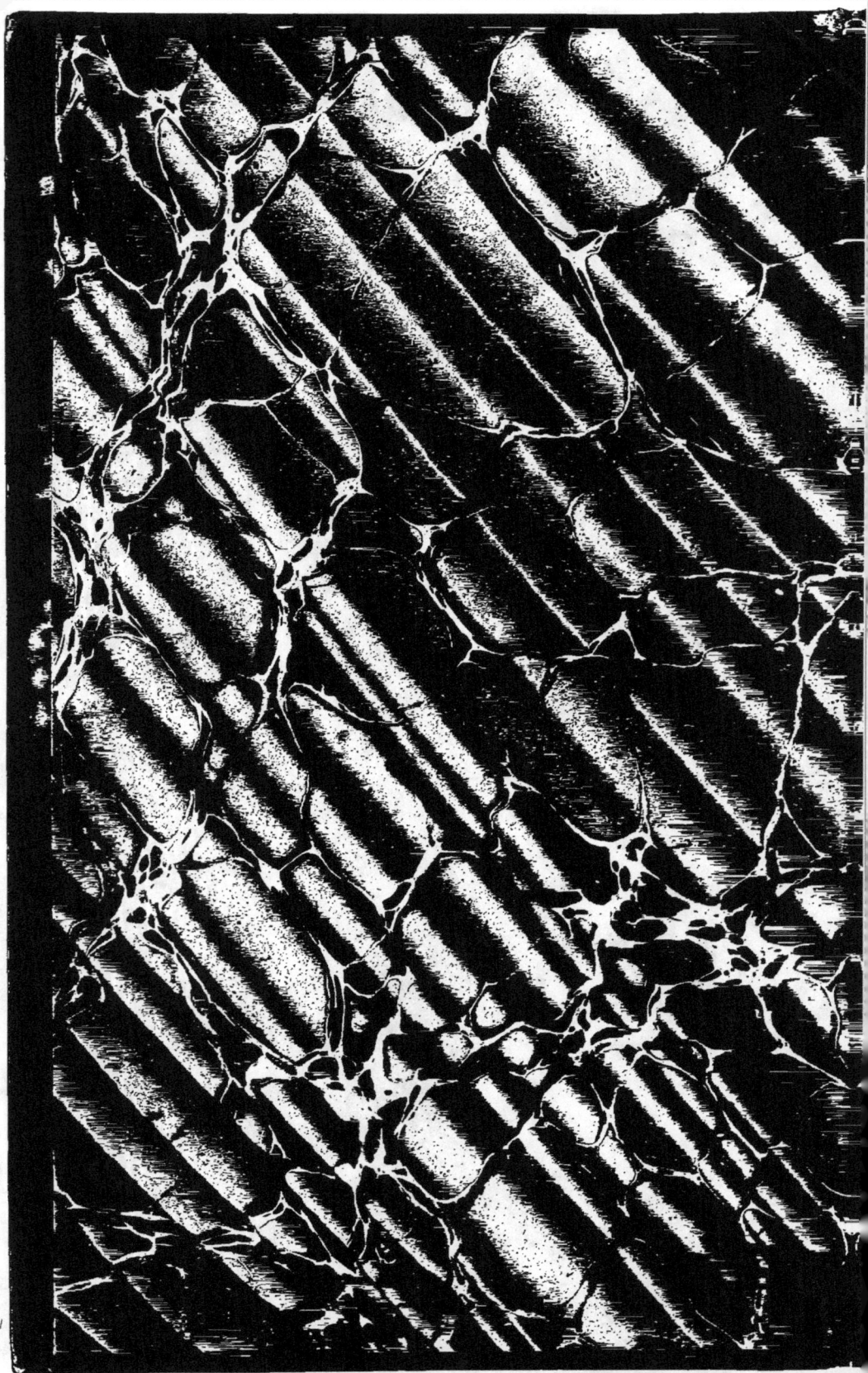

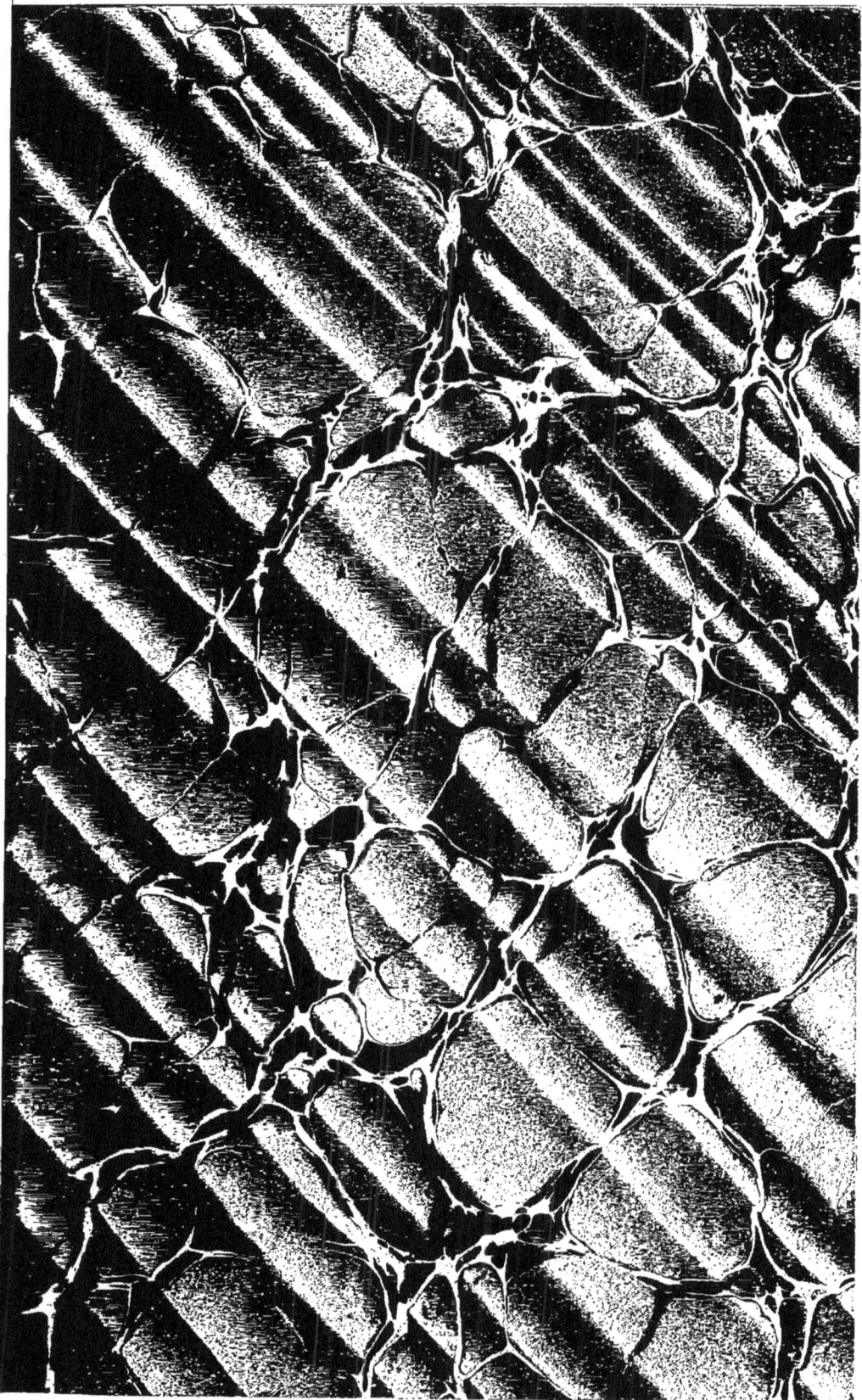

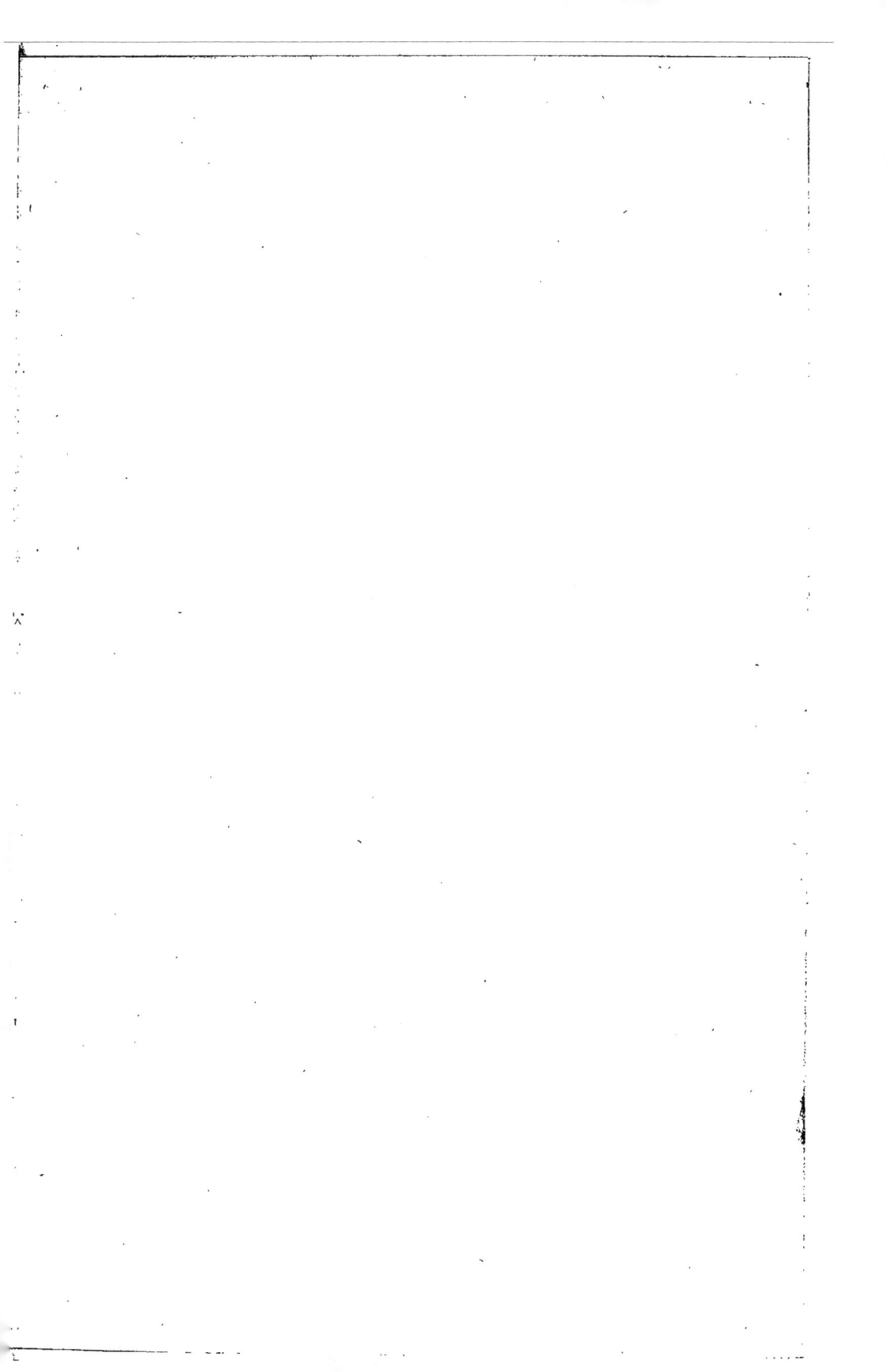

S

©

DE
L'ART
D'ÉLEVER
LES *VERS-A-SOIE*,

POUR obtenir constamment , d'une quantité donnée de feuilles de mûrier , la plus grande quantité possible de Cocons de première qualité , et de l'influence de cet art sur l'augmentation annuelle des richesses des Particuliers et des Nations ;

OUVRAGE

DE M. LE COMTE DANDOLO,

Commandeur de l'Ordre de la Couronne de Fer , Chevalier de la Légion d'Honneur , Membre de l'Institut Royal des Sciences , Lettres et Arts, un des Quarante de la Société Italienne des Sciences , et Associé de plusieurs Académies nationales et étrangères ;

Traduit de l'Italien ,

Par FONTANEILLES,

Docteur en Médecine, ancien Médecin de l'Hôpital militai... Milan, Correspondant de plusieurs Sociétés savant...

SE VEND,

A PARIS , chez TOURNACHON - MOLIN ET SEGUIN , Libraires , rue de Savoie , N.o 6.
A LYON, chez BOHAIRE, rue Puits-Gaillot , n.o 1.
ET A MONTPELLIER, chez AUGUSTE SEGUIN, Libraire , Place Neuve.

1819.

Le Traducteur déclare contrefaits les exemplaires de cet ouvrage qui ne seront pas revêtus du paraphe ci-dessous.

LE TRADUCTEUR.

L'AUTEUR de l'ouvrage que je présente au public, est un des savans d'Italie qui se sont le plus occupés de faire l'application des sciences physiques aux arts les plus utiles à la société. Persuadé que, pour perfectionner les arts, l'homme instruit dans les sciences physiques doit expérimenter et observer lui-même, il emploie depuis bien des années sa fortune et son temps à interroger la nature, et à la forcer à fournir aux arts ruraux les plus grands moyens d'être utile à la société.

M. le Comte DANDOLO est très-avantageusement connu par les charges importantes qu'il a occupées, ainsi que par des écrits dans les sciences appliquées à l'économie rurale et domestique. Il a fait des traités sur les vins d'Italie, sur le sirop de raisin, sur les pommes de terre, sur l'engrais des terres, sur les mérinos, et sur d'autres sujets non moins intéressans.

Ayant observé que les récoltes de cocons manquaient souvent en Italie, il a voulu lui-même élever des vers-à-soie pour s'assurer si, comme il l'avait soupçonné, cela dépendait uniquement de la mauvaise manière de les élever. L'expérience l'en ayant convaincu pendant plusieurs années, il s'est empressé de le faire connaître au public par cet ouvrage.

Animé du louable désir d'être utile à l'art d'élever les vers-à-soie, il explique la manière de s'y prendre pour obtenir constamment une grande quantité de très-beaux cocons avec moins de feuille qu'on n'a employé jusqu'à ce jour. Il est entré dans de très-grands détails. Les personnes éclairées l'accuseront, peut-être, d'avoir été minutieux; elles trouveront dans son ouvrage beaucoup de répétitions; j'avoue que j'ai dû en supprimer quelques-unes : cependant, comme M. le Comte DANDOLO a écrit principalement pour les agriculteurs, et qu'il a eu bien plus en vue d'être utile que de briller, le lecteur impartial se convaincra que ces mêmes détails minutieux et ces répétitions sont très-avantageux pour celui qui dirigera un établissement de vers-à-soie ou qui y travaillera, en ce qu'ils soulageront beaucoup sa mémoire, et lui éviteront de feuilleter l'ouvrage à tout moment.

J'ai vu, sur les lieux, les grands avantages que présente la nouvelle méthode pratiquée par l'auteur, et j'ai cru être utile à l'industrie française, en publiant son ouvrage dans cet idiome.

FONTANEILLES.

A MESSIEURS

LES PASTEURS ET PROPRIÉTAIRES.

J'AI examiné comment on élève généralement les *vers-à-soie*; j'ai lu tout ce qui a été écrit de mieux sur cet important sujet; je m'en suis occupé moi-même, et je me suis convaincu qu'au lieu d'un art fondé sur des principes, et composé de préceptes bien raisonnés, nous n'avons à peu près qu'une aveugle pratique; que, chez le plus grand nombre de cultivateurs, cette pratique est même entravée par des préventions erronées, très-funestes, et que, jusqu'à présent, les bons écrivains qui ont traité ce sujet, n'ont pu être d'une grande utilité, n'ayant pas eux-mêmes réuni ce qui était nécessaire, c'est-à-dire, les connaissances scientifiques à une grande expérience. L'Italie, ainsi que les autres nations, n'a pas un livre élémentaire qui guide avec facilité et assurance pour obtenir constamment, par les moyens les plus simples et les moins dispendieux, la plus grande quantité de très-beaux cocons avec la moindre quantité possible de feuilles de mûrier. Je me suis en conséquence déterminé à publier ce livre.

En voici le plan.

Après avoir émis quelques idées générales sur la famille des chenilles, sur les *vers-à-soie*, et sur la feuille du mûrier, afin d'éviter beaucoup de répétitions qui auraient eu lieu dans le cours de l'ouvrage, j'expose le meilleur moyen qu'on doit employer pour faire naître les *vers-à-soie*, et les transporter où ils doivent être élevés.

Je traite du soin des *vers-à-soie* dans leurs quatre premiers âges; de l'espace qu'une quantité donnée doit occuper dans chaque âge sur les tables d'osier; de la quantité d'aliment nécessaire dans chaque âge, et des changemens qu'ils éprouvent.

Je démontre quel est le soin nécessaire aux *vers-à-soie* dans la cinquième période de leur vie, et comment le cultivateur peut s'assurer de n'avoir rien à craindre des variations de l'atmosphère.

A ce sujet, j'indique tous les soins qu'il faut avoir dans cette période importante.

Les *vers-à-soie* finissent par la formation des cocons dans lesquels ils se transforment en chrysalide; ce qui constitue leur sixième âge. J'indique ce qu'on doit faire pour préparer le bois, pour recueillir les cocons et pour choisir et conserver ceux qui doivent fournir les œufs pour l'année suivante.

Le développement de la chrysalide en papillon, constitue le septième âge des *vers-à-soie*. A ce sujet, je traite de l'issue du papillon, de son accouplement, de sa séparation, de la ponte et de la conservation des œufs, indiquant les soins convenables à ces diverses choses.

Les diverses variétés connues des *vers-à-soie* nécessitent des soins différens. Je les décris et fais un examen comparatif des valeurs et des différentes qualités de cocons que ces variétés donnent.

Je compare ensuite la qualité de la feuille du mûrier sauvage avec celle de celui qui est greffé, en faisant connaître leurs différens effets.

Ceux qui élèvent les *vers-à-soie* ne cessent de parler des diverses maladies dont sont fréquemment atteints ces insectes; ce qui entraîne de très-grandes pertes. J'expose ces maladies, et je démontre que, loin d'être propres à ces *vers*, elles sont l'unique effet de la mauvaise manière de les élever; en sorte que ces maladies ne paraîtront jamais, si on observe exactement la méthode que je décris.

Mais, pour obtenir cet avantage, un des soins essentiels qu'il faut avoir, c'est que le local soit bien disposé : j'indique comment il doit l'être, tant pour faire naître et conserver les *vers*-à-soie pendant leur premier âge, que pour les élever à fur et à mesure qu'ils deviennent adultes.

Je distingue ces établissemens en deux sortes, par les dénominations de padronal (1) et colonial. Je m'applique particulièrement à faire sentir la nécessité de réformer promptement ces derniers établissemens ; je décris ensuite les divers ustensiles qui sont nécessaires pour faciliter la pratique de l'art.

En traitant les divers objets que je viens de citer, j'indique beaucoup de faits qui méritent la plus grande considération. Dans un chapitre exprès, j'ai rapproché tous ces faits, ayant eu soin de les comparer les uns avec les autres, afin d'en faire mieux sentir l'importance.

Après avoir exposé, article par article, tout ce qui peut assurer le plus grand gain possible à ceux qui s'occupent d'élever les *vers*-à-soie, je finis mon ouvrage en démontrant combien est grand le produit annuel de la soie qu'on peut exporter de l'Italie ; qu'il n'y a pas de moyens d'industrie, tant pour les propriétaires que pour les colons, et pour toute autre personne, qui produise un plus grand profit ; et combien la nation, autant que les particuliers, pourraient, par des moyens faciles et très-simples, augmenter annuellement leurs richesses.

J'ai ajouté à cet ouvrage des gravures, des notes, des tableaux. Les gravures font connaître la construction des établissemens et la forme des ustensiles

---

(1) Par établissement padronal, l'auteur entend un établissement en grand que fait un propriétaire tout à ses frais : ce genre d'établissement étant nouveau, il m'a paru utile à la langue scientifique de laisser subsister le mot technique qui l'exprime.

dont je parle. Les notes expliquent ce que je n'ai pu dire que brièvement dans le corps de l'ouvrage ; et les tableaux servent à mettre en comparaison le soin des *vers-à-soie* à différentes températures.

Mon ouvrage n'est pas aussi court que le sont en général ceux qui traitent de cette matière. Ayant eu en vue d'être utile à tous ceux qui élèvent les *vers-à-soie*, j'ai cru devoir les guider pas à pas ; les faisant passer progressivement d'observation en observation et de pratique en pratique, depuis la préparation des œufs et la naissance des insectes, jusqu'au moment où le papillon a donné de nouveaux œufs.

Je n'ai pas craint les répétitions toutes les fois que je les ai cru nécessaires, ni d'entrer dans les détails les plus minutieux, tenant compte des opérations au jour le jour et presque à la minute.

Je me suis proposé d'être clair à tel point, que si un Hottentot venait diriger ce genre d'établissement parmi nous, il pourrait parfaitement réussir avec mon ouvrage à la main, et obtenir toujours, d'une quantité donnée de feuille, le plus grand nombre de très-beaux cocons, n'ayant même plus besoin de mon ouvrage, s'il avait seulement, pendant deux ans, mis en pratique les préceptes qu'il contient.

J'avertis, en outre, que quoique cet ouvrage soit composé de quinze chapitres, celui qui lira avec attention et application les préceptes de six au plus, sera assez instruit pour élever les *vers*-à-soie avec succès.

Les autres chapitres sont consacrés aux principes de l'art et à ses relations avec la prospérité publique ; sujet important par lui-même, mais que peuvent se dispenser de connaître ceux qui n'ont d'autres vues que de bien élever les *vers*-à-soie.

Au reste, si quelqu'un observait qu'il obtient, sans le secours de cet ouvrage, une bonne récolte de cocons, je l'en féliciterais, lui déclarant que mon intention n'avait pas été d'écrire pour lui ni pour qui que ce soit qui croie en savoir assez sur cette matière.

Personne ne pourra cependant cacher les calamités de l'année 1814, qui ne furent pas nouvelles pour nous, et qui ne seront pas les dernières si on continue généralement l'éducation des *vers-à-soie* avec les imperfections qui ont eu lieu jusqu'à présent. Je dirai plus : ces calamités seraient presque annuelles, si des causes accidentelles, indépendantes de la volonté de l'homme, ne les diminuaient.

J'ai écrit cet ouvrage pour la généralité des Italiens, c'est-à-dire, pour tous ceux qui élèvent ou font élever tous les ans des *vers-à-soie*, ainsi que pour ceux qui voudront embrasser cette branche d'industrie.

Si, après avoir mis en pratique la méthode que je leur suggère, ils comparent le produit qu'ils en auront obtenu avec celui qu'ils peuvent avoir eu auparavant, ils reconnaîtront la vérité, et me sauront gré de mon zèle et de mes travaux.

Je ne prétends pas qu'il soit indispensable de faire tout ce que j'indique dans cet ouvrage ; comme aussi il n'est pas nécessaire de savoir tout ce que j'y dis. Je crois seulement que celui qui se rapprochera le plus de la méthode que j'ai exposée, encourra moins le risque de perdre le fruit des avances qu'il aura faites, et qu'il sera plus fondé à compter sur la bonne issue de son entreprise.

C'est à vous, honorables Pasteurs et modestes Propriétaires, que j'offre cet ouvrage. De votre zèle et de vos soins dépend principalement l'avantage que j'ai eu en vue de procurer à mes concitoyens.

MM. les Pasteurs feront connaître ma méthode, et les Propriétaires la mettront en pratique ou la feront pratiquer par leurs colons : classe intéressante qui enrichit les nations à la sueur de son front, mais qui est trop attachée aux pratiques anciennes. Ils ne dédaigneront pas ce qu'on leur indiquera pour leur avantage, pourvu qu'on se mette à leur portée, et qu'on cherche à les persuader. C'est le seul moyen de les conduire au perfectionnement des diverses branches de l'industrie rurale.

Il y a une considération bien humiliante pour l'esprit humain ; la voici:

Les arts, destinés au luxe des villes et aux plaisirs des riches, s'étudient par principes. Ceux qui servent à sustenter les hommes et à enrichir les États, sont, en général, abandonnés à l'aveugle pratique des idiots. Il y a bien peu de riches éclairés qui pensent à s'instruire des principes et des règles de l'agriculture, pour communiquer leurs lumières et donner une bonne direction à cette classe nombreuse et estimable, qui n'est occupée que de la culture de la terre.

TABLE DES MATIÈRES

CONTENUES DANS CET OUVRAGE.

CHAPITRE SEPTIÈME.

CHAPITRE HUITIÈME.

CHAPITRE NEUVIÈME.

CHAPITRE DIXIÈME.

CHAPITRE ONZIÈME.

CHAPITRE DOUZIÈME.

CHAPITRE TREIZIÈME.

CHAPITRE QUATORZIÈME.

CHAPITRE QUINZIÈME.

DE

L'ART

D'ÉLEVER LES VERS–A–SOIE.

~~~~~~~~~~~~~~~~~~~~~~~~~~~~~~~~~~~~~

CHAPITRE I.er

*Des Chenilles en général, parmi lesquelles est
compris le Ver-à-soie.*

Celui qui contemple la Nature trouve une
source inépuisable de merveilles et de plaisirs,
en considérant, dans la classe des insectes,
les formes, les couleurs, les différentes armes
offensives et défensives dont la prévoyante
Nature les a pourvus, leurs habitudes si curieuses, l'esprit de famille qui se manifeste dans
quelques espèces, leur prévoyance et l'industrie
qu'ils emploient, moins encore pour leur conservation individuelle, que pour mieux s'assurer
la perpétuité de leur espèce, en suivant le doux
et puissant penchant de la Nature. Mais si cette
famille innombrable de petits animaux fournit

une ample matière aux recherches curieuses du Naturaliste, elle offre aussi un sujet de beaucoup d'étude pour l'économie publique, puisque quelques espèces de ces êtres exercent quelquefois une influence très-directe sur les malheurs des peuples ; et d'autres espèces, au contraire, en exercent une très-grande sur la prospérité des États et des particuliers.

Il serait trop long, et nullement nécessaire au but que je me suis proposé, de faire ici l'énumération de tous les insectes ; je me bornerai à dire, en passant, que tous les insectes *ailés* s'offrent à nous sous différens états dans les diverses périodes de vie qu'ils parcourent, et que la faculté de se reproduire est réservée précisément à leur dernière période. C'est ainsi qu'on voit que le papillon déposant les œufs fécondés peu après l'accouplement, ces œufs ne produisent pas immédiatement d'autres papillons, mais bien de petits animaux de forme cylindrique allongée, composés d'une certaine quantité de segmens ou anneaux, ayant dessous un certain nombre de pattes, de forme et de substances diverses, avec d'autres particularités dont je parlerai plus bas. Tels sont, en général, les *Chenilles*, dont le *Ver*-à-soie occupe le premier rang, et qui sera le sujet de cet ouvrage.

Je ferai, dans ce premier chapitre, quelques petites observations,

1.º Sur les caractères extérieurs et généraux des chenilles.

2.º Sur les métamorphoses qu'elles subissent.

3.º Sur leur manière de vivre , de se nourrir et de se conserver.

4.º Sur leur passage de l'état de chenille à celui de mort apparente ou crysalide.

5.º Sur le changement de la crysalide en animal parfait ou papillon , sur la ponte des œufs fécondés , et sur la mort du papillon.

6.º Sur le mode par lequel la Nature tend nécessairement à en détruire une grande quantité , afin qu'elles ne puissent sortir des limites qu'elle leur a fixées , et sur les moyens que l'homme peut employer dans les mêmes vues.

§. I.ᵉʳ

Des Caractères généraux et extérieurs
des Chenilles.

Les chenilles ont, comme je l'ai dit , le corps allongé et plus ou moins cylindrique ; il est formé, dans sa longueur, de douze anneaux membraneux parallèles , lesquels, dans les mouvemens de l'animal , s'éloignent ou se rapprochent mutuellement.

Elles ont toutes une tête écailleuse d'une substance analogue à la corne , munie de deux

mâchoires très-fortes, faites en forme de scie, qui
se meuvent horizontalement, et non de haut en
bas, comme chez les animaux à sang rouge : sous
les mâchoires se trouve placée la filière, par le
moyen de laquelle chaque chenille verse la matière soyeuse. Elles n'ont jamais moins de huit
pattes, et pas plus de seize ; les six premières,
de substance écailleuse, analogue à celle de la
tête, sont fixées sous les trois premiers anneaux,
et ne peuvent ni s'allonger, ni se raccourcir
sensiblement ; les autres, soit que le nombre
se trouve de deux, de quatre, de six, de huit
ou de dix, sont membraneuses, flexibles et
attachées deux à deux à la partie postérieure
du corps, sous les anneaux qui leur correspondent. Ces dernières pattes sont celles qui transportent l'animal ; elles sont armées de petits
crochets assez forts, et propres à le fixer facilement et à le faire grimper. Toutes les pattes
de derrière disparaissent, quelle que soit l'espèce
de chenille, lorsqu'elles se changent en papillon,
et il ne reste alors que les six premières qui
sont diversement modifiées. L'anus est placé
sous le dernier anneau.

Les chenilles respirent par le moyen de dix-
huit ouvertures, situées neuf sur chaque côté
du corps, par lesquelles entre et sort l'*air*.
Chacune de ces ouvertures est considérée comme
l'extrémité d'une trachée particulière. Un grand

nombre de chenilles a des yeux ; certaines sont
entièrement privées de la vue , mais elles l'acquièrent , arrivées à l'état de papillon.

Ayant indiqué les caractères généraux extérieurs qui font distinguer les chenilles de tous
les autres animaux , il paraît inutile de rappeler
que certaines , selon l'espèce , sont grandes ,
moyennes , petites , mais cependant toujours
extrêmement grandes , comparées à l'œuf d'où
elles sont sorties , ou à elles-mêmes quand elles
sortent de l'œuf , comme nous le verrons au
chapitre VII.

Certaines chenilles ont la peau unie : tel est
le *ver-à-soie ;* d'autres l'ont raboteuse et élevée
dans certains endroits ; les unes l'ont velue en
tout ou en partie , couverte de poils ou de
piquans , de couleurs variées et souvent si belles,
si vives et si bien nuancées, que l'art ne pourrait pas les imiter.

Il n'entre point dans mon sujet de faire connaître l'anatomie de ces insectes.

§. I I.

Des Métamorphoses qu'éprouvent les Chenilles.

Un caractère particulier aux chenilles , c'est
de changer, du moins trois fois, de peau avant
d'être arrivées à leur maturité , c'est-à-dire
avant de verser la soie qu'elles contiennent,

pour se changer en crysalide dans le cocon ou l'enveloppe qu'elles ont formée. (§. IV.)

Dans le plus grand nombre de chenilles, ce changement a lieu seulement trois ou quatre fois; dans d'autres, de cinq fois jusqu'à neuf. Ces changemens de peau s'appellent *mues*. Ce sont des maladies qui souvent coûtent la vie à une grande quantité de ces insectes. (§. VI.)

Une peau seule, dans un animal qui en peu de temps croît mille fois son poids (chap. VII), aurait difficilement pu se distendre au point de le couvrir tout.

Tel est, sans doute, le motif pour lequel la Nature a été au secours de la chenille, étendant sur son corps les embryons de toutes ces peaux l'un sur l'autre, et pour fournir aux poils ou piquans dont plusieurs espèces de chenilles sont abondamment revêtues.

L'animal croissant plus que la peau ne peut se distendre, elle tombe et est remplacée par la seconde qui est plus molle; celle-ci se détache de la même manière que la première, et est suivie de la troisième, quatrième et ainsi de suite.

La dépouille des chenilles est une enveloppe entière appliquée à toutes les parties extérieures de l'animal. On peut y reconnaître les poils, les pattes, la tête, le crâne, les mâchoires, les dents, etc.

Dès que la peau commence à serrer la chenille , elle se met de suite à une diète plus ou moins sévère ; ce qui indique avec certitude la maladie qu'occasionne la *mue*. C'est le motif pour lequel la chenille devient beaucoup plus' petite quand le moment de la mue approche.

Alors elle verse, par diverses parties de son corps, des baves de soie qu'elle attache ensuite aux corps qui l'entourent , afin que , pendant qu'elle se remue , la peau qui la couvre reste fixe dans le lieu où elle se trouve.

Cette première opération faite, l'animal reste plus ou moins immobile , et ensuite commence en général à remuer la tête, faisant des contorsions. De cette manière, le masque ou écaille qui couvre son museau étant poussé en avant par la nouvelle peau qui se forme au-dessous, est la première pièce qui se détache.

Le masque étant détaché, la chenille fait tous ses efforts pour pousser en avant à travers l'ouverture du premier anneau qui est plus étroit que ceux qui suivent ; et comme elle a déjà assujéti la peau par les différens fils , et particulièrement avec les crochets des deux appendices de l'anus qu'elle a déjà attachés où elle se trouve , il ne lui est pas bien difficile de rendre libres les deux premières pattes , et ensuite de sortir en peu de temps de son enveloppe à force de mouvemens vermiculaires.

Quelquefois l'enveloppe se déchire , ou une

portion reste attachée à l'extrémité de la chenille, qui ne peut pas toujours s'en débarrasser ; alors elle se gonfle ou s'étend dans la partie découverte, pendant que l'enveloppe comprime le reste du corps ; en pareil cas, l'animal meurt après plus ou moins d'efforts.

Si, après avoir beaucoup mangé, la chenille, approchant du moment de la mue, n'avait pas donné une grande extension à son corps, et que, par le jeûne et ses pertes excrémentitielles, elle ne diminuât pas, elle ne pourrait peut-être pas se dépouiller aussi facilement. Un grand nombre de chenilles se dépouille entièrement dans une minute.

Dans ces momens la nature provoque dans la chenille une crise favorable, il sort de la superficie de son corps une humeur qui s'interpose entre la peau ancienne et la nouvelle, et facilite le passage du corps. En pareil cas, la surface de l'animal à son issue est humide.

La couleur des chenilles qui viennent de muer est pâle ; ce qui les rend faciles à distinguer de celles qui n'ont pas mué. La nouvelle peau est très-ridée, tandis que la vieille était sèche et tiraillée dans le commencement.

L'état d'abattement, de jeûne, d'inertie et de malaise qui accompagne la mue, est ce que l'on appelle communément le *sommeil* chez les *vers*-à-soie.

La chenille sort de la mue très-faible ; et les parties qui étaient dures avant la mue, sont alors beaucoup plus flexibles, et s'endurcissent ensuite par le seul contact de l'air.

Les mues, étant finies, chaque espèce de chenilles dépose ce qui lui est nécessaire pour verser la soie, et préparer avec elle le cocon ou réduit dans lequel doivent avoir lieu les métamorphoses de la chenille en chrysalide, et ensuite en papillon ou animal parfait qui produit les œufs d'où sortent les chenilles.

Chez la majeure partie des chenilles, toutes les mues, tant les extérieures que les deux qui ont lieu dans le cocon (§§. IV, V.), s'accomplissent dans une saison, c'est – à – dire dans trois mois. Chez quelques espèces de chenilles, elles s'accomplissent dans quinze jours ; chez d'autres, dans un ou deux mois ; et pour d'autres, enfin, il faut un, deux, trois ou quatre ans.

§. I I I.

De la Manière dont les Chenilles vivent, se nourrissent et se conservent.

Sans parler ici de quelques espèces de chenilles qui se nourrissent en se dévorant entre elles, toutes les autres, qui sont en très-grand nombre, vivent de substances végétales, la plupart très-utiles à l'homme.

Nous avons souvent la douleur d'observer la destruction des arbres fruitiers, des jardins potagers et d'agrément, des haies, des bois, etc., etc.; souvent aussi ces insectes, ne trouvant pas des feuilles ou leur préférant autre chose, détruisent les germes et les fleurs, piquent les fruits, s'y logent, les gâtent et sont cause qu'ils tombent.

On voit souvent que beaucoup d'espèces de chenilles s'insinuent dans la terre, qu'elles attaquent les racines des plantes herbacées, des arbustes et des grands arbres, les rendent valétudinaires; de là vient l'étonnement des agriculteurs qui voient périr les arbres sans cause connue.

Il y a des chenilles qui vivent dans les troncs des arbres, leur font des plaies, les percent de mille manières, et les font mourir avant leur temps.

Enfin, on trouve souvent des essaims de chenilles presque invisibles dans les blés, ce dont nous ne nous apercevons que quand nous voyons des moucherons dans les greniers, où le grain *percillé* est devenu plus ou moins léger, selon que l'insecte l'a plus ou moins dévoré.

Quelquefois nous trouvons le grain tout-à-fait vide, quoiqu'il ait un bon aspect, parce que la chenille, qui y est entrée par un très-petit trou, ne mange que la farine, laissant la

peau intacte. Dans un seul grain, la petite chenille trouve assez de nourriture pour, y opérer
toutes ses métamorphoses; ce qui porte à penser,
que lorsqu'on trouve des grains dont la farine
n'est pas tout-à-fait détruite, il y existe une
chenille qui n'est pas encore devenue un animal
parfait.

Toutes les espèces de chenilles ne mangent
pas pendant tout le jour; un grand nombre
d'espèces ne mangent que le matin et le soir,
et d'autres seulement la nuit; cependant leur
voracité est si grande que, dans peu de temps,
elles détruisent une quantité de matière cent
et mille fois même plus grande qu'elles ne
pèsent. (Chap. XIV.)

En général, telle espèce de chenille ne mange
que telle espèce de plante : mais, malgré cela,
elles ravagent beaucoup de plantes, parce que
le goût de presque chaque espèce est différent.
Il est heureux pour nous que la feuille de
mûrier ne plaise qu'au *ver-à-soie*.

Non-seulement on a de la répugnance pour
les chenilles en général, mais on pense aussi
que quelques espèces sont vénimeuses, ce qui
est absolument faux.

On prend pour un symptôme de venin, la
démangeaison et même la petite inflammation
que produit sur nous l'attouchement d'une chenille qui est villeuse; ce n'est cependant qu'un

phénomène égal à celui que produisent les orties.

La prévoyante nature a fixé quatre moyens pour conserver toutes les espèces de chenilles pendant la rigoureuse saison de l'hiver, dans laquelle elles périraient peut-être toutes, si leur instinct ne les dirigeait.

Plusieurs espèces de chenilles conservent leur embryon, dans l'hiver, déposé dans l'œuf, de manière qu'à leur développement, dans la belle saison, elles puissent trouver à leur portée la nourriture qui leur convient ; d'autres espèces nées en automne, et par conséquent petites, s'enveloppent dans plusieurs feuilles ou autres substances végétales, qu'elles réunissent, arrangent et attachent fort adroitement avec des fils de leur soie ; elles y vivent dans un état d'assoupissement, pour en sortir ensuite lorsque la feuille se développe ; d'autres espèces se conservent, sous la forme de nymphe ou chrysalide, dans diverses sortes de cocons ou réduits ; d'autres espèces, enfin, se nichent dans la terre, sur les murailles, dans des troncs d'arbres, sous des pierres, etc., attendant la saison tempérée ou chaude.

Dans l'hiver, nous rencontrons par-tout ou des œufs, ou des chenilles, ou des chrysalides, attachés ou suspendus aux arbres, ou fixés aux murailles, dans les champs, les prés, les bois, sous des pierres, dans la terre, etc., et tou-

jours, autant que possible , à l'abri du froid
et des diverses autres intempéries des saisons.
Nous voyons même souvent en hiver, dans
les prés , des signes qui indiquent le nid de
quelque espèce de chenille.

Dès que la belle saison paraît, on voit presque
tout-à-coup la chenille sortir de l'œuf, se développer, se changer en chrysalide dans le cocon,
et enfin, paraître sous la forme de papillon.

Parmi les diverses espèces de chenilles , il
y en a de celles dont les individus vivent
tout-à-fait isolés; d'autres qui vivent en société
jusqu'à la première mue et même davantage ;
et d'autres espèces qui vivent toujours ensemble
jusqu'à ce qu'elles se changent en chrysalide :
et alors, transformées en animaux parfaits ou
ailés , elles vont çà et là errant dans l'air.

§. I V.

*Du Passage de l'état de Chenille à celui de mort
apparente , c'est-à-dire , de Chrysalide.*

La dernière mue , visible à nos yeux , étant
accomplie, la chenille dévore, pendant plus ou
moins de jours , une quantité d'alimens presque
incroyable, et se porte à son plus grand degré
d'accroissement. Parvenue à ce point, son appétit
se ralentit et cesse entièrement.

L'animal perd alors sensiblement, et petit à

petit, de son poids et, de son volume. (Chap. VII.) Dégoûté de son aliment, il cherche à changer de lieu, à s'isoler et à se mettre en repos ; il sent le besoin de se vider de toutes les matières excrémentitielles qui existent dans ses organes, et même de la membrane qui enveloppait les excrémens, et qui servait, si on peut le dire, de doublure à l'estomac et aux intestins. Alors il ne reste plus de la chenille que la substance soyeuse, et la substance animale avec plus ou moins d'eau.

La chenille, réduite à cet état, continue à contracter sa peau, et c'est cette contraction qui l'aide puissamment à filer ou à faire qu'elle puisse verser avec facilité la soie contenue dans ses petits réservoirs.

Il est évident que, par cette contraction, par le versement de la soie et par l'évaporation continuelle (chap. VIII. §. 7.), la peau de la chenille se resserre et se ride, les anneaux se rap-prochent et l'insecte devient toujours plus petit.

Alors se prépare la formation de la crysalide, qui s'accomplit lorsque la soie est toute versée, et que la dépouille ridée de la chenille se sépare dans le cocon ou dans le réduit.

Il paraît, d'après cela, que la marche de la Nature, dans toutes les modifications de la chenille, ne tend qu'à la plus grande simplification de l'animal.

En effet, la chenille est d'abord composée de substance animale, soyeuse et excrémentitielle : c'est la *chenille croissante ;* elle se compose ensuite de substance animale et soyeuse : c'est alors *la chenille mûre ;* enfin, elle se réduit à la seule substance animale, et c'est alors la *crysalide.* Je ne parle pas ici de quelques autres petites substances qu'elle renferme.

Les cocons ou réduits que font les chenilles, sont de très-différentes formes, comme nous pouvons le voir dans beaucoup d'occasions.

Quelques espèces de chenilles, remplissant de petits espaces, commencent un cocon avec une certaine quantité de fils de soie, au centre desquels elles se placent, sans cependant pouvoir s'y cacher. D'autres unissent, attachent, avec la matière soyeuse, une ou plusieurs feuilles ensemble, de manière à pouvoir tranquillement continuer à la verser, pour subir ensuite leur métamorphose. D'autres, plaçant les fils entre deux ou plusieurs rameaux, versent la soie, et cherchent, avec industrie, à mettre à couvert la crysalide qui doit se changer ensuite en papillon.

Il est admirable de voir l'artifice qu'emploient tant d'espèces de chenilles pour former, avec la soie, la petite maison qui doit protéger la crysalide.

Cet artifice est d'autant plus ingénieux, que

l'animal a moins de soie. Certaines espèces sont obligées de pénétrer dans la terre pour pouvoir garantir leur maison, ayant peu de matière soyeuse; et d'autres, d'unir à la soie diverses autres substances, comme du poil, des fragmens de feuille, etc. Enfin, le petit animal fait tout ce qu'il peut pour se bâtir une maison qui le mette à l'abri, autant que possible, des intempéries des saisons, au moment qu'il devient chrysalide.

Le temps que les chenilles emploient à verser la soie qu'elles contiennent, et par conséquent à se bâtir leur maison, varie beaucoup. Il y en a qui la bâtissent dans une heure, d'autres dans un jour, d'autres dans deux. Le *ver*-à-soie a besoin d'à peu près trois jours.

La quantité de soie que donne en général la chenille, n'est pas toujours en rapport avec sa grosseur. Le *ver*-à-soie qui n'est pas de la plus grande espèce, en donne beaucoup plus que toutes les autres. (Chap. XIV. §. V.)

La couleur des chenilles varie extrêmement; nous en voyons de jaunes, de blanches, de rouges, de brunes, de bleues de ciel, de verdâtres et de beaucoup d'autres nuances de couleurs.

Il y a une grande différence entre la soie que verse le *ver*-à-soie et celle des autres chenilles. Avec l'eau simple, tiède ou chaude, on fait dissoudre la substance gommeuse qui unit les fils des cocons des *vers-à-soie*, ce qui rend la soie facile à filer ; tandis que les fils de la soie versée par les autres espèces de chenilles sont tellement collés entre eux, qu'on ne peut les détacher, quelque moyen qu'on emploie ; de manière que, pour pouvoir en tirer quelque avantage, il faudrait qu'on déchirât ou qu'on coupât le cocon, et qu'on le cardât comme on fait de la bourre de soie.

De cette manière, la soie de beaucoup de chenilles pourrait devenir de quelque avantage dans l'économie domestique, puisque partout on trouve des cocons de chenille qu'on pourrait carder et mettre en état de pouvoir être filés.

§. V.

Changement de la Chrysalide en animal parfait ou Papillon. Ponte des œufs fécondés. Mort du Papillon.

Les chenilles se trouvent soumises, dans le cours de leur vie, à trois changemens d'organisation.

Le premier a lieu par le passage de l'état d'embryon à l'état de chenille, passage pendant lequel se font les mues que j'ai indiquées ci-dessus. (Chap. I. §. II.)

Le second se fait par le passage de l'état de

2

chenille à celui de chrysalide ou de nymphe, dans le réduit qu'elle s'est formée. (Chap. I. §. IV.)

Le troisième, enfin, est le changement de la chrysalide en animal parfait ou papillon, qui se forme dans le réduit ou cocon.

La chenille, par cette dernière modification, est non-seulement arrivée à l'état d'animal parfait, mais encore il y a formation des œufs dans la femelle, et les parties sexuelles du mâle séparent et épanchent le liquide fécondant.

Le changement de la nymphe en papillon a lieu, comme je l'ai dit, dans une enveloppe renfermée dans le cocon. La nymphe, devenue entièrement papillon, déchire cette enveloppe ainsi que le cocon, et laisse les différentes dépouilles dont elle était revêtue.

Alors les papillons mâles s'accouplent avec les femelles, et celles-ci ensuite déposent les œufs de la manière qui leur est la plus convenable, dans le lieu qui les défend le mieux du froid, de la pluie ou des autres intempéries.

La brièveté de la vie des papillons varie : il y a quelques espèces qui restent papillon tout l'hiver, et ne déposent leurs œufs qu'au printemps.

Après l'accouplement et le versement des œufs fécondés, les mâles et les femelles meurent en peu de temps.

§. V I.

Du Moyen par lequel la Nature tend inces-
samment à détruire une immense quantité
de Chenilles, afin d'éviter que leur excessive
augmentation ne les fasse sortir des limites
qu'elle leur a fixées. Moyens que peut aussi
employer l'homme.

L'agriculteur, témoin continuel des pertes
qu'occasionnent beaucoup de chenilles, ne peut
concevoir que la prévoyante nature ait voulu
donner un tel fléau aux hommes. Il ne voudrait
pas qu'il y eût d'autres chenilles que les *vers-*
à-soie, et tout au plus celles qui produisent ces
beaux papillons de couleurs très-variées, qui
ornent les cabinets et font les délices des
curieux.

L'agriculteur, dis-je, ne pense pas aux causes
finales ; il croit que la Nature doit agir pour
lui seul, et il ignore ce que c'est que la variété
et l'harmonie de l'univers, dans la quantité
infinie d'objets dont il est composé.

Mais, quoique les chenilles nous fassent beaucoup de mal, la nature qui leur a assigné un
emploi déterminé, a mis un frein à leur multi-
plication, afin qu'elles ne pussent pas nous
occasioner de trop grands dommages.

Une quantité innombrable de chenilles est
naturellement détruite, chaque année, de trois

manières, sans compter le nombre que l'homme fait périr ou peut détruire à sa volonté.

1.º Une infinité d'oiseaux vivent de chenilles qui sont ou sur les plantes, ou sur la terre, soit à peine sorties de l'œuf, soit lorsqu'elles sont adultes.

Cette nourriture printanière dont les oiseaux sont fort friands, et dont ils repaissent leur famille, et qui rend leur chair si délicate, les attire dans les bois, dans les champs et dans les jardins ; ils recherchent même avec empressement les œufs des chenilles.

2.º Parmi les diverses espèces de chenilles, il y en a, comme je l'ai dit plus haut, qui se dévorent entre elles, sans compter la grande quantité qui est détruite par les lézards, les grenouilles, les crapeaux, les guêpes, les mouches, les araignées, les fourmis, les scarabées, et tant d'autres insectes, soit en les dévorant entières, en les mettant en pièces, en les suçant ou les rongeant. En vain la chenille cherche à se soustraire à ses nombreux ennemis, en se suspendant par sa soie aux arbres ou autres corps auxquels elle est fixée ; elle en devient presque toujours la proie.

Ajoutez à ce genre de destruction ces chenilles sur lesquelles d'autres insectes déposent leurs œufs, et qui servent de pâture aux petits de ces mêmes insectes dès qu'ils sont éclos.

Ainsi , ces chenilles qui nous causent du dommage , sont utiles ou nécessaires à beaucoup d'autres animaux.

3.º Enfin , les gelées de l'hiver et les pluies froides du printemps font aussi mourir une grande quantité de chenilles. Ne voyons-nous pas quelquefois au printemps que , d'un jour à l'autre , ces insectes disparaissent frappés par une pluie froide qui les surprend , soit au moment de la mue , soit avant qu'ils aient eu le temps de se mettre à l'abri.

L'homme aussi peut attaquer et détruire une grande quantité de chenilles dans leur propre nid. Les espèces qui sont vraiment nuisibles aux intérêts de l'homme , ne sont même pas en si grand nombre , et nous les avons presque continuellement sous nos yeux.

Tout le monde peut distinguer en hiver , par exemple , beaucoup de nids de chenilles qu'on trouve par-tout , et souvent suspendus à l'extrémité des branches des arbres , enveloppés dans leurs feuilles. Alors , par le moyen de grands ciseaux propres à cet usage (*fig.* 1.), qu'on met au bout d'une perche , étant à terre , et tirant une petite corde attachée aux ciseaux , on coupe facilement toutes les branches où on voit des nids attachés. Chaque nid ou chaque chrysalide qu'on détruit, diminue de deux, trois, quatre cents les chenilles qui auraient assailli cet arbre.

Ceux qui n'ont pas employé ce moyen , si facile en hiver, doivent au moins le faire de suite après les pluies du printemps , parce qu'alors toutes les jeunes chenilles que la pluie n'a pas fait périr , se retirent dans leur nid, qu'on reconnaît facilement en voyant plusieurs feuilles sèches ou vertes rassemblées et attachées de diverses manières avec de la bave de soie.

Ceux qui ont des haies près des jardins et autres lieux , doivent les élaguer en hiver, pour éviter que les chenilles, qui y logent, n'aillent ensuite sur les arbres fruitiers.

Lorsque les chenilles sont grandes et dispersées sur la plante , on peut difficilement empêcher qu'elles fassent des ravages. On peut quelquefois les étourdir pour les faire tomber. Pour cela , il faut faire brûler de la paille mouillée, dans un chaudron de fer ou de cuivre à long manche (*fig.* 2.) , y mêlant un peu de soufre, et ayant soin d'approcher le feu selon la hauteur de la plante.

A mesure que la fumée pénètre où sont les chenilles , il faut remuer l'arbre pour les faire tomber, les recueillir de suite et les brûler ; mais il n'y a rien de plus sûr que de les chasser en hiver.

Les chenilles des choux se prennent toutes la nuit avec de la lumière.

J'ai sans doute dit, dans ce chapitre, plus

que ne permet le sujet de cet ouvrage ; mais j'ai cru utile de saisir l'occasion de faire connaître, plus qu'il ne l'a été jusqu'à présent dans le vulgaire, une classe d'animaux dont tout le monde se plaint, et dans laquelle se trouve compris le *ver*-à-soie qui, à l'opposé des autres espèces de sa classe, est une des premières sources de nos richesses. D'ailleurs, ce que j'ai dit épargnera beaucoup de répétitions dans le cours de cet ouvrage.

CHAPITRE II.

Des Vers-*à-soie.*

Nous avons vu (chap. I.) que, malgré les guerres que font aux chenilles les hommes, les animaux et les saisons dans nos climats, elles savent se garantir de la destruction dont elles sont si souvent menacées.

Il n'en est pas ainsi du *ver*-à-soie qui, dans nos climats, non-seulement ne prospérerait pas, mais ne durerait même pas une saison, si l'homme ne prenait tous les soins qu'exige son développement, son accroissement et sa perfection : ce qui prouve évidemment que cet insecte est originaire de climats bien plus chauds que les nôtres.

Tel est, en effet, celui de la partie méridionale de l'empire de la Chine, d'où provient le *ver*-à-soie, et où on conserve des notices écrites qui prouvent qu'on y élevait ces petits animaux 2,700 ans avant l'ère chrétienne.

Les *vers*-à-soie passèrent lentement dans l'Inde, en Perse, dans diverses parties de l'Asie; ils furent ensuite transportés dans l'île de Cos; et ce fut dans le sixième siècle de l'ère vulgaire qu'ils furent introduits à Constantinople, où l'Empereur Justinien en fit un objet d'utilité publique. On les éleva successivement en Grèce, en Arabie, en Espagne, en Italie, en France, et par-tout où on crut qu'ils pouvaient réussir.

Le *ver*-à-soie se trouvant ainsi soumis aux soins domestiques, a dû nécessairement, comme il arrive à tous les animaux domestiques, devenir susceptible de modifications particulières par le moyen desquelles il s'est introduit dans son espèce de nouvelles races, ou variétés plus ou moins différentes.

C'est d'après cela que nous avons des *vers*-à-soie qui font la mue quatre fois, d'autres seulement trois fois; il y en a qui font des cocons très-grands, et pesant presque trois fois plus que les cocons ordinaires. Je parlerai, en son lieu, de ces races et variétés. (Chap. XI.)

Je dois observer ici que, quoique le *ver*-à-soie se trouve parmi nous dans un climat bien différent de celui dont il est originaire, et qu'il soit soumis à la domesticité, cependant il est

démontré (chap. V, VI et VII.) que sa constitution se maintient vigoureuse ; il résiste quelquefois aux épreuves les plus fortes , auxquelles
l'erreur et l'ignorance le soumettent. Mais cependant nous voyons quelquefois des couvées entières de *vers*-à-soie se perdre en peu de temps, et
d'autres perdre beaucoup en quantité et qualité
par le mauvais soin. (Chap. XII.)

On dit qu'en Asie on obtient jusqu'à douze
récoltes de cocons dans un an. Quelqu'un a
expérimenté, et publié par la voie de l'impression , que chez nous aussi on pourrait faire au
moins deux récoltes. Mes expériences prouvent
que ce serait , au contraire , le vrai moyen de
détruire les mûriers , et en conséquence la race
des *vers*-à-soie.

Je ne saurais d'ailleurs me décider à croire
que, dans l'Asie méridionale, on puisse obtenir
tant de récoltes de cocons.

La partie méridionale de l'empire de la Chine
correspond à peu près, quant au climat, à la
partie méridionale de la Perse. Malgré cela ,
selon ce qu'en a dit l'illustre Pallas, on ne taille
dans ce pays les rameaux des mûriers que deux
fois l'année , afin d'avoir dans la même année
deux récoltes de cocons.

En Perse on a admis, comme un principe
d'économie, l'usage de donner aux *vers*-à-soie
les rameaux mêmes des mûriers , et non la

simple feuille, comme on fait chez nous, ainsi que dans toutes les régions tempérées. De cette manière, les feuilles attachées à la branche se conservent plus fraîches et ont meilleur goût ; elles sont par conséquent plus propres à la nutrition, ce qui fait que le *ver*-à-soie les ronge en entier, et par ce moyen rien ne se perd. Dans ces climats on taille les petites branches deux fois l'année, parce que, les étés étant plus longs, le mûrier est plus vigoureux que chez nous.

Parmi nous, au contraire, le mûrier ne peut pas même être effeuillé une fois tous les ans sans en souffrir ; et certainement il ne pourrait l'être deux fois sans en périr.

Tout bien examiné et réfléchi, je dis qu'une de nos bonnes récoltes équivaudrait en produit, à ne pas en douter, à toutes les récoltes qu'on fait ailleurs dans un an.

Les *vers*-à-soie font généralement leur cocon blanc, ou paille, ou jaune foncé. Nous en voyons très-peu chez nous de couleur verdâtre ou d'autres couleurs. Les *vers*-à-soie noirs ou tigrés ne donnent, en général, que des cocons de la même couleur que les autres.

Les *vers*-à-soie sont dans la classe des chenilles qui ont un plus grand nombre de pattes ; ils en ont seize, c'est-à-dire six écailleuses et dix membraneuses. (Chap. I.) Comme les autres chenilles, ils ne sont pas à sang rouge ni chaud ;

en conséquence , leur chaleur est toujours égale
à celle de l'air au milieu duquel ils vivent : ils
ont dix-huit organes pour la respiration , comme
je l'ai dit plus haut.

On voit beaucoup de rides derrière leur tête,
une petite corne sur le dernier anneau placé à
l'autre extrémité , deux réservoirs de soie qui
s'unissent dans une seule filière , et dont la
couleur s'approche du blanc sale à mesure qu'ils
grossissent.

La qualité la plus précieuse des *vers - à - soie*
pour nous , est de ne jamais abandonner la
feuille et le squelette de la feuille , c'est-à-dire
l'endroit où on les dépose , et cela quand ils
seraient même affamés. Ces insectes ne rodent
qu'au moment de leur naissance , c'est-à-dire
avant d'avoir la feuille de mûrier ; lorsqu'ils
ont cessé de manger et qu'ils sont mûrs , ne
sentant alors que le besoin de filer ou de verser
la soie , et lorsqu'ils sont atteints de quelque
maladie. Ces trois cas exceptés , on ne verra pas
ces insectes sortir de leur table , ni même passer
d'une extrémité de la table à l'autre.

Quelquefois plusieurs d'entre eux s'attachent
au bord intérieur de la table , et quelques - uns
même à l'extrémité du bord , s'ils sont affamés ;
mais dès qu'ils sentent l'odeur de la feuille ils
descendent. Ces mouvemens ont lieu plus communément dans les premiers âges que dans les

derniers. On pourrait dire, sans craindre d'errer, qu'il y a peu de *vers*-à-soie qui, dans tout le cours de leur vie (excepté les cas ci-dessus indiqués), aient parcouru une distance de six empans.

Le temps que le *ver*-à-soie emploie dans nos climats depuis qu'il sort de l'œuf jusqu'à ce qu'il a donné la graine et qu'il meurt, est d'à peu près soixante jours. Plus est grand le degré de chaleur dans lequel il vit, plus ses besoins sont vifs et les plaisirs de sa vie rapides, et par conséquent plutôt il la parcourt et la dévore.

Du moment où je recueille les *vers* - à - soie venant d'éclore, jusqu'à celui où je recueille les cocons, j'emploie à peu près quarante jours. Quelquefois la mauvaise saison, comme nous le verrons ci-après, oblige de prolonger la vie des *vers*-à-soie de quelques jours, afin qu'ils puissent bien élaborer la nourriture qui leur est nécessaire.

Si la chaleur était forte et constante, on pourrait recueillir les cocons dans moins de trente-cinq jours. La forte chaleur abrège toujours le temps qu'on emploie à élever les *vers*-à-soie ; mais cependant elle peut facilement en devenir le fléau, si on n'y fait point concourir des soins attentifs et constans.

CHAPITRE III.

Du seul Aliment propre aux Vers-à-soie.

Ayant donné une idée générale de la classe des chenilles et de l'espèce des *vers-à-soie*, je crois utile, avant de traiter de l'art d'élever ces derniers insectes, de parler un peu de la substance qui les alimente, de ses différentes qualités, et de son mode d'agir dans le corps de ces petits animaux.

Quoi qu'aient pu dire les auteurs dans divers temps, il est démontré que le seul aliment qui convienne au *ver-à-soie*, est la feuille du mûrier blanc ou noir.

Les premiers *vers-à-soie* qu'on éleva en Europe furent nourris avec la feuille du mûrier noir, le seul, d'après ce qui paraît, qu'on cultivât alors, quoiqu'on sût que le blanc se cultivait en Grèce.

Cependant on ne tarda pas à introduire la culture du mûrier blanc dans toutes les régions tempérées de l'Europe.

Ce mûrier offrait trois avantages sur le noir : d'abord, celui de mettre la feuille plus de bonne heure, et par conséquent d'éviter que les soins des *vers-à-soie* se prolongeassent trop avant dans la saison chaude; en second lieu, de donner beaucoup plus de feuilles en moins de temps; enfin,

de donner une qualité de feuilles propre à obtenir la soie la plus recherchée par les manu-
facturiers , quoique , comme nous le verrons
plus avant (chap. **VIII.** §. **VI.**) , la qualité de la
soie ne dépend pas seulement de celle de l'aliment , mais encore du degré de température
dans lequel a été élevé le *ver-à-soie*.

Comme il existe différentes qualités de mûriers , on pouvait supposer que ces différences
devaient exercer une plus ou moins grande
influence sur la prospérité des *vers*-à-soie.

En effet , il y a cinq substances différentes
dans la feuille de mûrier :

1.º Le parenchyme solide ou substance fibreuse ; 2.º la matière colorante ; 3.º l'eau ;
4.º la substance sucrée ; 5.º la substance résineuse.

La substance fibreuse , la matière colorante
et l'eau , si on en excepte celle qui sert à faire
partie de l'animal , ne sont pas , à proprement
parler, substances nutritives pour le *ver*-à-soie.

La substance sucrée est celle qui nourrit l'insecte , qui le fait grossir , et qui forme sa substance animale.

La substance résineuse est celle qui se sépare
par degrés de la feuille , et qui, attirée par l'or-
ganisme animal, s'accumule , se dépure et remplit insensiblement les deux réservoirs ou vases
soyeux qui font partie intégrante du *ver*-à-soie.

Selon les diverses proportions des élémens qui constituent la feuille, il en résulte qu'il peut y avoir beaucoup de cas dans lesquels un plus grand poids de feuille soit moins profitable au *ver-à-soie*, tant sous le rapport de la nutrition, que sous celui de la quantité de soie qu'on retire de l'animal.

Par exemple, la feuille du mûrier noir dure, rude, tenace, qu'on donne encore aux *vers-à-soie* dans quelques contrées chaudes de l'Europe, telles que dans divers lieux de la Grèce, de l'Espagne, de la Sicile, de la Calabre, etc., produit une soie très-abondante, dont le fil est très-fort, mais qui est grossière.

La feuille du mûrier blanc planté dans des lieux élevés, exposé au vent froid et sec, dans des terres légères, donne, en général, une soie abondante, forte, très - pure et de très - belle qualité.

La feuille de ce même mûrier planté dans des lieux humides, en plaine, dans des terres grasses, donne un peu moins de soie, qui est moins belle et moins pure.

Telles sont les différences les plus générales : il y en a d'autres relatives à la topographie des lieux.

Moins la feuille contient de substance nutritive, plus le *ver-à-soie* doit en consommer pour faire son développement.

Il résulte de là que le *ver*-à-soie, qui consomme une grande quantité de feuille peu nutritive, doit être plus fatigué et plus en danger
de tomber malade, que celui qui mange moins
de feuille plus nutritive.

On peut en dire autant de la feuille qui,
quoique ayant assez de parties nutritives, con-
tiendrait peu de substance résineuse. Dans ce
cas, le *ver* - à - soie pourrait se bien nourrir et
grossir, et ne pas produire un cocon bien garni
et bien fort, c'est-à-dire proportionné au poids
du ver, comme il arrive quelquefois à cause des
mauvaises saisons.

Malgré tout cela, mes expériences montrent,
qu'en dernière analyse, toutes choses égales
d'ailleurs, les qualités des terrains produisent
une bien petite différence sur la qualité de la
feuille. Ce qui sera toujours vrai, c'est que la
cause qui influe le plus sur la finesse de la
soie, est le degré de température dans lequel
le *ver*-à-soie est élevé. Je l'ai dit plus haut,
et je le démontrerai encore dans la suite de cet
ouvrage.

Non-seulement il faut noter la différence de
qualité qu'il y a, en général, entre la feuille
des mûriers placés dans des terres de différente
nature et cueillie dans des saisons différentes,
mais aussi celle qui dépend des diverses espèces
de mûriers placés dans un même fonds.

J'ai trouvé, par exemple, qu'à poids égal, la feuille provenant du mûrier à feuille large était un peu moins nutritive.

J'ai observé qu'après celui-ci vient le mûrier qui a la feuille assez grande, grasse et d'un vert foncé. Lorsque ces mûriers ne sont pas exposés à un air sec et dans des terrains légers, ils deviennent bien garnis de feuilles, mais celles-ci ne sont pas riches en matière soyeuse. Il paraît démontré que la nature a plus de facilité à produire une feuille qui abonde en substance nutritive qu'en substance résineuse ou soyeuse.

Je trouve que la meilleure feuille de mûrier, quelle qu'en soit l'espèce, est celle qu'on appelle double. Elle est petite, peu succulente, d'un vert foncé et bien nombreuse, luisante, et qui contient moins d'eau; ce qu'on peut facilement reconnaître en en faisant sécher (1).

---

(1) Je crois utile de faire connaître ici toutes les espèces et variétés de mûriers qui ont été décrites jusqu'à ce jour. A la fin de la note on verra aussi la perte que fait, en se séchant, chaque qualité de feuille de mûrier que j'emploie pour nourrir les *vers-à-soie*.

Première espèce. *Morus alba*. Cette espèce comprend: Le mûrier commun sauvage qui a quatre variétés relativement au fruit: deux l'ont blanc, une l'a rouge, et l'autre noir.

Il y a deux autres variétés relativement à la feuille: une découpée à morceaux comme la feuille de l'aubier, et l'autre plus grande, très-peu découpée ou lobée.

En général , le cultivateur s'est attaché aux
espèces de mûriers qui fournissent les feuilles

Le mûrier commun greffé est une variété de la première des deux que je viens de citer , et il a lui-même
les variétés suivantes :

1.º A fruit blanc ; 2.º à fruit rose ; 3.º à fruit noir ;
4.º à feuille grande , dite de Toscane ; 5.º à feuille assez
grande d'un vert foncé, appelée en Italie feuille *Giaz-*
zola ; 6.º à feuille plus petite , d'un vert foncé, assez
épaisse , dite feuille double , plus difficile à détacher, et
la meilleure pour les *vers-à-soie.*

Il y a en outre les espèces suivantes :

1.º *Morus Tartaria* ; 2.º *Constantinopolitana* ; 3.º *Nigra*
(Tout le monde connaît la mûre , fruit doux , très-
agréable dans la saison chaude , qu'on cultive particulièrement dans les provinces ex-vénitiennes) ; 4.º *Rubra*
(Elle se cultive dans les jardins botaniques) ; 5.º *Indica*
(Elle se cultive comme la précédente) ; 6.º *Latifolio*
(Elle se cultive dans les serres des jardins botaniques);
7.º *Australis* ; 8.º *Latifolia* ; 9.º *Mauritiana* (Ces trois
dernières espèces sont peu connues en Italie) ; 10.º
Morus Tinctoria ; 11.º *Morus Papyrifera.* (Ces deux
dernières espèces ont été transportées récemment sous
un autre genre de plantes, dit *Broussonetia*, du nom
de M. Auguste Broussonet , professeur distingué.)

Les indications que je viens de donner montrent assez
quelles sont les variétés des feuilles de mûrier qui pourraient mieux convenir pour l'éducation des *vers-à-soie.*

La différence qu'il y a dans les variétés des feuilles
greffées , est beaucoup moindre que dans celles des
feuilles sauvages.

Par exemple, un mûrier sauvage de dix ans, à

qui ont le plus de poids ou qui sont les plus
grandes , sans penser que ce n'est ni l'eau ni
le tissu fibreux de la feuille qui nourrissent les
vers-à-soie , et rendent les cocons pesans ,
mais bien les feuilles qui les nourrissent avan-

---

feuille grande , très – peu découpée , portera plus de
feuilles pesant que cinq mûriers du même âge à feuilles
très-découpées.

Voici le résultat de mes expériences sur les feuilles
de mûrier greffé dont j'ai parlé plus haut :

1. Cent onces de feuilles presque mûres , cueillies , le
même jour , du mûrier dit de Toscane , m'ont donné
30 onces après la dessiccation.

2. Cent onces de celles du mûrier dit *Giazzola* , m'ont
donné 31 onces et demie.

3. Cent onces de feuilles dites doubles , m'ont donné
36 onces.

Cette variété de mûrier porte plus de fruit que
toutes les autres.

Toutes ces qualités de feuille diminuent encore moins
de leur poids , lorsqu'elles sont parfaitement mûres. Il
y a peu de feuilles mûres des différens arbres qui contiennent moins d'eau que la feuille mûre du mûrier.

Au contraire , lorsque la feuille du mûrier est tendre ,
elle contient beaucoup d'eau.

Cent onces de feuilles tendres qu'on donne aux *vers-
à-soie* , dans le premier âge , pèsent moins de vingt-
une onces lorsqu'elles sont sèches : elles contiennent donc
presque les quatre cinquièmes d'eau. Cette quantité
d'eau pourvoit à la grande évaporation qui se fait du
corps des petits *vers-à-soie*, dans le premier et le second
âge , pour les raisons que j'ai expliquées ailleurs.

tageusement avec les substances dont j'ai parlé
ci-dessus, et qui donnent un plus grand produit
en cocons.

Il faut rappeler ici une autre observation de
fait ; c'est que, à circonstances égales, le vieux
mûrier produit toujours une feuille meilleure
que le jeune. Bien plus, à mesure que les
mûriers, de quelque qualité qu'ils soient, vieillis-
sent, leur feuille, devenant toujours plus petite,
s'améliore tellement, qu'elle finit par être
toute presque d'une seule qualité.

Jusqu'ici, j'ai entendu parler des feuilles de
mûrier greffé. La feuille de mûrier sauvage est
celle qui, à poids et à circonstances égales,
contient toujours une bien plus grande quantité de substance nutritive et de matière
soyeuse.

En conséquence, cette feuille, qui est en bien
moindre quantité que celle du mûrier greffé,
donne cependant des résultats meilleurs. J'ignore
que personne ait, jusqu'à présent, fait exactement et un peu en grand cette comparaison
importante. (Chap. XI.)

Une autre comparaison qui doit fixer l'attention du propriétaire-cultivateur, c'est que le
mûrier greffé, sur-tout lorsqu'il est vieux,
produit une bien plus grande quantité de mûres
blanches que le mûrier sauvage.

Ces mûres, qu'en général le *ver*-à-soie ne

mange pas, font cependant partie du poids de
la feuille que le cultivateur vend ou achète.
Il y a pourtant beaucoup de circonstances qui
empêchent de généraliser l'usage de la feuille
sauvage. (Chap. XI.)

La plus mauvaise feuille qu'on puisse tirer
du mûrier, et qui est toujours funeste aux
vers-à-soie, est celle qui est couverte de manne,
altération qui provient d'une maladie ou d'un
excès de santé de l'arbre. Je ne conseillerais
jamais à personne d'en donner, excepté dans
un cas de disette ; et alors il faudrait la bien
laver et l'essuyer avec soin.

La feuille tachée de rouille ne fait aucun mal
au *ver*-à-soie. On voit une grande quantité de
mûriers attaqués de cette maladie, particulièrement lorsqu'ils sont dans des terreins humides
ou dans des lieux peu aérés. Le *ver*-à-soie
mange cette feuille comme celle qui est saine ;
la seule différence qu'il y a, c'est qu'il ne ronge
que la partie saine, évitant soigneusement celle
qui est rouillée. Ceux qui n'ont pas d'autres
qualités de feuilles sont obligés d'en donner
en plus grande quantité, afin que le *ver*-à-
soie ne se fatigue pas tant pour trouver ce
qu'il lui faut pour se nourrir. Cet insecte souf-
frirait si on lui faisait manger la feuille mouillée
par la pluie ou par la rosée. J'indiquerai (chap.
VII) comment on peut facilement l'essuyer.

Quelle que soit la feuille de mûrier qui serve d'aliment aux *vers-à-soie*, on doit avoir le plus grand soin d'empêcher qu'elle ne s'échauffe ni ne fermente, soit quand on la cueille, soit lorsqu'on la garde.

Un grand degré de fermentation altère plus ou moins une portion de la substance nutritive de la feuille, qui alors serait moins nourrissante, quand même les vers la mangeraient.

Il est très-aisé de ne pas laisser la feuille long-temps comprimée dans les paniers ou dans les sacs où on la recueille.

On conserve facilement la feuille, deux ou trois jours, dans des lieux frais, s'ils sont un peu humides, à l'abri, autant que possible, du contact extérieur de l'air, tels que caves, magasins, chambres au rez-de-chaussée, etc., pourvu qu'elle ne soit pas trop entassée et qu'on la remue de temps en temps. Il faut éviter qu'elle perde sa fraîcheur par trop de sécheresse du lieu où on l'a placée, ou par trop d'air, comme aussi qu'elle pourrisse par trop d'humidité ou pour être trop entassée. Il y a un très-grand avantage, comme nous le verrons dans la suite, d'avoir un local propre à bien conserver la feuille deux jours et même trois si c'est nécessaire.

Le mûrier vit très-bien dans des climats même plus froids que la Lombardie; mais, pour qu'on puisse en retirer un grand avantage, on doit l'effeuiller une seule fois et assez à temps pour qu'il reproduise sa feuille avant la saison froide, sans quoi il périrait bientôt. D'après ces données, on sait dans quels lieux et dans quels climats on peut élever les *vers-à-soie*.

CHAPITRE IV.

Des Soins préliminaires pour la naissance des Vers-à-soie.

Les premières opérations par lesquelles on commence chaque année à exercer l'art de produire les cocons, sont de détacher des linges les œufs des *vers-à-soie*, et de les disposer pour les faire éclore.

Ces opérations exigent, comme on le verra, beaucoup de soins et d'application ; mais l'opération qui a pour but de faire naître les *vers-à-soie* à propos et avec succès, peut, avec raison, être considérée comme la plus essentielle.

En général, ceux qui chez nous élèvent ces insectes ont eu jusqu'ici et ont encore beaucoup de peine à se faire une idée exacte de la grande différence qu'il y a entre les climats chauds originaires des *vers-à-soie* et les nôtres. Obligés, par le moyen de l'art, de suppléer à ce qui manque dans nos pays pour égaler les avantages des climats chauds, nous avons senti le besoin de déterminer quelque méthode pour faire naître et élever les *vers-à-soie*, de manière à pouvoir les obtenir sains, vigoureux, et dans les temps les plus convenables à nos intérêts.

Mais, qu'a-t-il été fait pour cela? Dans le temps passé tous les *éducateurs* pensaient qu'on pouvait laisser naître spontanément les *vers-à-soie*, ou que s'il était nécessaire de créer un climat artificiel propice à leur naissance, on n'avait besoin d'employer que la chaleur du fumier, ou celle des lits, ou bien celle du corps humain, des cuisines et autres lieux semblables.

Il est aujourd'hui reconnu que tous ces moyens sont très-incertains et bien souvent funestes à la vie des *vers-à-soie*. L'expérience ayant bien prouvé cela, il en est résulté qu'on s'est découragé. On ne doit donc pas s'étonner si on trouve des preuves claires de la destruction des mûriers, ou d'un abandon total de leur culture dans les derniers siècles, et si nous avons encore autour de nous la preuve très-récente de certains cultivateurs qui ont désespéré de pouvoir élever les *vers*-à-soie avec avantage.

Cependant, depuis que le luxe a formé des chambres chaudes, appelées serres, pour faire végéter et pour conserver, dans une température plus élevée que celle de nos climats, les plantes exotiques, il était facile de saisir ce moyen, et d'en faire l'application à la naissance des *vers-à-soie*. Ce n'a été que très-tard qu'on a pensé à ce qui est si avantageux pour faire naître en peu de jours, avec assurance et facilité, une quantité quelconque de ces insectes, et les élever avec le même avantage ; malgré cela nous voyons que, même depuis qu'on a connu l'art d'établir les chambres chaudes ou *étuves*, leur usage ne s'est pas étendu aussi généralement que le besoin l'exige ; et ce qui est plus, ceux qui les ont adoptées ne savent pas s'en servir avec cette méthode exacte qu'il est nécessaire d'observer pour en retirer tout l'avantage pour lequel elles sont inventées. Il arrive de cela que des couvées entières de *vers-à-soie* se gâtent tout-à-fait, ou au moins s'altèrent.

Je me propose d'exposer, dans ce chapitre, les soins que les œufs exigent pour être disposés au développement convenable des *vers-à-soie*, et ceux qu'il faut pour déterminer et conserver la température nécessaire.

Nous parlerons donc :

1.° De la préparation préliminaire des œufs ;

2.° De la nécessité du thermomètre pour déterminer les températures convenables à la naissance et à l'éducation des *vers-à-soie* :

3.º De l'*étuve* dans laquelle doivent naître les *vers*-à-soie ;

4.º De la naissance de ces insectes.

§. I.ᵉʳ

Préparations préliminaires des œufs des Vers-à-soie.

On suppose que les œufs soient bons et bien conservés, ainsi que je l'ai prescrit ailleurs. (Chap. X.)

Vers la fin de mars, on porte, dans une chambre convenable, les linges sur lesquels les œufs sont attachés ; on en fait plusieurs doubles, on les plonge dans un seau d'eau de citerne ou de puits ; on les agite de haut en bas jusqu'à ce que l'eau a bien pénétré par-tout, et on les laisse dans le seau à peu près six minutes : ce temps suffit pour amollir la substance gommeuse qui tient les œufs attachés entre eux et au linge.

Il faut avoir, dans cette chambre, une table proportionnée à la grandeur des linges.

Lorsque les six minutes sont passées, on sort les linges du seau, on les laisse égoutter deux ou trois minutes les tenant dans les mains ; on les place ensuite sur la table, et on les étend tous ou en partie ; on tient bien étendu

le linge du côté où l'on veut commencer à
séparer les œufs avec un racloir (*fig.* 3) ; ils se
détachent peu à peu. Le racloir ne doit pas
être trop aigu, afin de ne pas entamer les
œufs, ni trop obtus, afin de pouvoir les détacher facilement. Les œufs tiennent peu sur
des linges mouillés.

Lorsqu'on a détaché une bonne portion des
œufs, on les entasse sur le linge même ; on
les enlève ensuite avec le même racloir, et on
les dépose dans un bassin : on continue à faire
cette opération, jusqu'à ce que tous les œufs
aient été recueillis et mis dans le même bassin.

On verse alors de l'eau sur les œufs qui
sont dans le bassin ; on les lave ensuite légèrement, afin de les séparer les uns des autres.
L'eau dans laquelle on les lave deviendra très-
sale, attendu que les œufs sont toujours plus
ou moins salis par les matières que déposent
les papillons.

A la superficie de l'eau, on voit surnager les
coques du peu d'œufs dont les *vers*-à-soie sont
sortis (chap. V) ; on en voit beaucoup de jaunes
non fécondés, et même d'autres qui n'ont pas
cette couleur, mais qui sont légers : on doit
de suite enlever tout ce qui surnage. Si les
œufs ont été recueillis dans une mauvaise saison,
sur-tout par un temps froid, il y en aura beaucoup de jaunes et même de roussâtres, qui

iront au fond, quoiqu'ils ne soient pas fécondés.
(Chap. IX et X.)

Cette eau ayant été bien agitée, on la verse
sur un tamis ou sur un linge pour en séparer
les œufs.

On met dans un bassin les œufs du tamis
et ceux qui sont restés au fond du seau ; on
verse dessus du vin sain et léger, blanc ou
rouge (2). On lave de nouveau les œufs, les
frottant légèrement, afin qu'ils se séparent bien
les uns des autres. Mon usage était d'agiter
le vin avec les œufs avant de couler le mélange ;
de cette manière, en versant promptement, le

---

(2) J'ai lavé les œufs tantôt avec l'eau, tantôt avec
l'eau et le vin ordinaire, et tantôt avec le vin pur.
Jusqu'à présent je n'ai pu reconnaître de différence
entre l'usage de ces divers liquides.

Cependant les œufs lavés avec le vin très-coloré et
généreux, dans lequel on les a laissés quelques heures,
naissent plus tard ; il semble qu'il se soit formé une
espèce d'enduit sur les pores de la coque, ce qui peut
retarder un peu l'évaporation nécessaire des humeurs,
pour donner lieu au changement de l'embryon en ver-
à-soie.

Ceux qui lavent les œufs avec des vins troubles,
de couleur foncée, et qui font beaucoup de dépôt,
font donner aux œufs jaunes et roussâtres une couleur
plus ou moins rouge, égale à celle que prennent les œufs
fécondés ; avec cet artifice, on peut tromper en faisant
croire tous les œufs bons.

vin entraînait avec lui les œufs les plus légers.

Ainsi , je pouvais distinguer et séparer les œufs un peu plus pesans. L'expérience m'a montré que ces œufs sont tous également bons. J'ai reconnu , par de nouvelles observations , que la différence de leur pesanteur spécifique était très-petite (3). Lorsque le vin est coulé, on fait bien égoutter les œufs, on les recueille et on les étend sur d'autres linges.

Lorsqu'on a des chambres pavées en briques, on doit y étendre ces linges, ayant soin de les changer de place toutes les quatre ou cinq heures. Ces pavés attirent avec force l'humidité , et sèchent plus promptement les œufs.

Si on n'a pas de pavés en brique , on peut y suppléer par des claies ou des tables d'osier.

---

(3) La différence de pesanteur spécifique entre les différens œufs fécondés de *vers*-à-soie de quatre mues , n'est pas certainement sensible ; je crois même qu'il n'y en a pas.

Je dis fécondés, parce que j'ai trouvé une différence manifeste en poids entre ceux – ci et les œufs non fécondés, jaunes et rougeâtres , quoique tous eussent une pesanteur spécifique plus grande que l'eau.

Par exemple , pour former une once d'œufs fécondés , il en faut le nombre de. 39,168

Pour former une once d'œufs rougeâtres mal fécondés , il en faut le nombre de 43,080

Et pour former une once d'œufs jaunes non fécondés , il en faut le nombre de 44,100

Au bout de deux jours les œufs sont ordinairement secs.

Lorsqu'ils sont dans cet état, on les met sur des assiettes par couches d'un demi-travers de doigt, et on les laisse là jusqu'au moment qu'on veut les faire éclore, ayant soin de les préserver des rats. Il est essentiel de les placer dans des lieux frais et secs, qui aient de six à douze degrés de chaleur au thermomètre de Réaumur.

Pour toutes les différentes opérations ci-dessus indiquées, jusqu'au moment de mettre les œufs à sécher, on emploie une heure par trente onces d'œufs.

Voici de quelle manière est employée cette heure : les œufs enveloppés dans les linges restent six minutes dans le seau d'eau, à peine tiré de la citerne ou du puits ; il faut cinq minutes pour les faire égoutter ; vingt-cinq minutes pour détacher entièrement les œufs des linges et pour les mettre dans le bassin ; cinq minutes pour les laver dans l'eau, et pour séparer ceux qui sont légers et non fécondés ; cinq minutes pour faire égoutter l'eau passée à travers le tamis ; quatre minutes pour laver les œufs avec le vin ; cinq minutes pour passer le vin à travers le tamis ; et autres cinq minutes à peu près pour bien étendre les œufs sur des linges préparés pour les faire sécher.

§. I I.

Nécessité du Thermomètre pour déterminer les températures convenables à la naissance et à l'éducation des Vers-à-soie.

Comment font les Botanistes pour faire naître, conserver et multiplier, dans des chambres chaudes, appelées serres, certaines plantes qui appartiennent à des climats beaucoup plus chauds que les nôtres ? Comment font-ils pour mesurer les degrés de chaleur dont ils ont besoin ? Ils emploient le thermomètre.

Pour produire, maintenir et régler le degré de chaleur nécessaire dans le lieu où l'on veut faire éclore les *vers-à-soie*, et pour rendre égale la température dans laquelle ils doivent vivre, l'art fournit ce précieux instrument ; par lui l'expérience nous démontre qu'il importe moins que le *ver*-à-soie vive dans une température semblable à celle de ses climats originaires que dans une autre, dont la variété ne lui fasse pas éprouver des secousses, et qui soit égale, autant que possible, dans ses différens âges.

Le thermomètre (*fig*. 4.), simple par lui-même, est d'autant plus sûr qu'il ne dépend nullement de la volonté et du caprice des hommes. Quoique ce ne soit pas le seul instrument utile dans cet art , comme nous le verrons au chap. VII , je ne dois parler que de lui dans ce moment.

Disons donc que , pour faire naître et pour bien élever les *vers*-à-soie , il faut plusieurs thermomètres qui soient bien faits.

Les thermomètres se font ou avec le mercure, ou avec l'esprit de vin. Ceux faits avec le mercure sont toujours les meilleurs , parce que la dilatation ou la concentration de ce métal, selon le degré de chaleur auquel on le soumet, se proportionne plus exactement que ne le fait celle de l'esprit de vin. D'ailleurs , les thermomètres à esprit de vin qu'on vend aujourd'hui, et qui sont , il est vrai, de peu de prix , sont imparfaits ; leur tube a , en général , le diamètre intérieur inégal , ce qui induit souvent à erreur l'éducateur le plus attentif, puisqu'on ne voit pas que le liquide contenu dans le thermomètre s'élève et s'abaisse en proportion qu'augmente ou diminue la chaleur. On ne doit donc pas hésiter dans la dépense, et se procurer de bons thermomètres à mercure pur (4).

---

(4) Outre le thermomètre , il y a un autre instrument très-précieux pour celui qui élève les *vers*-à-soie , qui est le thermométrographe, inventé par M. le chanoine Bellani de Monza, physicien distingué. Cet instrument conserve la marque des extrêmes par lesquels la température est passée dans un temps déterminé.

Il arrive quelquefois que le tube du thermomètre se déplace sur l'échelle , ce qui peut rendre les indications trompeuses.

Pour remédier à cet inconvenient , on place
les divers thermomètres qu'on a horizontalement , l'un à côté de l'autre , sur une table
sur laquelle on a mis aussi un autre thermomètre qui est exact. On laisse ainsi ces thermomètres pendant une heure, afin de voir sur chacun le degré précis qu'il indique. On hausse ou
baisse ensuite les tubes qui ne sont pas d'ac-

Avec cet instrument , le cultivateur connaît, chaque
matin et à chaque moment , quelle a été la variation de
température qui a eu lieu , soit en plus , soit en moins ,
dans l'*étuve* ; par ce moyen , il peut apprendre si celui
qui a été chargé du soin de cette chambre a rempli son
devoir avec exactitude.

On peut connaître également les degrés de chaleur
auxquels l'atelier a été exposé pendant un certain temps
donné. C'est , je crois , assez en dire pour faire sentir
combien cet instrument est précieux.

Le thermométrographe se vend à Milan chez M. Forni ,
pharmacien , sur le cours des Servi , avec sa description ,
afin que tout le monde sache la manière de l'employer ,
et connaisse exactement tout ce qui est relatif à son
invention.

C'est un grand bien pour la société , que les savans qui
cultivent les sciences physiques , en appliquent les principes à des choses qui sont avantageuses à tous ceux qui
exercent des arts utiles.

cord avec le thermomètre exact, et on les règle de cette manière. On fixe ensuite les tubes à la tablette par le moyen de la cire à cacheter fondue.

Plusieurs pensent avoir leurs sens assez exercés pour pouvoir juger de la température de l'établissement par leurs sensations, sans le secours du thermomètre. La science et la pratique prouvent qu'il n'y a rien de plus incertain et de moins fondé. Les sensations extérieures et les dispositions de notre corps, sont souvent en opposition à ce que nous fait voir le thermomètre. Par exemple, l'état plus ou moins sec ou humide de l'atmosphère, quoique les degrés de chaleur soient les mêmes sur le thermomètre, nous font éprouver des sensations si différentes, qu'on sentirait dans un jour d'été, auquel le thermomètre marquerait 22 degrés, moins chaud que le jour précédent, dans lequel la température aurait été de quelques degrés moins, et cela parce que le jour des 22 degrés il soufflait un vent sec du nord, et que le jour précédent il régnait un vent humide du midi.

Les thermomètres sont donc indispensables.

§. I I I.

De l'Étuve *dans laquelle on doit faire naître les* Vers-à-soie.

On doit d'abord faire usage du thermomètre dans l'*étuve* destinée à faire naître les *vers*-à-soie.

Les œufs de ces insectes, ainsi que de toute la classe des chenilles, n'éclosent pas par le moyen des couvées, mais par l'action générale d'une température chaude qui les entoure de tout côté. Comme il est de notre intérêt que le *ver*-à-soie se développe plutôt dans un temps que dans un autre, et que d'ailleurs cet insecte doit se développer dans une saison qui, chez nous, n'a pas le degré de chaleur des climats d'où il est originaire; il est indispensable, si on veut le faire naître pour l'élever avec avantage et jouir de son produit, de lui fournir une température artificielle qui lui convienne.

Il est avantageux d'établir cette température dans une petite chambre, plutôt que dans un endroit vaste, parce qu'on y règle mieux le degré de chaleur qui est nécessaire, et que d'ailleurs on économise le combustible.

La petite chambre dans laquelle je fais naître les *vers*-à-soie, n'a qu'à peu près onze pieds en longueur, en largeur et en hauteur, et on peut y faire naître commodément non-seulement dix, vingt et trente onces d'œufs, mais même deux cents, si on voulait; cette petite chambre doit être bien sèche.

On doit munir la petite chambre de tous les objets nécessaires. Certains lecteurs trouveront peut-être, dans ce que je vais dire, que je suis minutieux; mais cela ne m'arrête pas, pensant à l'importance de l'objet précieux pour lequel est fondé l'art d'élever les *vers-à-soie*.

Voici donc ce que cette petite chambre doit contenir:

1.° Un poile assez grand, non de fer, parce qu'on ne pourrait pas le bien régler, mais bien de briques minces; il doit être isolé. (*fig.* 5.)

Il est destiné à élever lentement, à volonté, et avec peu de bois, la température de la chambre, lorsque le thermomètre indique que c'est nécessaire.

2.° Plusieurs boîtes qui doivent être de gros carton si elles sont petites, et de bois mince si elles sont grandes. (*fig.* 6.)

La grandeur de ces boîtes doit varier selon la quantité d'œufs qu'on veut y faire naître. Pour une once d'œufs, il faut un espace d'à peu près huit pouces carrés. Cette donnée suffit pour faire faire la quantité de boîtes qui est nécessaire; nous verrons dans la suite combien il est utile qu'on ne change jamais cette règle. Si on veut faire naître dans une seule boîte plus

de six onces d'œufs , il faut que la boîte soit de
bois mince : la hauteur des boîtes en carton ne
doit pas être de guère plus de demi-pouce , celle
de bois sera d'à peu près le double , selon
qu'elles seront grandes , et qu'elles devront contenir beaucoup d'œufs. Je dis ceci, parce qu'il
faut qu'elles aient une force convenable.

Toutes les boîtes doivent être distinguées par
un numéro très-visible.

3.º Quelques claies d'osier (*fig.* 7.) ou quelques tables communes.

Les claies doivent se placer contre la muraille
à la distance d'à peu près deux pouces ; elles
doivent être soutenues par deux morceaux de
bois enfoncés dans le mur. Lorsqu'on a à placer
plusieurs claies , on les met l'une sur l'autre à
la distance d'à peu près vingt-deux pouces. Ces
claies servent pour mettre les diverses boîtes
dans lesquelles se trouvent les œufs qu'on veut
faire éclore. On doit disposer les boîtes sur les
claies , de manière qu'on puisse les examiner
commodément , aussi souvent qu'il le faut. Soit
qu'on place les boîtes sur les claies ou qu'elles
soient mises sur des tables , on doit avoir l'attention qu'elles soient à une certaine distance l'une
de l'autre.

4.º Une cuiller. (*fig.* 8.) Elle est d'une
forme commode pour pouvoir bien remuer les
œufs qui sont dans les boîtes.

5.º Plusieurs thermomètres. Les thermomètres suspendus dans divers endroits de la chambre, ou mieux encore étendus à côté des boîtes,
indiquent la température précise de tel ou tel
point de l'*étuve*. Il est bon qu'on sache, à ce
sujet, que la température n'est pas égale dans
tous les points de l'*étuve*; la différence s'observe
notablement aux points extrêmes, c'est-à-dire,
du côté le plus près du poile et de la porte.
Cette observation peut être très-avantageuse,
parce qu'on pourra à volonté avancer ou retarder de quelques jours la naissance de quelque
partie de *vers*-à-soie, selon qu'on sait que, dans
tel ou tel fonds, les germes des mûriers sont plus
ou moins développés. On sait qu'on observe
souvent quelque différence dans le temps de la
pousse des mûriers, suivant qu'ils sont situés
en plaine ou sur une élévation.

6.º Quelques petites tables faciles à transporter (*fig.* 9.). Ces petites tables sont utiles,
soit pour transporter les petites boîtes qui contiennent les *vers*-à-soie lorsqu'ils commencent
à naître, soit pour transporter ces mêmes insectes dans leurs divers âges. Elles doivent être
assez longues pour les poser sur les deux bords
des claies prises dans leur largeur, et doivent
avoir à peu près un pied.

7.º Un soupirail dans le milieu du plancher
de la chambre (*fig.* 10.). Ce soupirail, qu'on

doit pouvoir tenir ouvert ou fermé, et qui reste
en général fermé, sert à tempérer la chaleur de
la chambre dans le cas qu'elle fût au-dessus du
degré que j'indiquerai dans la suite, pour la
naissance des *vers*-à-soie. Par ce moyen on peut
établir un courant d'air doux, en ouvrant le
soupirail et la porte, et corriger l'excès de chaleur qu'aurait indiqué le thermomètre.

8.º Une fenêtre vitrée pour éclairer l'*étuve*.
C'est une erreur populaire de croire que la
lumière ne vivifie pas les *vers*-à-soie, comme
cela a lieu pour tous les autres êtres vivans. La
lumière n'incommode le *ver*-à-soie, comme
nous le verrons, que lorsqu'il est devenu un
animal parfait, c'est-à-dire, papillon. (Chap. X.)

Il ne faut pas autre chose pour l'*étuve*.

Il serait superflu de dire que cette chambre
peut servir après la naissance des *vers*-à-soie,
pour les y élever, et sur-tout si le propriétaire
y a fait fixer des tables d'osier.

Il est aussi inutile de dire que cette même
chambre, qu'on peut échauffer à très-peu de
frais (5), peut servir aussi bien pour les œufs
de toute autre personne que le propriétaire. On
peut parfaitement la considérer comme une

_____

(5) Sans parler des années dans lesquelles le printemps
a été plus chaud qu'en 1814, je vais rendre compte de
cette année, dans laquelle j'ai retardé de quelques jours
la naissance des *vers*-à-soie.

boutique d'ouvrier qui reçoit, travaille et vend une matière quelconque.

Je vais noter ici quels étaient les degrés de chaleur auxquels je tenais l'*étuve*, et quelle était, au couchant, la température extérieure de cette chambre, à cinq heures du matin.

Température de l'étuve.		*Température extérieure.*
11 Mai. degrés 14.	. . . . .	degrés 9.
12 — — 14.	. . . . .	— 6.
13 — — 14.	. . . . .	— 6.
14 — — 14.	. . . . .	— 6.
15 — — 15.	. . . . .	— 7.
16 — — 15.	. . . . .	— 9.
17 — — 16.	. . . . .	— 8.
18 — — 17.	. . . . .	— 8.
19 — — 18.	. . . . .	— 8.
20 — — 19.	. . . . .	— 9.
21 — — 20.	. . . . .	— 9.
22 — — 21.	. . . . .	— 10.
23 — — 22.	. . . . .	— 9.

Pendant ces treize jours, dans lesquels la naissance des *vers-à-soie* a été préparée et a eu lieu, il a été consumé deux quintaux une livre de bois petit ou gros. J'ai dit plus haut que le poile en briques présente de l'avantage sur celui de fer, relativement à l'économie du bois. Le poile de fer dévore le bois, et est même une cause de destruction des *vers-à-soie*, parce qu'on ne peut pas bien régler sa chaleur.

J'aurais pu faire naître les œufs dans moins de jours, mais je dus les retarder, vu la mauvaise saison qui empêchait le développement de la feuille. De cette manière je gagnai trois ou quatre jours, relativement au terme ordinaire fixé au chap. IV. §. IV.

§. IV.

Naissance des Vers-à-soie.

Lorsque le cultivateur a observé le degré de végétation des mûriers, et qu'il croit lui convenir d'avoir ses *vers-à-soie* à peu près dans dix jours, il mettra dans les petites boîtes qu'il aura déjà préparées, la quantité d'œufs qu'il a décidé de faire éclore. Il les pèsera exactement, et ayant préparé un registre où il doit noter tout ce qu'il fera et observera dans tout le cours de la vie des *vers-à-soie*, il commencera à y noter le jour et l'heure qu'il a mis les boîtes dans l'*étuve*, ainsi que le numéro qui doit les distinguer, et enfin tout ce qui peut être utile à savoir. Les tables d'osier sur lesquelles on met les boîtes, doivent être couvertes de papier dans leur intérieur. La distance que j'ai déjà recommandée entre les boîtes, sert à empêcher qu'aucun *ver*-à-soie ne passe de l'une à l'autre.

Si la température de l'étuve n'était pas à 14 degrés le jour qu'on a fixé pour y mettre les œufs, on y allumera un peu de feu pour qu'elle monte à ce degré. Cette température doit s'y conserver deux jours.

Si le thermomètre annonçait que l'air extérieur fût à plus de 14 degrés, on fermerait les contrevents de la chambre lorsqu'il fait soleil, et on ouvrirait le soupirail et la porte.

Le 3.ᵉ jour, la température doit être portée à 15 degrés ; le 4.ᵉ jour, à 16 ; le 5.ᵉ, à 17 ; le 6.ᵉ, à 18 ; le 7.ᵉ, à 19 ; le 8.ᵉ, à 20 ; le 9.ᵉ, à 21 ; les 10.ᵉ, 11.ᵉ et 12.ᵉ, à 22.

Les signes de la naissance prochaine des *vers-à-soie*, sont les suivans :

La couleur gris-cendré que les œufs avaient avant, se rapproche peu-à-peu du bleu de ciel, ensuite du violet ; elle redevient cendrée, tirant sur le jaunâtre, et enfin d'un blanc sale.

Ces diverses gradations de couleur sont cependant sujètes à quelques exceptions, selon le moyen qu'on a employé pour laver les œufs. J'en ai vu, par exemple, qui avaient été tellement colorés par le vin rouge, que non-seulement cette couleur persista, mais encore que les coques elles-même restèrent colorées, après que les *vers*-à-soie furent éclos.

Si on a mis les œufs de différens propriétaires dans la même *étuve*, on observera des différences, non-seulement dans les changemens successifs de couleur, mais encore dans les époques de la naissance des *vers*. Ces insectes provenant d'œufs exposés, dans le cours de l'année ou durant l'hiver, à une température assez douce, ou de ceux qui ont souffert ce qu'on appelle *macération* (6), naissent quatre

_____

(6) Par macération on entend communément mettre les œufs dans des sachets, sous des coussins ou dès

ou cinq jours plutôt, c'est-à-dire, à la température de 17, 18 ou 19 degrés. S'ils ont été tenus à une température très-froide, ils naissent quelques jours plus tard.

Le poile donne à chaque œuf, indistinctement, la quantité de chaleur qui lui manque

---

matelas, ou bien entre des couvertures de laine et autres choses semblables, jusqu'au moment de les placer dans l'*étuve*. Ceux qui les mettent en macération ont soin de remuer les sachets de temps en temps, pour les empêcher de se trop échauffer. Les macérations s'emploient pour que les *vers-à-soie* naissent plus promptement, lorsqu'on les met dans l'*étuve* ou ailleurs.

Avec cette méthode, quel est le cultivateur qui peut deviner à quel degré de température auront été exposés les œufs, et combien de degrés de chaleur il leur manque pour que les *vers-à-soie* éclosent, lorsqu'ils seront dans l'*étuve*? Qui saura quel degré de chaleur on devra établir dans l'*étuve*, pour recevoir les œufs macérés, sans nuire à l'embryon, ou au développement des *vers-à-soie*?

Cette méthode incertaine est nécessairement nuisible au développement régulier et sûr des *vers-à-soie*. J'en ai souvent vu moi-même une quantité plus ou moins grande gâtée par la macération ; les *vers* étaient nés et peu après presque tous morts.

Il me paraît raisonnable que, lorsqu'on peut suivre une méthode sûre et exempte de perte, on ne se serve pas d'une autre dont le résultat est incertain, d'autant plus qu'on peut le faire avec peu de dépense, comme je l'ai dit dans la note précédente, et dans le §. IV du chap. IV.

pour perfectionner l'embryon qu'il contient, et
le faire convertir en *ver*-à-soie. Lorsque les œufs
ont été tenus, dans le courant de l'année, à
un certain degré de chaleur, il faut moins de
chaleur du poile pour que les *vers*-à-soie se
développent. Cela est si vrai et si digne d'attention, que si, dans l'hiver, les œufs ont été
tenus à une température de 10 ou 12 degrés,
ou entassés, ils naissent sans le secours du
poile, et spontanément, dès que la chambre où
ils se trouvent est un peu échauffée, c'est-à-
dire, quand le mûrier semble encore mort. Dans
un pareil cas, on est obligé de jeter ces *vers*-
à-soie, n'ayant pas de la feuille pour les nourrir.
Il est donc essentiel de faire attention à cette
circonstance, pour prévoir un accident si nuisible. Le peu de retard que peuvent mettre les
œufs à éclore, n'est pas une perte, tandis qu'au
contraire c'en est une grande s'ils anticipent de
quelques jours. Si, pour retarder leur naissance,
on voulait, au moment où ils vont éclore,
refroidir la température, on nuirait à leur constitution. (Chap. XII.)

Lorsque les œufs prennent une couleur blanchâtre, le *ver*-à-soie est déjà formé, et avec une
loupe on peut distinguer l'animal à travers la
coque : alors il faut mettre sur les œufs quelques
morceaux de papier blanc percé de beaucoup de
trous avec un instrument fait exprès. *(fig. 11.)*

et coupés de manière à les couvrir tous. Les *vers*
commencent à paraître sur ce papier, parce
qu'ils passent par les trous en grimpant autour.
Au lieu de papier percé, on peut se servir
d'un voile clair. Pour recueillir les *vers*, on n'a
plus qu'à tenir sur ce papier de petits rameaux
de mûriers tendres, qui n'aient que trois ou
quatre feuilles, et en quantité suffisante pour
prendre les *vers* en proportion qu'ils sortent. Si
ces insectes ne trouvent pas de la feuille, une
partie sort même de la boîte.

Le premier jour il ne naît que très-peu de
vers-à-soie, et s'il y en a très-peu il vaut mieux
les jeter, parce que, s'ils s'unissaient à ceux qui
naissent les deux jours d'après, ils se maintien-
draient toujours plus gros et mûriraient plutôt
ce qui donne de l'embarras.

J'ai préféré les petits rameaux de mûrier aux
simples feuilles, parce que j'ai observé que la
seule feuille étendue ensuite sur le papier pèse
souvent sur le petit *ver* qui se trouve sous
elle. Beaucoup d'éducateurs ont pu voir, par
leurs propres yeux, que lorsque je faisais lever
la litière, il se trouvait sous la feuille des *vers*
qui dépérissaient, n'ayant pas la force de se
dégager.

Les *vers* qu'on aura fait naître avec la méthode
que j'ai indiquée, seront toujours très-sains et
vigoureux. Ils ne seront ni roux, ni noirs, cou-

leurs qui ne sont pas naturelles à ces petits animaux, mais bien châtain-foncé, qui est la couleur qu'ils doivent avoir.

On ne saurait exprimer l'avantage effectif de cette méthode, qui donne pour résultat constant des animaux bien constitués (7).

---

(7) L'essentiel est de faire éclore heureusement les œufs. Si cette opération ne réussit pas parfaitement, il en résulte des maladies dans tout le cours de leur vie, comme je le démontre au chapitre XII.

On a vu dans les deux dernières notes, combien il est nécessaire de faire usage du poile en briques, et combien est petite la dépense pour entretenir plusieurs jours la chambre chauffée.

Ce serait donc une institution bien utile, que celle d'établir dans chaque pays où on élève des *vers-à-soie* une étuve commune, et à côté une chambre pour y placer les *vers* venant de naître, que l'on distribuerait ensuite à chaque propriétaire ou fermier : ce serait un moyen plus économique, plus sûr, et bien moins embarrassant pour beaucoup de personnes qui sont dans l'usage de faire éclore peu d'œufs. Avec cent francs au plus, on pourrait en faire éclore des milliers d'onces. On commencerait alors à nationaliser, si je puis m'exprimer ainsi, cet art fondateur de tant d'autres.

Dans le cas que les communes ne voulussent pas faire la dépense de cette misérable somme, on pourrait faire payer aux possesseurs de la graine, une petite somme proportionnée à la dépense faite.

L'utilité de cet établissement serait bien plus grande, si celui qui serait chargé de le diriger était instruit dans l'art d'élever les *vers-à-soie*, et qu'il communiquât ses

L'aspect des *vers* venant de naître, ou réunis sur une feuille, est celui d'une superficie lanugineuse de couleur châtain-foncé, au milieu de laquelle on ne voit qu'un mouvement de petits animaux ayant leur tête levée, la remuant, et présentant un museau noir, luisant. Leur corps est tout couvert de poils rangés en lignes, entre lesquelles on aperçoit, dans toute la longueur du corps, d'autres poils plus longs. La couleur que paraissent avoir les *vers* en cet état n'est que celle des poils ; leur peau est blanchâtre

---

connaissances au peuple routinier ; cela diminuerait les grandes pertes auxquelles son ignorance l'expose.

S'il y a toujours eu des apôtres pour propager tous les genres de charlatanisme et d'erreurs, pourquoi ne pourrait-il pas y avoir des hommes bons, éclairés et animés de l'amour de leur patrie, qui s'intéressassent à la culture de cet art, si propre à nous rendre riches et heureux ?

Si je m'exprime de la sorte, c'est dans l'espoir de voir s'élever sur divers points des citoyens estimables qui protégeront l'institution que je propose, et qui en seront récompensés par les bénédictions de leurs contemporains et de la génération future (*).

(*) Ce que dit l'auteur me fait naître l'idée que, dans les départemens où on élève des *vers*-à-soie, les conseils généraux pourraient, dans leurs assemblées, proposer au gouvernement, comme moyen d'augmenter l'industrie, d'adapter dans chaque commune un local exprès tel que le décrit l'auteur, pour faire éclore les œufs en commun. On ne peut pas douter que ce moyen ne contribuât beaucoup à diminuer les pertes des récoltes de cocons qui ont souvent lieu.   *Le Traducteur.*

et se reconnaît à mesure qu'ils grandissent, parce que les poils deviennent plus rares. Cette qualité blanche de la peau est remarquable, même lorsque l'animal s'échappe de la coque, c'est-à-dire lorsqu'il étend sa peau et détache un peu la tête. Si on l'observe avec la loupe, il semble avoir une collerette blanche. La queue aussi est toute hérissée de longs poils.

Pendant le temps que les œufs sont dans l'*étuve*, il faut les remuer avec la cuiller une ou deux fois le jour : cette opération est d'autant plus utile, qu'on s'approche le plus du moment de la naissance.

Lorsque la température commence à s'élever dans l'*étuve* à 19 degrés, il est avantageux d'y avoir deux plats, dans lesquels on versera assez d'eau pour former une superficie d'environ quatre pouces de diamètre. Dans quatre jours à peu près, il se sera évaporé environ douze onces d'eau. La vapeur, qui s'élève très-lentement, modère la sécheresse qui aurait eu lieu dans l'*étuve*, sur-tout par les vents du nord : l'air trop sec n'est pas avantageux au développement des *vers*-à-soie. (Chap. XII.)

En suivant avec soin les préceptes que j'indique, on obtiendra invariablement, je le répète, des *vers*-à-soie d'une constitution saine et robuste.

Tandis que l'incubation des *vers* se termine, parlons de la préparation du logement qu'ils doivent bientôt occuper, ainsi de ce qui doit servir à leur transport. Nous reprendrons ensuite le sujet de ce chapitre.

CHAPITRE V.

Du petit Atelier où on doit transporter les Vers-à-soie nouveaux-nés. De leur transport, et des rapports entre le poids des œufs et des vers obtenus.

L'expérience démontre constamment, comme nous le verrons au chapitre XII, que, s'il est nuisible à la santé des *vers*-à-soie nouveaux-nés de les laisser exposés à une température chaude et sèche, il l'est aussi de les transporter dans un local à une température froide, quand on ne devrait même les y laisser qu'un ou deux jours. (Chap. XII.)

Les faits démontrent également, qu'il est utile, tant sous le rapport de l'économie que pour bien élever les *vers*-à-soie, que la grandeur des chambres où on les place soit proportionnée à la quantité qu'on en veut élever: il est, en conséquence, nécessaire de déterminer l'espace qu'une quantité donnée de *vers* doit occuper dans chaque âge.

Il ne doit pas être non plus indifférent de connaître avec quelle progression, dans l'évaporation de l'œuf, l'embryon devient *ver* sain et vigoureux.

Nous parlerons en conséquence dans ce chapitre :

1.º Du petit atelier destiné à placer les *vers*-à-soie nouveaux-nés.

2.º Du transport des *vers* aussitôt après leur naissance.

3.º De la perte en poids qu'ont faite les œufs dans l'*étuve*.

§. I.er

Du petit Atelier destiné à loger les Vers-à-soie *nouveaux - nés.*

Ce petit logement est celui où les *vers* doivent être élevés jusqu'à la troisième mue (8).

---

(8) En expliquant l'usage du petit atelier, je n'ai eu en vue que de faire voir combien il est plus économique que des emplacemens trop vastes ou trop petits. Au reste, chacun peut adopter le local qui l'accommode le mieux; et si on n'avait qu'une seule chambre pour élever les *vers*-à-soie depuis leur naissance jusqu'à ce que le cocon est formé, peu importerait, pourvu qu'on mît la plus grande attention à y maintenir les degrés de chaleur que j'ai indiqués:

Une seule chambre suffit, sur-tout pour quelqu'un qui ne fait éclore guère plus d'une once d'œufs, pourvu qu'elle contienne assez de claies pour faire un espace d'à peu près deux cent dix pieds carrés par once d'œufs.

Il faut que le local soit dans de justes proportions avec la quantité de *vers* à élever , pour
la facilité du service. D'ailleurs il y a de l'économie, parce qu'il faudrait bien plus de combustible pour réchauffer une trop grande pièce
ou plusieurs petites, qu'une seule proportionnée
au besoin.

Il est avantageux de connaître l'espace que
les *vers* - à - soie doivent occuper au fur et à
mesure qu'ils grandissent.

Les *vers* produits par une once d'œufs occupent, jusqu'après la première mue, un espace
d'à peu près sept pieds huit pouces carrés ;

Jusqu'à la seconde mue , un espace de quinze
pieds quatre pouces carrés ;

Jusqu'après la troisième mue , un espace d'à
peu près trente-cinq pieds carrés.

On place les tables ou claies l'une sur l'autre,
à la distance de vingt-deux pouces au moins ,
et on en met autant qu'il en faut pour former
les pieds carrés d'espace qui correspondent au
nombre d'onces d'œufs qu'on aura fait éclore.

On doit toujours tenir les *vers* sur du papier
dont le fond des claies doit être garni , et qui
doit déborder , afin d'empêcher les *vers* de
tomber.

Sur ce papier , qui doit être assez fort , on
inscrit des numéros correspondans à ceux mar-
qués sur les petites boîtes , afin de ne jamais

confondre entre eux les *vers* qui sont de différentes boîtes.

Selon la grandeur de cette chambre , il doit y avoir un ou deux thermomètres, une ou deux petites cheminées placées dans les angles, un ou deux soupiraux au plancher ou plafond, et une ou plusieurs portes et fenêtres. Dans ce petit atelier je tiens aussi un poile égal à celui de l'*étuve*, qui, en cas d'un temps froid, peut m'être utile pour épargner le bois.

En effet, il faut plus de bois pour réchauffer une chambre pendant un jour, en ne se servant que de cheminées, pour si bien qu'elles soient construites, comme je crois que les miennes le sont, que pour réchauffer la même chambre pendant dix jours au moyen du poile. Le principal avantage des petites cheminées, comme nous le verrons quand il en sera temps (chap. VI et VII), n'est pas tant de réchauffer l'air que d'en mettre une grande colonne en mouvement.

La température du petit atelier doit être portée à 19 degrés ; elle doit être d'environ deux degrés plus basse que celle de l'*étuve* où les œufs sont éclos.

L'expérience prouve, qu'à mesure que le ver-à-soie avance en âge et prend plus de force, il lui faut moins de chaleur.

Telle est la température qui convient à ces insectes peu après leur naissance. Si la saison

devenait froide et mauvaise , de manière à ra-
lentir le développement de la feuille, il faudrait
gagner quelques jours , en abaissant graduellement la température jusqu'à 17 et même 16
degrés , mais pas au-delà (9).

———————————————————

(9) Le *magnonier* prudent a fait tout ce qui dépendait
de lui, en mettant les œufs dans l'*étuve* lorsqu'il a vu
que la saison était bonne , et que les germes des mûriers
étaient bien développés.

Si la saison venait tout-à-coup à changer , comme cela
a eu lieu en 1814, il devient alors précieux de pouvoir
sans danger retarder la naissance des *vers*, comme je l'ai
dit à la cinquième note, et de prolonger de quelques
jours leurs deux premiers âges.

Pour obtenir un si grand avantage, il n'y a pas autre
chose à faire, si c'est le premier jour qu'on a mis les
vers-à-soie dans le petit atelier, qu'à abaisser, après
quatre ou cinq heures, à 18 degrés, la température qui
était à 19, et quatre ou cinq heures après à 17, et le
lendemain à 16, si cela est nécessaire.

Ce refroidissement de l'air fait graduellement et sans
danger diminuer l'appétit des *vers*; et par ce moyen,
on empêche les modifications qui, à 19 degrés, les auraient
conduits à la mue.

En effet, la première mue s'accomplit dans cinq jours
à 19 degrés, et il en faut six ou sept à 16 ou 17 degrés.
La seconde mue s'accomplit dans quatre jours à 19 degrés,
et il en faut plus de six , si la température est entre 16
et 17 degrés. Voilà donc comment le *magnonier* qui se
conduira avec prudence, en prolongeant la naissance et
les deux premières mues des *vers-à-soie*, pourra gagner
sept ou huit jours de temps pour parer aux intempéries.

§. I I.

Du Transport des Vers-à-soie nouveaux-nés dans le petit Atelier ou ailleurs.

On doit transporter au plutôt, dans l'atelier où ils doivent rester jusqu'à la troisième mue, les *vers-à-soie* qui viennent de naître dans

de la saison. On peut gagner aussi quelqu'autre jour dans le cours des autres mues, comme nous le verrons dans la suite.

Ce gain de temps peut être, comme on le voit, d'un bien grand avantage.

Les tableaux que j'ai annexés à la fin de cet ouvrage, font voir qu'en 1813 les *vers*-à-soie étaient montés dans trente-un jours, et qu'il en fallut trente-huit, en 1814, pour le temps nécessaire afin que la feuille mûrît. Je ne comprends pas dans ces sept jours de gain, les trois de retard que je mis pour faire naître les *vers*, m'étant aperçu que la saison était toujours très-mauvaise cette année-là.

Ceux qui n'auraient pas ce soin, et qui n'emploîraient pas les moyens qu'indique l'art pour prévenir les contrariétés des saisons, seraient obligés, ou de jeter les *vers* nés trop tôt, ou de dépouiller aussi trop tôt les mûriers, qui n'offriraient ensuite qu'une feuille de mauvaise qualité pour l'âge adulte.

Ces considérations doivent faire généralement sentir le besoin de retarder de quelques jours, plutôt que de se presser à mettre les œufs à éclore, sur-tout sachant qu'avec la bonne méthode de soigner les *vers*, on n'a pas à craindre quelques jours de saison chaude, qui n'auraient d'autre effet que de faire accomplir les dernières mues l'*étuve*, à moins qu'on ne veuille consacrer cette même chambre à cet usage : si je propose une chambre exprès pour élever ces insectes jusqu'à la troisième mue, ce n'est que parce qu'elle est plus commode et plus avantageuse.

Lorsqu'on est au moment de devoir transporter les *vers* hors de l'*étuve*, il faut distinguer trois circonstances relatives au mode de transport, qui diffèrent beaucoup entre elles.

En premier lieu, si les *vers* qui sont dans l'*étuve* doivent être tous élevés dans la maison même où ils sont nés.

En second lieu, si on doit y en élever une partie et transporter le reste.

Enfin, si tous doivent être élevés ailleurs.

I. *Supposons le cas où la totalité des* Vers-à-soie *doit être élevée dans le même lieu.*

Lorsque les petits rameaux qui sont répandus sur le papier criblé de trous qui couvre les œufs dans les petites boîtes, sont chargés de *vers*, on met toutes les petites boîtes qui sont dans cet état sur la petite table qui doit servir au trans-

---

quelques jours plutôt. Il est d'ailleurs certain que les *vers*-à-soie qui sont en retard choisissent les feuilles propres à leur âge, et particulièrement celles qui sont bien mûres lorsqu'ils sont dans leur dernier âge, époque décisive pour les intérêts du propriétaire, à cause de la consommation qu'en fait le *ver*.

port de ces insectes, et on la porte au petit atelier.

Là on doit trouver la feuille de papier qui porte le même numéro que celui de la petite boîte. Ayant placé la petite table de transport sur les bords de la claie sur laquelle sont déjà préparées les feuilles de gros papier, on prend de dessus le papier criblé de trous de chaque petite boîte, les rameaux chargés de *vers*-à-soie, qu'on place sur le papier de la claie : on doit employer à cette opération le petit crochet (*fig*. 12.) courbé à une extrémité, et non les doigts, qui peuvent endommager ces insectes.

En plaçant les petits rameaux sur le papier., on doit avoir soin de les tenir à une certaine distance, afin qu'on puisse mettre ensuite la petite feuille non-seulement sur les petits rameaux, mais encore dans ses intervalles, pour que les *vers* puissent s'étendre et se bien distribuer.

On doit noter ici, que les *vers* - à - soie qui naissent d'une once d'œufs, disposés de cette manière, doivent occuper un espace d'à peu près vingt pouces carrés.

Chaque feuille de gros papier arrangée sur la claie doit occuper un espace d'à peu près vingt-deux pouces carrés, ayant en général vingt-trois pouces de longueur et vingt-un pouces de largeur. Ayant soin de ne former sur ces feuilles de papier que de petits carrés d'à peu près dix pouces sur le côté, on occupe, avec les *vers* nés d'une once d'œufs, quatre feuilles de papier, ce qui est précisément l'espace nécessaire jusqu'après la première mue. Ces feuilles de papier seront par conséquent quatre fois aussi grandes que l'étendue de la petite boîte ; de cette manière, on n'a plus besoin de remuer les *vers* jusqu'après la première mue. Toutes les feuilles de papier de la même boîte doivent avoir le même numéro.

A mesure que les *vers*-à-soie naissent, il faut les transporter de la même manière (10).

Après qu'on les a déposés sur le papier, il faut leur donner un peu de feuille tendre, coupée très-menu, en remplissant, comme je l'ai dit, les intervalles qu'on a laissés entre les petits rameaux, afin que peu à peu toute la surface soit également couverte de *vers*-à-soie.

_____

(10) Il est facile de concevoir qu'il faut souvent même plus de trois jours pour obtenir le total développement des *vers*-à-soie d'une quantité donnée d'œufs.

On verra, au chapitre X, que les papillons ne sortent d'une quantité donnée de cocons, que dans l'espace de dix à quinze jours, selon la température à laquelle ils ont été exposés. Il est donc évident que les œufs ne pourront être pondus que dans l'espace de dix à quinze jours.

Puisque les œufs qu'on met à éclore ne sont pas tous du même jour, il est clair que, s'ils sont exposés tous en même temps au même degré de chaleur dans l'*étuve*, les

Dans le cas où les *vers* s'amoncèleraient
dans un seul point, on y placerait quelques

uns doivent éclore plutôt que les autres (*) ; et d'après
cela , personne ne peut dire raisonnablement que les
derniers nés soient meilleurs ou plus mauvais que les
premiers , parce que l'embryon de certains œufs a eu
besoin de plus de temps pour se convertir en *ver-à-soie*. Ce
temps a toujours été proportionné à la constitution des œufs.

Ces réflexions doivent faire sentir au magnonier qui
n'aurait qu'une seule petite boîte d'œufs , et dont les
vers-à-soie devraient tous naître et être élevés dans une
seule chambre, combien il conviendrait de ne pas compter
sur les derniers *vers* qui naissent, non qu'ils ne fussent aussi
bons que les autres, mais pour éviter , par exemple, que
les uns n'eussent qu'un jour et les autres trois ou quatre.

Celui, au contraire, qui met beaucoup de boîtes d'œufs
à éclore, peut donner, à chacun de ses fermiers, les *vers*
qui sont nés en peu d'heures, et par ce moyen, il ne mêle
jamais les premiers nés avec les derniers. Alors , si un
fermier a ceux qui naquirent le premier jour, et un autre

(*) Il ne me paraît pas exact de dire que , parce que tous les
œufs ne sont pas du même jour, ils ne peuvent pas éclore à
peu près en même temps. Si la comparaison des œufs de poule
ne cloche pas, elle suffira pour le prouver : lorsqu'on les choisit
pour les faire couver, ils se trouvent le plus souvent d'un âge
différent. Les bonnes femmes savent que, quoique les œufs aient
quinze ou vingt jours l'un plus que l'autre, ils éclosent tous dans
très-peu de jours, pourvu qu'ils proviennent des poules couvertes
par le coq. Ce ne serait donc pas parce qu'on mêle des œufs
pondus dans divers jours, qu'on voit que les *vers-à-soie* ne naissent
pas tous dans le même jour. Je croirais plus volontiers que cela
dépend de la constitution de chaque œuf, et du soin qu'on met
à l'envelopper constamment du degré de chaleur qui lui convient.
Le Traducteur.

feuilles auxquelles ils pussent s'attacher. On lèverait ensuite ces feuilles, qu'on mettrait aux points où il en manquerait.

---

ceux qui naquirent le quatrième, il n'en arrive rien de mal, et tout va avec la plus grande régularité quant aux soins, puisque chaque fermier se trouve les avoir très-égaux.

Dans le cas où le magnonier ne met à éclore qu'une petite quantité d'œufs dans une seule boîte, il est avantageux de jeter les *vers*-à-soie nés le premier jour, et de ne pas compter sur ceux qui ne seraient pas éclos le troisième; par ce moyen, on n'aurait à soigner que ceux nés dans deux jours, et l'embarras serait moindre.

Si, dans ce même cas, l'éducateur voulait agir avec cette exactitude, qui est la première base de tous les arts, et s'il voulait savoir quelle est effectivement la quantité de *vers* qu'il soigne, lorsqu'il est au troisième jour de leur naissance, il devrait peser les œufs qui ne sont pas éclos, ajoutant à leur poids un douzième qu'ils ont perdu dans *l'étuve*, comme on le verra au §. 3, chap. V; par ce moyen, il connaîtrait la quantité effective d'œufs à laquelle les *vers* correspondraient.

En général, il naît bien peu de *vers*-à-soie le premier jour; cependant, en calculant d'après cette donnée que 68 *vers*-à-soie équivalent au poids d'un œuf, l'éducateur, se basant sur ce calcul, pourrait les jeter s'ils étaient effectivement en petite quantité.

Il vaut mille fois mieux perdre quelque peu de *vers* nés le premier jour et les œufs qui ne sont pas éclos le troisième jour, que d'être embarrassé tout le temps qu'on les soigne. En ajoutant une petite quantité d'œufs à celle qu'on a destiné à faire éclore, on compensera cette petite perte.

Toutes les fois qu'on met des *vers-à-soie* sur
une feuille de papier où il y en a déjà, il faut
leur donner un peu à manger, comme on a
dû faire pour les premiers ; mais à ceux-ci on
ne doit renouveler le repas que quand on a
rempli une bonne quantité de feuilles de papier.
De cette manière, beaucoup de *vers* auront tous
à la fois le second repas.

Les *vers* mettent au moins deux jours à
naître ; par conséquent, ceux qui naîtront le
premier jour seront nécessairement plus grands
que ceux qui naîtront le second et le troisième.
Nous avons dit plus haut, et le thermomètre le
démontre, qu'une chambre réchauffée ne l'est
jamais au même degré dans tous les points de son
étendue ; et cette différence est toujours d'un
degré et même davantage. Nous avons dit encore
que les points les plus près de la porte et de la
cheminée ou du poile allumé constituent les
deux extrêmes. En mettant les *vers-à-soie*
premiers-nés dans l'endroit le moins chaud

Je recommande de mettre exactement à exécution les
préceptes que je donne ; ils serviront à guider, et à
simplifier et améliorer l'éducation des *vers-à-soie*. Si on
ne fait pas ce que je dis, on ne saura pas quelle est la
juste quantité d'œufs qui a produit les *vers*, et on aura
le désagrément de voir constamment sur les tables des
vers de différente grandeur et qui auront des besoins
différens.

de la chambre , et les autres dans le lieu le
plus chaud , on obtient bientôt, par le moyen
d'un peu plus de feuille qu'on donne aux derniers,
qu'ils soient aussi avancés que les premiers ,
comme nous le verrons plus bas.

II. *On suppose qu'une partie des* Vers-à-soie
soit élevée dans la maison où ils naissent,
et que le reste le soit hors de la maison.

J'ai dit tout ce qui suffisait quant à ceux
qui doivent être élevés là où ils sont nés. Je
me bornerai à rappeler , quant à ceux qui
doivent être transportés hors de l'atelier , que,
pour la commodité du transport, il faut que
chaque feuille de papier contienne à peu près
l'once entière de *vers*-à-soie et non le quart.
Alors on dispose sur chaque feuille de papier
un seul carré d'à peu près 18 pouces de grandeur , qui, rempli, contiendra à peu près toute
l'once.

Lorsque l'éducateur aura porté chez lui la
quantité de *vers* qui lui revient sur les feuilles
de papier en contenant chacune une once, il
partagera facilement le carré des *vers* en quatre
petits carrés de dix pouces, formant ainsi quatre
parties avec une seule feuille ou autrement dit
quatre feuilles. Cette division est très-facile à
faire. En passant les mains sous la litière qui
tient unis et attachés tous les *vers* , et faisant

pénétrer un peu les doigts dans l'endroit qui correspond à peu près au milieu du carré , la moitié de la litière se partage et se subdivise à volonté. On fait autant que possible des parties égales.

Si , dans ce premier âge , on n'a pas tous les soins dont j'ai parlé , on perd une grande partie des *vers* (chap. IV) ; ils deviennent inégaux, et contractent toute espèce de maladies. (Chap. XII.)

III. *On suppose que tous les Vers - à - soie doivent être transportés hors du lieu de leur naissance.*

On doit agir pour la totalité des *vers-à-soie* comme pour une partie. J'observe , cependant, que si on doit faire le transport à une distance considérable, il est nécessaire d'avoir des soins particuliers , d'ailleurs faciles.

On met dans une petite boîte de transport (*fig.* 13) , proportionnée à la grandeur des feuilles de papier , plusieurs feuilles de papier chargées de *vers* , et disposées l'une sur l'autre par couches, à la distance de deux doigts. Cette boîte se porte comme une hotte et sans beaucoup de fatigue , quoiqu'elle contienne plusieurs onces de *vers-à-soie*. Si on n'a pas une boîte semblable à celle dont j'ai décrit la figure , boîte que je crois cependant très-utile, on peut employer

les hottes communes, qui ne pourront servir
que pour quatre ou cinq onces de *vers* à la fois.
Le transport se fait également bien avec les susdites hottes, lorsqu'on a les attentions suivantes:

1.º De bien recouvrir tout à l'entour l'intérieur
de la hotte avec des feuilles de papier qui y
soient bien appliquées, afin que l'air extérieur
ne frappe pas directement les *vers*, sur-tout
s'il fait froid.

2.º De tenir séparées les feuilles de *vers* avec
des baguettes placées horizontalement dans la
hotte, commençant à placer ces baguettes dans
le bas de la hotte, et ayant soin de laisser une
distance de quatre doigts d'un plan à l'autre.

3.º De bien couvrir les hottes avec des linges
pour les défendre du froid et du soleil.

4.º De faire le transport depuis midi jusqu'à
trois heures, qui est le temps le plus chaud de
la journée.

5.º De donner un peu de feuilles tendres
coupées très - menu aux *vers*, si on doit employer deux, trois ou quatre heures pour leur
transport.

Il me semble que j'ai exposé avec clarté et
simplicité ce qu'il convient de faire sur la naissance des *vers*-à-soie, et sur leur transport dans
le petit atelier ou ailleurs. Le magnonier actif
trouvera, j'espère, tout ce que j'ai indiqué de
très-facile exécution, pourvu qu'il ait d'abord

tout bien disposé. Si l'atelier est une fois bien monté, il sert pour la vie.

Il ne faut pas changer la proportion que j'ai indiquée pour les boîtes qui doivent servir à faire naître les *vers*; cette proportion dispense de toucher jamais les œufs du moment que les *vers* commencent à naître.

Le papier plein de trous qui les couvre est assez grand pour contenir beaucoup de petits rameaux de mûrier, et par conséquent pour lever une bonne portion de *vers* à la fois. En employant ces petites boîtes, les coques des œufs restent toujours ensemble. Lorsqu'on lève les petites boîtes, il faut les remuer légèrement dans un sens horizontal pour changer les œufs de place. Si, en remuant, il arrivait qu'on bouchât les trous du papier avec les petites coques, on ne doit pas y faire attention, parce que cela n'empêche pas les *vers* de monter sur le papier. Si on est curieux de voir le tissu ou lien qui unit les *vers* à leur coque lorsqu'ils montent sur le papier, on n'a qu'à hausser le papier criblé de petits trous, ayant soin de le remettre à sa place. Avant même la naissance des *vers*, il semble que beaucoup d'œufs soient attachés ou adhérens les uns aux autres par une espèce de substance ou de transsudation de l'œuf, qu'on ne peut distinguer même avec les meilleures loupes.

Il faudra, chaque fois qu'on formera une feuille de *vers*-à-soie, écrire sur le papier même l'heure à laquelle on a commencé à la former : par ce moyen, on connaît dans combien de temps et avec quelle progression sont nés les *vers*. On peut le faire avec un crayon qu'on tient sur soi.

J'ai dit que si les *vers* qui naissent le premier jour d'une seule petite boîte sont en petite quantité, comme cela arrive le plus souvent, on ne doit pas en tenir compte, attendu que la naissance de la plus grande quantité a lieu le second ou le troisième jour.

Si on veut cependant conserver ces premiers nés, on doit les placer séparément dans un angle de la feuille, ne leur donnant, le premier et le second jours, que la moitié de la nourriture des autres.

Il semble qu'en général, la naissance des *vers* soit plus abondante dans la matinée, lorsque les rayons du soleil donnent avec force dans la chambre ; il est au moins certain qu'à ces heures-là la chambre est un peu plus chaude que la nuit. Quelquefois les personnes chargées de soigner les *vers*-à-soie la nuit, s'endorment ; entrant alors dans l'*étuve*, j'ai souvent trouvé que le thermomètre était descendu de quelques degrés. Il vaut cependant mieux qu'il descende d'un ou deux degrés, que si, par négligence,

6

il s'élevait trop. Les changemens brusques de température font souffrir les embryons près d'éclore. (Chap. XII.)

Les grandes altérations que peuvent éprouver les œufs, ont lieu le plus souvent dans la nuit. Ceux qui en ont alors soin, voulant reposer, font plus de feu qu'il ne faut pour ne pas y revenir souvent, ce qui altère et gâte même les embryons.

J'ai observé que, dans certains jours, la naissance des *vers* continuait en abondance, dans quelques petites boîtes, aussi-bien dans toutes les heures du jour que vers le matin.

Il me paraît ici à propos de faire connaître une chose qui est aussi facile qu'utile et convenable relativement aux usages de ces pays.

Il y a des propriétaires qui font éclore beaucoup d'œufs pour leurs fermiers, et qui leur partagent ensuite les *vers* dans de petites boîtes, en proportion de la quantité de feuille qu'ils ont.

Au lieu de cela, il vaut beaucoup mieux que tous ces œufs soient mis dans des boîtes de vingt à trente onces, faites dans les proportions que j'ai indiquées plus haut; et qu'à mesure que les *vers* naissent, on forme les feuilles de papier par once, de la manière que je l'ai déjà prescrit. En agissant ainsi, chaque fermier a des *vers* qui sont nés à peu près à la même heure, qui se trouvent égaux, et qui peuvent

facilement se conserver tels, ainsi que l'expérience me l'a démontré.

Lorsque tous les *vers*-à-soie sont nés, on les
partage dans les feuilles de papier d'une once,
égalisant les quantités autant que possible.

On doit donner les premiers nés aux fermiers
qui ont la feuille la plus avancée. Si la naissance
de ces insectes durait trois jours, cela ne ferait
aucune difficulté, parce que chaque fermier
aurait de ceux nés dans un seul.

C'est une erreur très-grossière de croire qu'on
fait bien de donner à chaque fermier, pour former
la quantité qu'on lui a destinée, une portion
de *vers* nés dans tous les jours, parce qu'on
suppose que ceux nés la veille sont plus vigoureux que ceux du lendemain.

§. I I I.

De la Perte que font les œufs avant la naissance des Vers.

Je devrais parler à présent du soin des *vers*-
à-soie déjà mis dans le petit atelier. Je crois
cependant bien faire d'ajouter ici quelques autres
observations que j'ai faites, quoique n'étant
pas directement utiles à l'art d'élever ces insectes. Je me plais à espérer qu'elles ne déplai-
ront pas au lecteur.

La perte en poids des divers œufs bien secs,

placés dans l'*étuve*, est la suivante, commençant par la température de 14 degrés, comme
je l'ai dit ailleurs. (Chap. IV, §. IV.).

8 onces d'œufs ont perdû	g.		g.		g.
en poids dans 5 jours............ 100.	– Dans 8 j. 360.	– Dans 10 j. 440.
6 onces ont perdu dans 5 jours 86.	– Dans 8 j. 178.	– Dans 10 j. 248.
5 onces ont perdu dans 5 jours 60.	– Dans 8 j. 168.	– Dans 10 j. 216.
4 onces ont perdu dans 5 jours 80.	– Dans 8 j. 181.	– Dans 10 j. 224.

Dans 5 jours 326. – Dans 8 j. 887. – Dans 10 j. 1128.

Des boîtes contenant la même quantité
d'œufs, et même plus petites, ont perdu à peu
près autant.

Dans cinq jours, l'évaporation des œufs dans
l'*étuve* est de 13 grains par once, dans huit
jours 37 grains, et dans dix, c'est-à-dire jusqu'au moment de la naissance, de 47.

Il se fait par conséquent une évaporation des
œufs, avant d'éclore, du douzième de leur
poids.

Les coques de 24 onces d'œufs ont donné
le poids suivant.

Une petite boîte de huit onces	1020 gr. de coques.
— *Idem* — de six onces	724 — *idem*.
— *Idem* — de cinq onces	504 — *idem*.
— *Idem* — de cinq onces	548 — *idem*.

2796

Le poids moyen des coques équivaut donc
au cinquième environ du poids des œufs.

Pour faire une once d'œufs choisis, il faut,
pour poids moyen, 39,168 œufs. Ce que je dis

est. sûr; j'ai même observé, avec surprise, que les œufs de plus de vingt particuliers variaient très-peu de poids entre eux. J'ai eu la patience de compter plusieurs centaines de mille œufs, persuadé que cela pourrait être utile à l'art d'élever les *vers-à-soie*. Les meilleurs œufs pesés ne m'en ont donné que 68 par grain, et les qualités inférieures ne m'en ont pas donné plus de 70 par grain. Je dirai ici, en passant, que 355 à 360 cocons bons pèsent une livre et demie; que celui qui ne ferait aucune perte, soit en œufs, soit en *vers* nouveaux-nés, pourrait retirer d'une once d'œufs cent dix livres de cocons, et que tout ce qu'on en retire de moins exprime les pertes effectives qu'on a faites.

Une once d'œufs, qui est composée de 576 grains, a été réduite à 413 grains par la déduction de la perte faite par l'évaporation de 47 grains, et par celle de 116 grains pour le poids des coques. Les 413 grains équivalent donc au poids de 39,168 *vers* nouveaux-nés. D'après cela, il faut 54,526 *vers* nouveaux-nés pour former le poids d'une once.

En examinant attentivement les différens faits relatifs aux diverses qualités d'œufs, je me suis particulièrement convaincu que la saison excessivement froide, comme fut celle de l'année 1813, au temps de la naissance des papillons, nuit beaucoup à la fécondation des œufs. De toutes les qualités que j'ai examinées, je n'en ai pas trouvé qui ne continssent en poids depuis un $\frac{1}{12}$ jusqu'à un $\frac{1}{8}$ d'œufs jaunes ou roussâtres non fécondés.

J'eus soin de choisir 5,000 œufs jaunes, et 5,000 rouges ; ils avaient tous une pesanteur spécifique plus grande que l'eau, puisqu'en les lavant ils se précipitèrent au fond. Je les fis mettre dans une petite boîte à l'*étuve* avec les autres boîtes ; il ne naquit qu'un *ver-à-soie*, que produisit un œuf rouge.

Ils restèrent tous pleins d'humeurs ; et comme ils n'étaient pas fécondés, ils ne purent produire des *vers*. Ils diminuèrent de poids, plus que les œufs fécondés. Les œufs que je choisis et que je fis choisir produisirent presque tous le *ver*.

Dans ceux de bonne qualité, il n'en reste tout au plus qu'un centième qui n'éclot pas dans les trois premiers jours. Ce centième continue à éclore ensuite, mais on ne doit pas en faire cas.

Ces connaissances peuvent être utiles à ceux qui aiment à tout savoir dans l'art d'élever les *vers*-à-soie ; c'est au moins un objet de curiosité, et je dirai même que, pour ce que j'en sais, elles ont le mérite de la nouveauté.

CHAPITRE VI.

De l'Éducation des Vers - à - soie dans leurs quatre premiers âges.

Parlons maintenant des soins qui sont plus particuliers aux *vers-à-soie*.

Dans le chapitre précédent, il a été dit que l'espace qui convient à la quantité de *vers* qui provient d'une once d'œufs, doit être d'à peu près 7 pieds 4 pouces carrés pendant le premier âge, c'est-à-dire jusqu'à la première mue ; d'à peu près 14 pieds 8 pouces carrés jusqu'à la seconde mue, et de 34 pieds 10 pouces jusqu'à la troisième. Quant à l'espace qu'il faut jusqu'à la quatrième mue, nous verrons par la suite qu'il doit être de 82 pieds 6 pouces carrés.

Ceux qui ont assez de local peuvent étendre l'espace de quelques pieds de plus , parce qu'il est certain que , plus les *vers*-à-soie sont à leur aise, mieux ils mangent , digèrent , respirent , transpirent et reposent. Les espaces que j'ai fixés ci-dessus sont suffisans , et ont l'avantage de faciliter les soins des *vers*, et d'économiser la feuille.

Si cette connaissance préliminaire est utile , il n'est pas moins avantageux de savoir combien de feuille consomment à peu près les *vers* dans les quatre premiers âges.

Pour la quantité d'aliment que je détermine, je suppose les conditions suivantes :

1.º Que les *vers-à-soie* sont tenus, jusqu'à la première mue, à 19 degrés de température ;

2.º Qu'ils sont tenus entre 18 et 19 jusqu'à la seconde ;

3.º Qu'ils sont tenus entre 17 et 18 jusqu'à la troisième ;

4.º Qu'ils le sont enfin entre 16 et 17 jusqu'à la quatrième.

Un des principaux fondemens de l'art d'élever les *vers - à - soie* , c'est de connaître et de fixer les divers degrés de chaleur dans lesquels ils doivent vivre selon leur âge. Si on n'observe pas rigoureusement ce précepte, on n'opérera jamais avec précision (1).

_____

(1) L'auteur de l'article sur les *vers*-à-soie , inséré dans le Cours d'agriculture , rédigé par M. l'abbé Rozier , édition de Paris, 1801, s'exprime comme suit, en parlant de la chaleur convenable aux *vers*-à-soie.

« On ne peut pas dire que le *ver*-à-soie craigne tel ou tel degré de chaleur dans nos climats, quelque considérable qu'il soit. Originaire de l'Asie , il supporte, dans son pays natal, une chaleur certainement plus forte qu'il ne peut l'éprouver en Europe ; mais il craint le passage subit d'un faible degré de chaleur à un plus fort. On peut dire , en général , que le changement trop rapide du froid au chaud, et du chaud au froid , lui est très-nuisible. Dans son pays , il n'est pas exposé à ces sortes de vicissitudes ; voilà pourquoi il y réussit très-bien , et

Les *vers-à-soie* provenant d'une once d'œufs consomment :

---

sans exiger tous les soins que nous sommes obligés de lui donner. Dans nos climats, au contraire, la température de l'atmosphère est très - inconstante; et, sans le secours de l'art, nous ne pourrions pas la fixer dans les ateliers où nous faisons l'éducation des *vers*-à-soie.

« Une longue suite d'expériences a prouvé qu'en France le 16.ᵉ degré de chaleur, indiqué par le thermomètre de Réaumur, était le plus convenable aux *vers-à-soie*. Il y a des éducateurs qui l'ont poussé jusqu'à 18 et même jusqu'à 20, et les *vers* ont également bien réussi. Il ne faut pas perdre de vue ce principe, que le *ver-à-soie* ne craint pas la chaleur, mais un changement trop prompt d'un état à l'autre; ainsi, en le faisant passer, dans le même jour, du 16.ᵉ degré au 20.ᵉ, je suis persuadé qu'il en éprouverait un malaise fort nuisible à sa santé. S'il arrive qu'on soit obligé de pousser les *vers* à cause de la feuille, dont il n'est pas possible de retarder les progrès, on doit le faire graduellement, de sorte qu'ils s'aperçoivent à peine du changement. Le *ver-à-soie* souffre autant par les variations de la chaleur, que par la difficulté de respirer, s'il est dans un mauvais air.

« M. Boissier de Sauvages va nous apprendre, d'après les expériences qu'il a faites, jusqu'à quel degré on peut pousser la chaleur, dans l'éducation des *vers-à-soie*, sans craindre de leur nuire.

« Une année que j'étais pressé par la pousse des feuilles, déjà bien écloses dès les derniers jours d'avril, je donnai à mes *vers* environ 30 degrés de chaleur aux deux premiers jours depuis la naissance, et environ 28 pendant le reste du premier et du second âge. Mes *vers* ne mirent que neuf jours, depuis la naissance jusqu'à la seconde

1.e Dans le premier âge, c'est-à-dire lorsqu'ils sont tous nés, transportés et distribués sur les

---

mue inclusivement. Les personnes du métier qui venaient me voir, n'imaginaient pas que mes *vers-à-soie* pussent résister à une chaleur qui, dans quelques minutes, les faisait suer elles-mêmes à grosses gouttes. Les murs et les bords des claies étaient si chauds, qu'on n'y pouvait endurer la main. Tout devait périr, disait-on, et être brûlé; cependant tout alla au mieux, et, à leur grand étonnement, j'eus une récolte abondante.

« Je donnai, dans la suite, 27 à 28 degrés de chaleur au premier âge ; 25 ou 26 au second : et ce qu'il y a de singulier, la durée des premiers âges de ces éducations-ci, fut à peu près égale à celle de la précédente, dont les *vers* avaient eu plus de chaleur, parce qu'il y a peut-être un terme au-delà duquel on n'abrège plus la vie des insectes, quelque chaleur qu'ils éprouvent. Il est vrai que mes *vers* avaient eu dans cette éducation, et dans l'éducation ordinaire, un pareil nombre de repas; mais ce qu'il y a de plus singulier encore, c'est que les *vers*, ainsi hâtés dans les deux premiers âges, n'employaient que cinq jours d'une mue à l'autre dans les deux âges suivans, quoiqu'ils ne fussent qu'à une chaleur de 22 degrés; tandis que les *vers* qui, dès le commencement, n'ont point été poussés de même, mettent, à une chaleur toute pareille, sept à huit jours à chacun de ces mêmes âges, c'est-à-dire au troisième et au quatrième. Il semble qu'il suffit d'avoir mis ces petits animaux en train d'aller, pour qu'ils suivent d'eux-mêmes la première impulsion ou le premier pli qu'on leur a fait prendre.

« Celui dont nous venons de parler, qui opère une croissance rapide, donne en même temps à mes insectes une vigueur et une activité qu'ils portent dans les âges feuilles de papier , ce qui suppose au moins deux jours (chap. V, §. II), 6 liv. de feuille bien mondée et coupée très-menu.

2.° Dans le second âge , ils consomment 18 liv. de feuille mondée , et coupée moins menu que pour le premier âge.

---

suivans ; ce qui est un avantage dans l'éducation hâtée , c'est-à-dire poussée par la chaleur , et qui , outre cela , prévient beaucoup de maladies. Cette éducation hâtée abrège la peine et le travail , et délivre plutôt l'éducateur des inquiétudes qui , pour peu qu'il ait de sentiment , ne le quittent guère jusqu'à ce qu'il ait *déramé.*

« Pour suivre cette méthode , il convient de faire beaucoup d'attention à la saison plus ou moins avancée , à la poussée plus ou moins rapide de la feuille , et si elle n'est pas ensuite arrêtée par les froids..... D'un autre côté , si la poussée de la feuille est tardive et qu'elle soit suivie de chaleur qui dure long-temps , et comme on doit ordinairement s'y attendre , et que , cependant , on ne fasse que peu de feu aux *vers-à-soie* , ils n'avancent guère , on prolonge leur jeunesse. Cependant la feuille croît et durcit , elle a pour eux trop de consistance ; c'est le cas de les hâter par une éducation prompte et chaude , afin que leurs progrès suivent ceux de la feuille , ce qui est un point essentiel.

« Si les éducateurs se décident de bonne heure pour cette méthode , ils mettront couver , s'ils sont sages , au moins huit jours plus tard que leurs voisins qui suivent la méthode ordinaire , et ils calculeront la durée des âges , ou bien ils s'arrangeront de façon que la fin de l'éducation tombe au temps où la feuille a pris toute sa croissance. »   *Le Traducteur.*

3.° Dans le troisième âge , ils en consomment 6o liv. mondée et moins coupée.

4.° Dans le quatrième âge , ils en consomment 180 liv. mondée , et encore moins coupée que dans le troisième âge.

Quelques circonstances peuvent modifier les proportions indiquées ci-dessus, mais ces variations ne sont pas importantes , parce que je suppose que l'éducateur, réfléchissant bien à ses intérêts , et agissant avec intelligence , ne commence à les faire naître que lorsque les mûriers promettent d'offrir la quantité de feuille tendre qu'il faut pour le premier âge, et ensuite celle moins tendre , et plus ou moins mûre, selon la rapidité avec laquelle le *ver*-à-soie s'accroît.

Si on faisait éclore les *vers* avant le temps opportun , on se verrait obligé à les jeter et à en faire naître d'autres, et sur-tout lorsque des intempéries de l'air inattendues arrêtent ou ralentissent le développement des mûriers , comme il est arrivé souvent et particulièrement en 1814. Si , au contraire , on ne met à éclore que lorsque la saison est assez avancée pour laisser espérer qu'elle sera sûre ; si elle devient tout – à – coup très – mauvaise , il est facile de gagner quelques jours , pouvant retarder , sans danger , le développement rapide des *vers* , comme on le verra par le tableau placé à la fin de cet ouvrage.

Il peut cependant arriver que, si la saison se maintient mauvaise au point de rendre la feuille malade ou faible (chap. III), on en ait besoin d'un peu plus que de la quantité que j'ai déterminée.

La quantité de feuille déterminée peut devenir excédente, si la constance du temps la rend moins aqueuse et plus nutritive.

Lorsque j'ai fixé les proportions de la quantité de feuille, j'ai toujours supposé l'ordre ordinaire des saisons, comme on doit toujours entendre quand on parle de règles générales et constantes.

Le seul cas dans lequel on aura beaucoup plus de feuille que ne l'indiquent les règles générales, c'est lorsque les *vers*, ayant été mal soignés, tombent malades, dépérissent, et qu'il en meurt plus ou moins.

Les quantités de feuilles à consommer que j'ai fixées, l'ont été :

1.º Après de très-rigoureuses expériences répétées plusieurs fois.

2.º En supposant que les degrés de chaleur dans lesquels sont tenus les *vers*, sont ceux que j'ai indiqués.

3.º Dans la vue de faire autant que possible économie de la feuille ; parce que, lorsqu'on ne donne au *ver* que la quantité qu'il lui faut, il la mange toujours avec appétit, la digère bien, et se conserve très-vigoureux.

Une attention des plus utiles dans l'art d'élever les *vers*-à-soie, c'est de faire de manière à pouvoir obtenir la plus grande quantité possible de cocons de très-bonne qualité avec le moins de feuille que l'on peut. En se dirigeant d'après cette maxime, plus on aura de feuille, plus on recueillera proportionnément de cocons, et par conséquent plus on aura de bénéfice. Je ne crains pas d'errer en disant que, dans beaucoup d'ateliers, on consomme un tiers ou un quart de plus de feuille qu'il n'est nécessaire ; ce qui est non-seulement une perte en feuille, mais est cause de beaucoup d'inconvéniens qui arrivent aux *vers*, comme nous le verrons dans la suite.

Les soins qu'exigent les *vers* dans leurs quatre premiers âges, ne sont ni nombreux ni difficiles, quoique ce soit dans ces âges, et particulièrement dans les deux premiers, qu'ils fortifient leur constitution, de laquelle dépend ensuite leur réussite.

Le *ver* - à - soie est condamné par sa propre constitution, depuis sa naissance, à n'avoir que peu de jours de santé vraiment robuste jusqu'après le quatrième âge. Cette période de vigueur correspond à l'intervalle des deux mues. Les deux premiers jours après la mue le *ver* a peu d'appétit ; il devient ensuite affamé. Cette faim ne tarde pas à diminuer, et cesse même. Ces phénomènes ont lieu à chaque mue.

D'après cette misérable condition de cet insecte, malgré la vigueur de sa constitution , si on manque de soins au moment qu'il a besoin de secours, il souffre, tombe malade et périt.

C'est pour cela que j'ai cru utile de donner, dans ce chapitre et dans le suivant, un journal des soins des *vers*, afin qu'on sache ce qu'il convient de faire chaque jour.

Il faut cependant que je fasse, avant cela , quelques réflexions générales sur l'énorme différence de résultat que produit celle des soins.

Je n'entends pas parler ici des différences éventuelles et légères, qui ne doivent être considérées que comme des exceptions ou des accidens. Dans des cas de ce genre, l'éducateur, bien instruit par ce que je vais dire dans ce chapitre, pourra facilement connaître, s'il est attentif , comment il doit se conduire pour prévenir tous les inconvéniens et y porter remède. Je ne parlerai que des différences qui sont l'effet des soins mal entendus et mal administrés.

Jusqu'à présent on a généralement cru, en citant des faits et des expériences, que, quelle que fût la quantité d'œufs destinés à un atelier, la quantité de cocons n'y correspondait pas, et, qu'au contraire, la quantité de cocons devenait moindre à proportion qu'on augmentait la quantité d'œufs. On observe généralement que si,

par exemple, cinq onces d'œufs produisaient en
raison de trente-cinq livres de cocons par once,
quatre onces en produisaient en raison de quarante par once, trois en raison de quarante-cinq,
deux en raison de cinquante, etc.

Qu'on sache maintenant que ces différences
ne dépendent pas des lois ou conditions naturelles aux *vers-à-soie*, mais qu'elles sont l'effet
de l'erreur et de l'ignorance. Les faits, ainsi que
la raison la plus évidente, certifient que, si on
a donné l'espace convenable au local, si on a
observé rigoureusement les degrés de température, si on a donné la quantité et qualité de
nourriture nécessaire, et qu'on ait employé
tous les soins que j'ai recommandés, la quantité
de cocons doit être et sera toujours proportionnée à la quantité d'œufs qu'on a fait éclore.
Celui qui n'obtient pas ce résultat, doit en
attribuer la faute aux mauvais systèmes qu'il
a suivis.

Mes ateliers sont de différentes grandeurs.
Celui dont je vais rendre compte correspond
à cinq onces d'œufs ; les autres donnent également la quantité de cocons proportionnée aux
onces d'œufs que j'ai mis à éclore.

Je conviens que l'avantage de ma manière
d'élever les *vers-à-soie* serait bien petit, s'il se
bornait à ne produire que les cent dix ou cent
quinze livres de cocons par once d'œufs, qu'une

autre personne obtient en employant la même quantité de feuille, et ne différant de moi que parce qu'elle a employé deux onces d'œufs. Ainsi que je l'ai dit, le grand et principal but de l'art d'élever les *vers-à-soie* est d'obtenir , d'une quantité donnée de feuille, la plus grande quantité possible de cocons de très-belle qualité. Ce n'est pas la petite perte d'une once d'œufs qui devrait faire changer de méthode et d'habitude ; ce sont les avantages suivans: il est une vérité de fait ,

1.º Que, lorsqu'on obtient 110 ou 120 livres de cocons avec une once d'œufs, on n'emploie qu'à peu près 1650 livres de feuille. (Chap. XIV.)

2.º Que, lorsqu'on n'obtient d'une once d'œufs que 55 ou 60 livres de cocons , on a employé à peu près 1050 livres de feuille. Dans cette supposition, il faudrait à peu près 2100 livres de feuille pour obtenir 110 ou 120 livres de cocons.

3.º Que les 110 ou 120 livres de cocons obtenus avec une seule once d'œufs , valent beaucoup plus que la même quantité obtenue avec deux onces d'œufs.

Il est facile de prouver que la raison s'accorde avec ces faits. J'ai dit (chap. V. §. III.) que 39,168 œufs, qui forment une once , pourraient donner à peu près 165 livres de cocons. Si , d'après cette donnée , on considère comme forte l'inévitable perte qu'on fait de *vers* , quand

7

on obtient 120 livres de cocons d'une once
d'œufs, cette perte sera bien plus grande, si,
au lieu d'obtenir 120 livres, on n'en retire que
60. Il est naturel que, de cette plus grande
mortalité, il doit résulter une plus grande
consommation de feuille, puisque les *vers* qui
ne parviennent pas jusqu'à la formation du
cocon, se nourrissent plus ou moins comme
ceux qui y parviennent.

La grande mortalité des *vers* doit aussi avoir
une influence directe sur la qualité des cocons.
En effet, comment peut-on supposer que presque deux tiers des *vers*, provenant d'une once
d'œufs, aient péri sans que cela dépendît du
mauvais soin ? Si le mauvais soin a causé la
mort à un si grand nombre, n'est-on pas
autorisé à penser qu'il a affaibli et indisposé
une partie de ceux qui restent ?

Ce que je dis serait encore plus vrai, si,
comme cela arrive fréquemment, les 60 livres
de cocons se trouvaient réduites à 45, 30, 15, etc.

Lorsqu'au contraire une once d'œufs aura
produit, par les soins que j'ai indiqués, 120
livres de cocons, ils seront de très-bonne qualité et se vendront bien ; 360 au plus pèseront
une livre et demie, et onze ou douze onces au
plus de ces cocons produiront une once de soie
très-fine, comme je le démontrerai dans la suite.
Lorsqu'on n'obtiendra que 50 ou 60 livres de

cocons d'une once d'œufs, on peut généralement
assurer qu'ils ne sont pas de la bonne qualité de
ceux ci-dessus cités ; qu'ils ont moins de valeur;
qu'il en faut au moins 400 pour faire une livre
et demie, et que onze ni douze onces même de
ces cocons ne suffiront pas pour obtenir une
once de soie, et qu'il en faudra treize ou plus.

Outre cela, lorsque les *vers* n'ont pas été
bien soignés, on n'est jamais sûr de la quantité
de cocons qu'on doit récolter. En effet, il arrive
continuellement qu'un même fermier obtient,
de la même quantité d'œufs et de la même
qualité de feuille, tantôt beaucoup de cocons,
tantôt peu, et quelquefois pas du tout.

Il serait très-intéressant, autant pour les gouvernemens que pour les particuliers, d'établir
une confrontation entre les quantités et qualités de cocons produits par la méthode que
je propose, et celles des cocons produits par les
méthodes généralement adoptées, afin de convaincre, par les faits et par la raison, quelle
est la mieux raisonnée et la plus profitable.
Si on calculait ensuite ce qui se perd tous les
ans par ignorance, et particulièrement ce qui
s'est perdu en 1814, l'immensité du prix de
cette perte surprendrait. (Chap. XV.)

Ce chapitre sera divisé en quatre paragraphes:

1.º Éducation des *vers* nés et réunis jusqu'à
la fin du premier âge;

2.º Éducation des *vers* dans le second âge ;

3.º Éducation des *vers* dans le troisième âge ;

4.º Éducation des *vers* dans le quatrième âge.

§. I.

Éducation des Vers *dans leur premier âge.*

Nous avons laissé dans le petit atelier les *vers* nés de tous les œufs à 19 degrés de température, et distribués sur les feuilles de papier (chap. V. §. II.), dans de petits carrés d'environ dix pouces de côté.

Commençons maintenant leur éducation. Supposons qu'on entreprenne d'en soigner cinq onces, qui forment un assez grand atelier. Les espaces et la quantité de la feuille doivent donc être proportionnés à ladite quantité de *vers*. Ayant choisi pour exemple un grand atelier, j'ai eu en vue de faire voir que, toutes choses égales, les résultats en grand comme en petit sont toujours les mêmes.

Éducation du premier jour. Lorsque les *vers* provenant de cinq onces d'œufs ont accompli leur premier âge ou mue, ils doivent occuper à peu près 36 pieds 8 pouces carrés d'espace. Il faut donc qu'on ait placé les feuilles des *vers* sur des claies qui aient au moins cet espace.

Le premier jour après la naissance et la distribution des *vers*, on doit leur donner les quatre

repas avec à peu près trois livres et trois quarts
de simples feuilles tendres, coupées très-menu,
de manière qu'il y ait un intervalle de six heures
d'un repas à l'autre, et que, donnant la moindre quantité de feuille au premier repas, on
augmente toujours à chacun jusqu'au dernier.

C'est un très-grand avantage de couper la
feuille très-menu dans le premier âge, et de
la distribuer légèrement sur les *vers.* Plus on a
coupé la feuille, plus il y a des bords frais auxquels s'attachent ces petits insectes. De cette
manière peu d'onces de feuille présentent tant
de côtés ou de contours, que deux cent mille
petites bouches peuvent manger en même temps
dans un petit espace. En effet, la feuille dans
cet état est de suite mordue, et se trouve presque toute consommée avant qu'elle ait pu se
flétrir.

Une quantité de feuille dix et vingt fois même
plus grande qui ne serait pas coupée menu,
ne pourrait pas suffire à la quantité de *vers*
sus-indiquée, parce qu'ils ont besoin, à cette
époque, de trouver dans un petit espace et dans
le même temps de quoi manger commodément.

Si on n'a pas le soin de couper la feuille très-
menu, et de tenir bien au large les *vers* quand
ils sont si petits, il en périt une grande quantité, parce qu'ils sont atteints de diverses maladies, et qu'ils perdent l'égalité de volume

qu'ils avaient (Chap. XII.). Le *ver* qui ne peut pas manger reste en arrière, s'exténue, s'affaiblit, s'altère, se dénature, et finit par périr sous la feuille. Cet objet, qui paraît peu de chose en lui - même, est cependant d'une grande importance, et mérite l'attention la plus soutenue. Pour couper la feuille dans les différens temps des *vers*, je me sers de couteaux et de divers autres instrumens tranchans. *(fig.* 14, 15, 16.*)*

Je donne à manger aux *vers* régulièrement quatre fois par jour, et je fais en sorte de ne leur jamais donner toute la feuille fixée plus haut, parce qu'après la distribution de chaque repas, il convient d'observer s'il ne faut pas en ajouter encore un peu à quelque endroit. Il est quelquefois bien de leur donner quelques repas intermédiaires, comme on le verra par la suite.

La quantité de feuille que j'ai fixée et que je fixerai par la suite, est celle qu'il faut pour la journée entière. Dans une heure et demie à peu près, le *ver*-à-soie mange sa portion de feuille, et reste ensuite plus ou moins tranquille. Toutes les fois qu'on donne à manger, il faut élargir peu à peu les petits carrés. Si la feuille venait à tomber hors du lieu où elle doit être, on la mettrait à sa place avec un petit balai. *(fig.* 17.*)*

Second jour. Il faut ce jour-là à peu près six livres de feuille mondée et coupée menu.

Cette quantité suffit pour les quatre repas ordinaires, dont le premier doit être le moindre, et le dernier le plus fort, comme je l'ai dit pour le premier jour.

Le *ver* commence à changer d'aspect ; il ne paraît plus si coloré ni si hérissé ; sa tête commence à grossir, et blanchit sensiblement.

On doit avoir soin d'élargir et d'allonger les petits carrés, toutes les fois qu'on donne à manger.

Troisième jour. Il faut douze livres de feuille tendre coupée menu pour les quatre repas. Ce jour-là les *vers* mangent avec voracité, et presque les deux tiers de l'espace des feuilles de papier qui a été fixé pour leur premier âge, doivent être déjà occupés.

Pour pourvoir à l'appétit augmenté de ces insectes, il faudra leur donner ce jour-là une livre et demie de feuille légèrement distribuée au premier repas. S'ils la mangeaient en très-peu de temps, c'est-à-dire dans une heure, on ne doit pas attendre cinq heures pour donner le second repas. Il faudra donc donner un repas intermédiaire d'à peu près la moitié du premier, de manière que la feuille couvre à peine les *vers*. Je ne fixe pas ici les onces de feuilles de ces repas intermédiaires, parce qu'il ne serait pas possible de le faire avec exactitude. On doit se régler pour le plus ou pour le moins, sur la quantité de feuille qu'on doit donner dans le cours de la journée, et sur la disposition des *vers*.

Ce jour-ci, la tête des *vers*-à-soie a beaucoup plus blanchi ; ces insectes se sont sensiblement développés ; à peine aperçoit-on des poils sur le corps à l'œil nu ; leur peau s'approche de la couleur noisette ; leur superficie observée avec la loupe est luisante ; leur tête est d'un luisant argenté comme la nacre, et un peu transparente.

Quatrième jour. Ce jour-là il faut six livres et douze onces de feuille coupée menu. On doit diminuer la quantité de l'aliment, parce que l'appétit diminue. Le premier repas doit être d'à peu près deux livres et quatre onces : les autres diminueront à mesure qu'on s'apercevra que la feuille n'a pas été bien mangée.

Le *magnonier* se réglera sur l'appétit des *vers* pour la distribution des repas intermédiaires, qui seront pris sur la quantité de feuille déjà prescrite pour tout le jour.

L'espace des feuilles se remplit à vue d'œil. Il est important, dans ce premier âge, de tenir les *vers* bien au large, pour éviter, autant que possible, qu'ils dorment l'un sur l'autre.

L'attention constante d'élargir un peu les petits carrés à chaque repas, fait que les *vers* s'étendent graduellement avec beaucoup de facilité à mesure qu'ils croissent, et qu'on empêche qu'ils s'amoncèlent, ce qui serait très-nuisible à leur constitution, à leur santé et à l'égalité de leur volume.

Au commencement de cette journée, beaucoup de *vers* secouent la tête, ce qui indique qu'ils commencent à se sentir surchargés de leur enveloppe; certains mangent très-peu, et tiennent leur tête levée; on s'aperçoit, avec la loupe, qu'elle a beaucoup grossi, et qu'elle est devenue encore plus luisante. Tout le corps de ces insectes semble alors transparent, et ceux qui sont voisins de la mue, observés à travers la lumière, sont d'une couleur jaunâtre, livide. A la fin de cette journée, la plus grande partie est assoupie et ne mange pas.

Cinquième jour. Il ne faut ce jour-là qu'à peu près une livre et demie de feuille tendre, coupée très-menu. On doit la répandre très-légèrement, dans plusieurs momens de la journée, dans les endroits ou sur les feuilles de papier où on voit encore des *vers* qui mangent. Si par hasard cette livre et demie de feuille ne suffisait pas, on y ajouterait ce qu'il faudrait de plus : comme aussi, si on ne voyait plus de *vers* manger avant que la livre et demie fût finie, on n'en distribuerait plus.

Ce que je dis sur le plus ou le moins de feuille qui peut être nécessaire pour cet âge, s'entend aussi pour tous les autres âges. Je ne saurais trop recommander l'exactitude et l'économie dans la distribution de la feuille.

A la fin de cette journée, tous les *vers* sont assoupis, et plusieurs commencent même à s'éveiller.

Après la première mue, le *ver* est d'une couleur de cendre foncée ou gris, laissant apercevoir un mouvement vermiculaire bien décidé ; on voit les anneaux qui le composent s'éloigner et se rapprocher plus librement qu'ils n'avaient fait jusqu'alors.

Je répéterai encore qu'il est nécessaire, et d'ailleurs d'une grande économie, de couper la feuille très-menu, d'abord avec le couteau, et ensuite avec le double tranchant dont j'ai donné la figure. (*fig.* 15.)

Lorsque le temps le permet, il faut cueillir la feuille plusieurs heures avant de donner le repas ; elle se conserve très-bien un jour et même plus, si on a soin de la tenir dans un lieu bien frais où il n'y ait pas de courans d'air, et qui ne soit pas tout-à-fait sec. Il est toujours avantageux qu'elle perde ce peu de vitalité qu'elle a quand on vient de la cueillir, et on ne doit la donner à manger que six ou huit heures au moins après qu'elle a été cueillie.

Je vais faire un résumé de ce paragraphe, et y ajouter quelques observations qui me paraissent utiles.

Le premier âge des *vers-à-soie*, élevés à la température que j'ai indiquée, se trouve presque accompli dans cinq jours (non compris les deux jours dans lesquels ils sont nés et ont été transportés et placés).

Dans ce premier âge, les *vers* de cinq onces d'œufs ont consommé 30 livres de feuille mondée et coupée menu; en joignant à cette quantité 4 livres et demie d'épluchures, cela fait 34 livres et demie de feuille, c'est-à-dire, 7 livres à peu près tirées de l'arbre par once de *vers-à-soie*.

D'après l'observation exacte, il faut ajouter deux autres changemens à ceux déjà indiqués, auxquels est soumis le *ver-à-soie* avant la mue.

1.º Nous avons vu (chap. V. §. IV) que, pour former une once de *vers-à-soie* qui viennent de naître, il en faut 54,626. Après la première mue, 3,840 suffisent pour ce poids : le *ver* a donc augmenté, dans à peu près six jours, de quatorze fois son poids.

2.º Avant les susdits six jours, le *ver* n'avait qu'une ligne de longueur, et à présent il en a plus de quatre.

Dans le premier âge, l'air de l'atelier doit se renouveler seulement en ouvrant la porte. Le degré de chaleur nécessaire se maintient par le moyen des poiles ou du gros bois qu'on fait brûler dans les cheminées, comme nous le verrons dans la suite.

Il n'y a pas autre chose à faire pour que les *vers* commencent à prospérer et se conservent bien portans.

§. I I.

Éducation des Vers-à-soie *dans le second âge.*

Il faut à peu près 73 pieds 4 pouces carrés de tables ou claies, pour placer, jusqu'à l'accomplissement du second âge, les *vers*-à-soie provenant de cinq onces d'œufs.

Ainsi que je l'ai déjà dit, ces claies doivent être toutes couvertes de papier. La température à laquelle il faut tenir les *vers* dans leur second âge, doit être, comme je l'ai dit plus haut, entre 18 et 19 degrés. Il ne faut lever ces insectes de leur litière que lorsqu'ils sont presque tous éveillés, et on doit le faire de la manière que j'indiquerai plus bas. Ce ne serait pas un mal d'attendre que tous ou presque tous fussent éveillés, quand on devrait laisser passer vingt, trente heures et plus encore, à compter du moment que les premiers se sont éveillés.

Lorsqu'une grande quantité de *vers* sort des feuilles où ils étaient placés, c'est un signe manifeste qu'il faut les ôter de la litière. En les levant un peu avant pour cette fois seulement, il arrivera que, peu d'heures après, tous les autres seront éveillés.

Nous avons dit plus haut que, pendant le premier âge, la plupart des *magnoniers* perdent et rendent malades une grande quantité de *vers*, parce qu'ils n'y apportent pas tous les soins qu'ils exigent. Il arrive en général, qu'après cet âge, ils sont très - inégaux, défaut fort grand qui se prolonge jusqu'à la fin du dernier âge.

Cette inégalité et le mal qui en résulte, comme je le démontrerai (chap. XII), ont pour causes :

1.º De n'avoir pas placé les *vers* dans un espace proportionné à l'accroissement qu'ils devaient prendre dans le cours de leur premier âge : ce qui a fait que certains ont assez mangé, et d'autres non ; certains sont restés dans la litière, et d'autres dessus ; ces derniers ont respiré un air libre, tandis que les premiers n'ont eu qu'un air méphitique ; les uns ont bien transpiré, et les autres non ; d'autres ont commencé à s'assoupir les premiers, et, étant restés sous la feuille, ils ne se sont changés que les derniers ; d'autres, enfin, se sont assoupis les derniers, et se sont éveillés les premiers, parce qu'ils se trouvaient libres à la superficie.

2.º De n'avoir pas placé les feuilles des *vers* nés le premier jour dans l'endroit le moins chaud de l'atelier.

3.º De n'avoir pas placé, dans le lieu le plus

chaud, ceux qui sont nés les derniers. (Chap. IV. §. III.)

4.º Finalement, de n'avoir pas donné aux *vers*, nés les derniers, quelques petits repas intermédiaires, pour obtenir un peu plus vite leur accroissement.

Il suit souvent de ces manques d'attention que, lorsque les *vers* vont passer de la première mue à la seconde, il s'en trouve qui sont encore assoupis ou qui dorment, d'autres qui s'éveillent et commencent à manger, et d'autres qui mangent encore, parce qu'ils ne sont pas arrivés au moment de tomber dans l'assoupissement.

De cette manière il arrive que, sur la même claie, on aperçoit fréquemment des *vers* de trois ou quatre grandeurs différentes, ce qui est, pour le moins, d'un grand embarras ; d'ailleurs, il y a beaucoup de probabilité que les plus petits périront tous dans la suite.

On évitera ces pertes, si on fait tout ce que j'ai indiqué. Il est d'autant plus utile d'attendre que les *vers* soient presque tous éveillés avant de leur donner à manger, que ces insectes, en sortant de la mue, ont plus besoin d'air libre et d'une chaleur douce que d'aliment.

Leurs organes prennent de la consistance à l'air : le petit museau écailleux qu'ils perdent par la mue, est remplacé par un autre mou qui durcit à l'air ; et tant que les petites mâ-

choires ou scies du nouveau museau n'ont pas
pris de la force , ils ne peuvent pas bien couper
la feuille pour la manger. Il est aisé de voir,
avec la loupe, la fatigue que fait le *ver* pour
couper la feuille dans les premiers temps , fatigue
qui ressemble à celle que fait un homme sans
dents qui mâche une substance dure. Ayant
fait connaître ces idées générales que je crois
nécessaire de savoir , continuons notre journal.

Premier jour du second age ,
Ou sixième de l'éducation des Vers-à-soie.

Il faut , pour ce jour-ci , neuf livres de petits
rameaux tendres, et neuf livres de feuille mondée
et coupée menu.

On doit avoir déjà disposé les 73 pieds 4 pouces
carrés de tables ou claies , qu'il faut , au second
âge, pour les *vers* produits par cinq onces d'œufs.

Au moment où presque tous les *vers* sont
éveillés , et qu'ils remuent la tête ou qu'ils la
tiennent droite , paraissant chercher quelque
chose , ceux qui se trouvent le plus près des
bords des feuilles , se sont déjà éloignés de la
litière où ils étaient. Il faut alors se préparer
à les transporter pour nettoyer les feuilles de
papier où ils sont couchés.

On doit toujours commencer par lever les
vers des feuilles où on s'aperçoit que le mouvement est plus grand. On étend sur eux de

petits rameaux tendres de mûrier qui aient six ou huit feuilles. On placera ces rameaux à une telle distance l'un de l'autre, qu'en étendant le mieux possible leurs feuilles, il y ait un ou deux travers de doigt entr'elles. Lorsqu'on a couvert ainsi une des feuilles de *vers*, on passe à une autre, et ainsi de suite ; on fait toute l'opération avec promptitude. Il doit rester de ces petits rameaux qu'on emploîra une autre fois.

On voit qu'insensiblement ces petits rameaux se couvrent de *vers*, au point qu'on les distinguerait à peine, si on n'en remarquait les branches.

On doit avoir tenu prêtes les petites tables de transport (*fig.* 9) bien unies, sur lesquelles on place les petits rameaux de *vers*, qu'on doit avoir levé promptement des feuilles de papier.

Au lieu de faire de petits carrés, comme on a fait pour les *vers* qui venaient de naître, on forme des bandes dans le milieu des claies, préparées de manière qu'il ne faille qu'élargir ces bandes des deux côtés, afin que, lorsqu'on est arrivé au terme du second âge, les 73 pieds 4 pouces carrés de claies soient couverts de *vers*. Tous les *vers-à-soie* qu'on transportera ne doivent occuper d'abord qu'un peu plus de la moitié de l'espace qui a été déterminé pour cet âge.

L'usage des petites tables de transport est très-avantageux ; elles servent à transporter et placer avec facilité les petits rameaux chargés de *vers*, n'ayant autre chose à faire qu'à les appuyer dans leur longueur sur les claies, et faire descendre doucement les petits rameaux en les inclinant ; ayant soin ensuite de prendre délicatement avec la main ceux qui ne se seraient pas bien placés, pour les mettre où il faudrait.

On observe que, lorsque cette opération est faite, il est encore resté sur la litière quelques *vers* éveillés ; alors on place dessus de nouveaux rameaux, et on fait comme pour les autres. Si, après cela, on en trouvait encore quelques-uns qui fussent assoupis, on les jetterait.

La feuille sur laquelle on a transporté les *vers*, leur sert pour un petit repas ; ils la mangent et la percent par-tout, jusqu'à ce qu'enfin il n'en reste que le squelette.

Cela indique que le seul contact d'un bon air et un peu chaud a suffi à ces petits animaux pour leur faire acquérir la force dans les mâchoires, qu'ils n'avaient pas au moment que la mue venait d'avoir lieu.

Il est bon d'observer ici que les *vers*-à-soie aiment tellement de rester sur les petits rameaux qui leur sont présentés, qu'on les y trouve amoncelés, même après qu'ils les ont presque dépouillés, et qu'ils ne les abandonnent jamais pour revenir sur la litière où ils étaient. Cette observation servira sans doute pour détruire l'opinion de beaucoup de personnes qui croient que le *ver*-à-soie se plaît sur la litière, et qu'il se trouve bien d'y manger et d'y rester.

Le moyen que j'ai indiqué pour changer la litière, est le meilleur dans tous les âges.

Les *vers* levés de cette manière, se trouvant sur une table propre et sur des rameaux frais, prennent force et se raniment, comme un convalescent qui passe d'un lit sale, où il a couché plusieurs jours, à un autre propre et frais.

Une heure ou deux après que les *vers* ont été placés sur les claies, il faut leur donner un repas de trois livres de feuille coupée menu.

Comme les petits rameaux seront dépouillés de la feuille par les *vers*, il y aura des intervalles de papier qui seront nus, et les petits rameaux seront surchargés de *vers*. Pour y remédier, il faut distribuer doucement la feuille dans ces intervalles ; alors les *vers* s'étendent, et toute la bande en reste couverte. L'espace qu'occupent les *vers* doit être augmenté un peu à ce premier repas. On ne doit pas négliger l'avertissement que j'ai déjà donné, de rassembler avec un petit balai la feuille qui est près de tomber. Que mes lecteurs me permettent de leur dire que les soins que je propose ici, ainsi que tous

ceux dont j'ai déjà parlé , et que je prends
moi-même pour la bonne réussite des *vers* , ne
sont ni longs , ni difficiles , comme ils semblent
être au premier abord.

Dans le restant du jour , on doit donner aux
vers , en deux autres repas, les autres six livres
de feuille , mettant un intervalle de six heures
de l'un à l'autre , ou selon le temps de la journée qui restera.

Lorsqu'on a transporté les *vers-à-soie* sur les
autres claies, il faut nettoyer celles où ils étaient,
ayant soin de rouler les feuilles de papier , et de
les porter hors de l'atelier. Si on observe les
matières qui sont sur le papier, on reconnaîtra
qu'elles ne sont qu'un amas de fragmens de
feuilles et d'excrémens qui sont un peu humides,
mais cependant de bonne odeur. Leur poids est
d'à peu près 7 livres et demie.

Depuis le premier jour qu'on a élevé les *vers*
jusqu'à la première mue , on a donné à peu près
30 livres de feuille : 22 livres 8 onces de substance ont servi à faire croître ces insectes , ou
se sont dissipées en gaz et en vapeurs. Dans le
premier âge , le *ver-à-soie* rend très-peu d'excrémens , lesquels ressemblent à de la poudre
très-noire et de forme régulière. Dans les 7
livres 8 onces qui sont le poids de la litière , il
n'y a que dix onces à peu près d'excrémens.

Second jour du second age,

Septième de l'éducation des Vers-à-soie.

Il faut ce jour-là à peu près 3o livres de feuille coupée menu. Cette quantité se partage en quatre parties, qu'on doit donner de six en six heures. Les deux premiers repas doivent être moins copieux que les deux derniers. Il est très-important d'élargir insensiblement de tous côtés les bandes des *vers*, de manière qu'à la fin de ce jour les deux tiers de l'espace soient occupés.

Le corps des *vers* commence à prendre une couleur plus claire; la tête grossit et blanchit. Si on s'aperçoit qu'il y ait plus de *vers* dans un endroit que dans l'autre, il faut y placer des petits rameaux, et lorsqu'ils sont chargés de ces insectes, les placer où il y en a moins. L'égalité des *vers* étant très-avantageuse, on doit y porter la plus grande attention, et faire ce que je viens de prescrire à toutes les mues, et toutes les fois que les circonstances l'exigeront.

Troisième jour du second age,

Huitième de l'éducation des Vers-à-soie.

Il faut ce jour-là 33 livres de feuille mondée, et coupée menu. Cette fois-ci, les deux premiers repas doivent être les plus forts. On doit distribuer la feuille en proportion du besoin, faisant cette distribution avec beaucoup de soin, parce que l'appétit diminue sur la fin du jour, et qu'alors beaucoup de *vers* démontrent, en tenant la tête levée et ne mangeant pas, qu'ils sont disposés à l'assoupissement, et que plusieurs sont déjà assoupis.

Il faut continuer à élargir les bandes, de manière à ce que les quatre cinquièmes ou plus des claies se trouvent occupés.

Quatrième jour du second age,
Neuvième de l'éducation des Vers-à-soie.

Ce jour-ci il ne faut qu'à peu près 9 livres de feuille mondée et coupée menu, qui doit être distribuée comme les autres fois, selon le besoin, légèrement et avec soin.

Dans ce jour tous les *vers* s'endorment, en sorte que demain ils auront fait la mue et seront éveillés ; de cette manière le second âge sera accompli.

Résumons ce paragraphe comme nous avons fait du premier, et ajoutons-y nos observations.

Dans quatre jours à peu près qu'a duré le second âge, les *vers*-à-soie, provenant de cinq onces d'œufs, ont consommé 90 livres de feuille mondée et coupée menu, y compris 9 livres de petits rameaux. Si nous ajoutons à cette quantité 15 livres à peu près d'épluchures, nous aurons en tout à peu près 105 livres de feuille tirée de l'arbre , c'est-à-dire, 21 livres par once de *vers*.

Les changemens qu'éprouvent les *vers* , dans le second âge, non-compris la mue ci-dessus indiquée , sont les suivans :

Leur couleur est devenue d'un gris clair, on distingue difficilement les poils à l'œil nu , et ils se sont raccourcis ; ils deviennent plus clair-semés en proportion que le *ver* s'allonge ; ils ne sont plus de couleur foncée, et la peau elle-même devient blanchâtre.

Le museau qui, dans le premier âge, était très-noir, dur et écailleux, est devenu, tout de suite après la première mue , blanchâtre et mou ; mais deux heures après il est redevenu noir, luisant et écailleux comme avant. A me-sure que le petit insecte avance en âge, à cha-que mue son museau durcit davantage , parce qu'il a besoin de ronger ou scier des feuilles plus grosses.

Il a paru sur son dos deux lignes courbes comme deux parenthèses, une vis-à-vis de l'autre.

Dans la première mue, sa longueur était de quelque chose de moins que quatre lignes, et dans la seconde d'un peu plus de six lignes.

Son poids moyen a augmenté, dans quatre jours, de plus de cinq fois ; à peine sorti de la première mue, il en fallait 3,240 pour former le poids d'une once, et maintenant 610 suffisent pour faire le même poids.

A mesure que ce petit insecte grossit, il respire et transpire davantage, et rend des excrémens plus gros et en plus grande quantité. D'après cela, et parce que le nombre des claies augmente toujours dans le petit atelier, il faut que l'air intérieur soit un peu plus renouvelé. Il suffit pour cela d'ouvrir quelquefois le soupirail du plancher, et l'ouverture faite à la porte. *(fig. 18.)*

S'il ne fait ni vent ni froid au-dehors du local, on peut laisser ouvert plus long-temps le soupirail, jusqu'à ce que le thermomètre descende d'un demi-degré et même d'un degré. On ferme ensuite tout ; la température s'élève de nouveau, et l'air intérieur se trouve tout renouvelé.

§. I I I.

Éducation des Vers-à-soie dans le troisième âge.

PREMIER JOUR DU TROISIÈME AGE,
Dixième de l'éducation des Vers-à-soie.

Dans ce premier jour, il faut 15 livres de petits rameaux, et 15 livres de feuille mondée et coupée un peu moins que jusqu'alors ; elle doit être coupée encore plus grossièrement à la fin de cet âge.

Dans cet âge, les *vers*, provenant de cinq onces d'œufs, doivent occuper à peu près 174 pieds carrés d'espace ; on a dû par conséquent préparer et couvrir de papier la quantité de claies suffisante.

La température de l'atelier, pendant le troisième âge, doit être de 17 à 18 degrés.

On ne doit lever les *vers*, qui ont accompli le second âge, de dessus les claies, qu'ils ne soient presque tous éveillés. Une portion se sera éveillée le neuvième jour, et le reste s'éveillera dans ce dixième jour.

Il n'y aurait rien à craindre quand il faudrait laisser écouler 24, 30 heures et même plus, à compter du moment que les premiers *vers* se sont éveillés, pour attendre que presque tous le soient.

Il est très-facile de distinguer les *vers* éveillés dans cet âge, comme aussi dans l'âge qui suit. Ils sortent de leur vieille peau avec un aspect si différent, que tout le monde peut l'observer sans que j'aie besoin de l'expliquer.

Un signe de l'éveil presque général de ces petits insectes, est un mouvement uniforme et presque ondulatoire qu'ils font avec leur tête, si on souffle avec la bouche horizontalement sur eux.

Cette impression que leur fait l'air poussé avec une certaine force ne leur est pas agréable, et les secoue, particulièrement s'ils viennent de sortir de leur peau. Cependant l'air doucement agité dans l'atelier ne leur nuit pas; au contraire, il leur fait plaisir et il leur est profitable, pourvu qu'il ne soit guère plus froid que la température ordinaire de l'atelier.

On doit observer, pour le transport des *vers* dans cette mue, la même méthode que pour le premier âge. (§. II.)

Les 174 pieds de claie destinés pour le troisième âge, doivent être occupés dans le milieu par une bande de *vers* qui doit équivaloir à un peu moins de la moitié de l'espace total.

Connaissant d'avance l'espace que doivent occuper les *vers*-à-soie dans leurs différens âges, il n'y a rien de plus facile, de plus utile et de plus économique, que de les lever, les nettoyer et les placer de la manière que j'ai déjà indiquée. Une fois placés sur les claies, on n'y touche plus jusqu'à ce qu'ils aient fini leurs mues, ils vivent très-bien, mangent toute la feuille sans se gêner les uns les autres, et sans qu'on ait besoin de les nettoyer dans l'intervalle. Leur litière ne moisit pas, à moins que, par extraordinaire, le temps fût trop long-temps humide. En général, elle est d'un beau vert, mince, presque sèche, et composée quasi toute de squelettes des feuilles, et de quelques brins de la feuille même qui sont tombés de la bouche de ces insectes. Au lieu de dégoûter ceux qui soignent les *vers* , elle leur fait plaisir à voir.

Les 15 livres de petits rameaux sont employées comme au second âge , et servent aussi de premier repas aux *vers*.

Lorsqu'ils ont mangé la feuille de ces petits rameaux , on leur donne un second repas avec 7 livres et demie à peu près de feuille coupée, ayant soin de remplir les intervalles que les petits rameaux dépouillés ont laissés, et de rendre égales les bandes autant que possible avec le petit balai , parce que cet ordre est utile et agréable à la vue.

Si , lorsqu'on a fini de transporter les *vers* , on s'aperçoit qu'on en a trop mis dans certains endroits des claies , on doit enlever ceux qu'il y a de trop avec de petits rameaux, les mettre sur les tables de transport, et les placer ensuite aux endroits où il y en a le moins , étant essentiel de faire toujours une exacte distribution de ces insectes.

Je le répéterai sans cesse : pour que les *vers* puissent conserver constamment une certaine égalité de volume entre eux , il faut que l'éducateur veille avec attention sur ceux qui distribuent la feuille , afin que la distribution soit bien égale par-tout.

Un emploi inutile de la feuille est non-seulement une perte réelle , mais il a le grand inconvénient de grossir la litière de trop de parties grasses qui fermentent plus facilement que la fibre , et causent des maladies.

On doit donner aux *vers* , pour leur dernier repas, 7 livres et demie de feuille, ce qui complètera les repas de ce jour.

Si le changement de litière a lieu trop tard, et qu'on n'ait pas le temps de donner les trois repas dans ce jour, la feuille qui restera doit être mêlée avec celle du jour suivant.

Deux personnes lestes ne doivent employer qu'une heure pour transporter les *vers* sur les 174 pieds de claie.

A mesure qu'on fait le transport des *vers* , il faut aussi transporter la litière hors de l'atelier, ce qui est très-facile à faire.

On roule cette litière avec le papier qui est dessous , on la porte hors de l'atelier , et on l'étend pour voir s'il s'y trouve des *vers* assoupis. Tous les lieux sont bons pour cette opération, pourvu qu'ils soient à l'abri de la pluie et du vent. Non-seulement ces insectes ne souffrent pas de cette opération ; mais si le temps est doux, et que l'air ne soit pas trop agité , ils s'éveilleront plus promptement que dans l'atelier où on les reportera, employant, pour les prendre , des feuilles ou de petits rameaux.

Les *vers* levés les derniers doivent se mettre

sur des claies séparées. Leur assoupissement
sera retardé d'à peu près un jour ; mais si on
veut que leur mue se fasse en même temps que
celle des premiers levés , il suffira de les placer
dans l'endroit le plus chaud de l'atelier, et de
les tenir plus écartés entre eux sur les claies,
comme je l'ai indiqué plus haut.

Maintenant que les *vers* commencent à manger un peu plus , il est avantageux de se servir
des paniers carrés que j'emploie (*fig.* 19.), avec
lesquels une personne travaille pour deux relativement au moyen qui est ordinairement en
usage. La coutume est que l'ouvrier tient avec
une main le panier ou le tablier dans lequel est
la feuille , et qu'avec l'autre il distribue la
la feuille , chose qu'il ne peut pas faire facilement et promptement avec une seule main. Par
le moyen des susdits paniers qu'on suspend avec
un crochet , et qu'on fait suivre le long des
bords des claies, la personne travaille avec les
deux mains , arrange et distribue mieux la
feuille , et donne à manger à deux claies en
même temps , en montant sur de petits bancs
ou sur de petites échelles commodes. (*fig.* 20
et 21).

En réunissant toutes les litières du second
âge et les pesant, on trouvera qu'il y en a à
peu près 21 livres. Si cependant la feuille a été
bien mangée , les excrémens noirs pèsent un

peu moins de 6 livres. Il faut faire attention pourtant que le plus ou moins d'humidité de ces ordures produit une grande différence dans le poids. Comme on a distribué sur les claies, depuis la fin du premier âge jusqu'à l'accomplissement du second, 90 livres de feuilles, il est clair que 69 livres de substance ont, en partie, nourri ces petits animaux, et se sont en partie dissipées en fluides aériformes.

Après deux ou trois repas, on aperçoit, dans ce premier jour, un changement sensible dans les *vers*. Ils ont beaucoup grossi ; leur museau s'est sensiblement allongé, et la couleur de leur corps est devenue plus claire.

SECOND JOUR DU TROISIÈME AGE,
Onzième de l'éducation des Vers-à-soie.

Il faut pour ce jour 90 livres de feuille mondée et coupée.

Les deux premiers repas doivent être plus petits que les deux autres, parce qu'à la fin de cette journée les *vers* commencent à avoir un grand appétit.

Peu à peu on élargit l'espace qu'ils occupent.

TROISIÈME JOUR DU TROISIÈME AGE,
Douzième de l'éducation des Vers - à - soie.

Il faut pour cette journée à peu près 97 livres de feuille mondée et coupée qui doit se partager en quatre repas ; le premier et le second desquels doivent être les plus copieux. A la fin de la journée, l'appétit des *vers* diminue sensiblement, par conséquent le dernier repas doit être le plus petit.

Dans cette journée les *vers* grossissent beaucoup ; leur peau blanchit, leur corps devient presque transparent, et leur tête s'allonge sensiblement.

Si on observe une claie de *vers* à contrejour, avant de leur donner le repas, ils semblent tous de couleur blanchâtre ambrée, et paraissent avoir dessus de la poussière.

Les contorsions qu'une grande partie fait avec la tête, indiquent que le moment de l'assoupissement approche.

QUATRIÈME JOUR DU TROISIÈME AGE ,

Treizième de l'éducation des Vers - à - soie.

Il faut ce jour-là à peu près 52 livres et demie de feuille mondée et coupée. Cette diminution de feuille est une conséquence de la diminution d'appétit dont j'ai parlé. Beaucoup de *vers* sont déjà assoupis.

Il faut leur donner quatre repas ; le plus fort desquels doit être le premier, et le moindre le dernier. Ces repas ne doivent se donner qu'aux *vers* des claies qu'on reconnaît en avoir besoin.

Si on s'aperçoit qu'une grande partie des *vers*

d'une table est assoupie , et que le reste désire encore de manger , il ne faut pas s'en tenir à l'exactitude des repas , mais leur en donner un léger une heure ou deux après , afin de rassasier ceux qui veulent encore manger , et les faire assoupir plus vite. Ce soin est important ; ces petits repas intermédiaires produisent de très-bons effets.

CINQUIÈME JOUR DU TROISIÈME AGE,

Quatorzième de l'éducation des Vers - à - soie.

Il faut, pour cette journée, 27 livres de feuille mondée et bien coupée , qu'on distribue où le besoin l'exige : il n'en restera ni n'en manquera pas beaucoup. Dans l'un ou l'autre cas il est facile d'y remédier.

Hier et aujourd'hui les vers ont jeté par-tout de la bave de soie. (Chap. I.)

Ces insectes inclinent à s'assoupir à l'air libre, à s'isoler dans un endroit sec , tenant la tête levée. On le reconnaît à ceux qui sont près des bords des claies , et sur-tout aux endroits où le papier surpasse , et où il se rencontre quelque queue de feuille qui dépasse en dehors. Tous ne pouvant contenter ce besoin , et étant forcés de rester sur la litière , la plupart tiennent la tête et une partie du corps droites , s'élevant au-dessus de la feuille et de la litière.

Lorsqu'ils sont au moment de s'assoupir , ils

se vident tout - à - fait, comme je l'ai déjà
observé ailleurs; ils n'ont dans eux - mêmes
presque pas d'excrémens, et il ne reste dans
leur long tube intestinal qu'une lymphe jaunâtre, quasi transparente, qui tient lieu chez
eux de presque tous les fluides animaux. C'est
le motif pour lequel, avant que la superficie
de la peau qu'ils doivent quitter se ride et se
sèche, elle semble, comme je l'ai déjà dit, d'un
blanc sale, ambré, et à demi-transparente.

Il est inutile que, lorsque les *vers* se disposent
à la troisième et même à la quatrième mue,
l'air intérieur de l'atelier soit peu agité, et
que sa température varie peu. On obtient cela
en tenant seulement plus ou moins ouverts les
soupiraux supérieurs, et ceux qu'on aura dû
pratiquer au pavé, comme nous en parlerons
dans la suite. (Chap. XIII.)

Sixième jour du troisième age,
Quinzième de l'éducation des Vers-à-soie.

Dans cette journée les *vers* s'éveillent plus ou
moins, et accomplissent ainsi le troisième âge.

Faisant un résumé de cet âge, comme j'ai
fait des autres, voici ce qui en résulte.

Dans six jours à peu près, les *vers* parcourent leur troisième âge.

Dans cet âge, ceux qui proviennent de cinq
onces d'œufs, ont consommé à peu près 300 liv,

de feuilles ou de petits rameaux. Si on ajoute à ce poids 45 livres d'épluchures, il résulte que toute la feuille tirée de l'arbre fait en tout un poids de 345 livres, c'est-à-dire 69 liv. par once d'œufs.

Le museau des *vers* a conservé, dans le troisième âge, une couleur grise s'approchant du roux foncé; il n'a plus pris ce noir luisant qu'il avait dans le premier et le second âge, mais il s'est allongé, et saillit beaucoup en dehors.

La tête et le corps des *vers* sont devenus beaucoup plus gros qu'ils n'étaient du temps de la mue, quoique depuis on ne leur ait rien donné à manger. Cela démontre que ces insectes étaient trop serrés dans l'enveloppe qu'ils ont laissée, et que, s'en étant dégagés, l'air seulement leur a donné un aliment qui a suffi pour les étendre. Cet accroissement, qui est assez considérable, est beaucoup plus sensible dans le troisième âge que dans les précédens.

Dès que cet âge est accompli, le corps des *vers* est beaucoup plus ridé, particulièrement la tête; leur couleur est d'un blanc jaunâtre, ou pour mieux dire, peau de chamois. Vu à l'œil nu, leur corps paraît n'avoir plus de poils.

Les pattes membraneuses, et particulièrement celles qui sont à l'extrémité postérieure, ont acquis à cet âge beaucoup de force et une certaine faculté de s'attacher qui fait que ces insectes retiennent fortement tout ce qu'ils touchent. Dans ce troisième âge, on commence à entendre, lorsqu'on leur donne à manger, un petit bruit qui ressemble assez à celui que fait l'humidité qui sort de l'extrémité d'un morceau de bois vert qu'on fait brûler.

Ce bruit ne vient pas de l'action du manger ; mais bien du mouvement que font les *vers* en détachant continuellement leurs petites pattes pour les porter d'un lieu à un autre ; ce bruit est tel, que, dans un grand atelier, on croit entendre une pluie douce. A mesure que les *vers* se fixent pour manger, ce bruit diminue. Ce mouvement devient plus fort dans le quatrième et le cinquième âge.

La longueur moyenne des *vers* qui était un peu moins de 6 lignes, après la seconde mue, est devenue, en moins de 7 jours, de plus de 12 lignes.

Le poids de ces insectes a également augmenté de plus de quatre fois dans le même espace de temps. Après la seconde mue, 610 *vers* pesaient à peu près une once ; maintenant 144 seulement donnent le même poids.

Il a suffi, dans cet âge, de tenir de temps en temps ouvert quelque soupirail, la porte et même la fenêtre lorsque le temps était beau et calme, et jusqu'à ce que le thermomètre descendait d'un demi-degré.

Dans les journées très - humides et pesantes ,
un feu de bois léger donne le mouvement qui
convient à l'air intérieur pour qu'il n'y ait rien
à craindre.

Dans cet âge , il ne m'est jamais arrivé que
la température extérieure, quoique plus élevée
que l'intérieure , fût au-delà des bornes établies.

§. 1 V.

Éducation des Vers-à-soie *dans le quatrième âge.*

Dans cet âge , les *vers* provenant de 5 onces
d'œufs doivent occuper un espace d'à peu près
412 pieds carrés , qu'on doit former comme on
a fait jusqu'alors.

La température de l'atelier doit être de 16 à
17 degrés.

Dans ce quatrième âge, comme dans le cinquième , il y aura probablement des journées
dans lesquelles on ne pourra pas conserver la
température à 17 degrés , vu la chaleur généralement augmentée de la saison ; et , malgré
toutes les précautions de l'art , elle pourra bien
monter jusqu'à 18 degrés , et même plus.

Cette augmentation de température ne doit
inspirer aucune crainte , parce qu'elle ne produit pas de dommage. Il suffit seulement d'empêcher que la circulation de l'air , entre le dehors et le dedans , ne soit pas interrompue. Dès

qu'on s'aperçoit qu'on ne peut empêcher que
l'air extérieur réchauffe l'atelier, il faut ouvrir
les soupiraux, ainsi que toutes les ouvertures
du côté le moins exposé au soleil. J'ai vu, dans
l'espace de deux heures, la température de quelqu'un de mes ateliers s'élever du 17.ᵉ degré au
21.ᵉ Alors je ne fis qu'ouvrir toutes les ouvertures, et comme l'air était stagnant, je fis faire
de la flamme dans les cheminées des angles
(chap. XIII), pour établir un courant d'air de
tous côtés, et renouveler ainsi tout l'air des
chambres. Si, au lieu d'agir de cette manière,
lorsque la chaleur de la saison augmente brusquement, ce qui accroît la fermentation de la
litière, on empêchait que l'air extérieur entrât
dans l'atelier, on courrait le risque de perdre
des couvées entières de *vers*-à-soie, parce qu'à
mesure qu'ils grossissent, la masse de la feuille
et de la litière augmentant, l'humidité qui en
résulterait, ferait fermenter plus vite cette
masse, la chaleur augmenterait aussi, et l'air
deviendrait bientôt non - seulement humide,
mais pestilentiel. (Chap. XII.)

Ainsi qu'on l'a déjà fait, on ne doit lever les
vers des claies où ils ont accompli le troisième
âge, que lorsqu'ils sont presque tous éveillés,
parce que, quoique les premiers éveillés attendent un jour et même un jour et demi avant
d'être transportés, cela ne leur est pas nuisible.

On place les premiers éveillés dans l'endroit de
de l'atelier le plus frais, et les claies des *vers*
éveillés tard doivent être placées dans la partie
de l'atelier qui a un peu plus de chaleur. Si on
ne veut pas se donner cette peine, on peut se
contenter de tenir plus écartés sur les claies les
vers qui ont été les derniers à s'éveiller: en procédant ainsi, ils égaleront bientôt les autres.

Il sera facile de connaître, par le moyen des
thermomètres, quelle est la partie de l'atelier
qui sera constamment plus chaude : cette
connaissance servira à rendre tous les *vers*
égaux entre eux, particulièrement si les mains
qui leur distribuent la feuille sont un peu exer-
cées.

Ces soins sont indispensables si on veut que
les *vers* montent dans la suite presque tous en
même temps, d'autant plus qu'il résulte un
grand dommage lorsqu'ils montent à une grande
distance les uns des autres, comme je le démontrerai dans la suite. (Chap. VIII. §. V.)

C'est après la troisième mue qu'il faut placer
les *vers* de cinq onces d'œufs dans le grand atelier, où ils doivent rester jusqu'à la fin. Ce local
doit pouvoir contenir au moins 917 pieds carrés
de claies.

L'expérience démontre constamment l'avantage d'avoir des locaux bien proportionnés au
besoin, autant pour l'économie des combustibles,

si la saison était froide, que pour l'utilité du service.

Il n'y aurait pas cependant un grand inconvénient, si on n'avait que deux ou trois petits locaux contigus au lieu d'un grand.

On ne perdrait que l'avantage de la plus grande facilité qu'on a, dans les lieux spacieux, d'établir et de conserver, comme nous le verrons, des courans d'air plus réguliers et plus sûrs. (Chap. XIII.)

Lorsqu'on se sert d'un seul local assez grand pour contenir les 917 pieds carrés de claies, il est avantageux de choisir le lieu le plus commode de ce local, pour y placer les 458 pieds 6 pouces carrés de claies où on doit mettre ces insectes jusqu'à l'accomplissement du quatrième âge, afin de les distribuer ensuite sur tout l'espace des 917 pieds carrés.

Il n'est rien de plus facile pour celui qui tient l'atelier avec ordre, que de déterminer les 458 pieds 6 pouces de claies que les *vers-à-soie* sortis du troisième âge doivent occuper: il suffit de noter sur chaque claie le nombre de ses pieds carrés; par ce moyen on voit, dans un moment, quelles sont les claies dont il faut se servir pour cet âge, comme pour tous les autres.

Je dois répéter ici combien est avantageuse pour l'exercice de l'art d'élever les *vers-à-soie*, la méthode de les distribuer par bandes ou par espaces, qui ne se remplissent de ces insectes que par gradation, et lorsqu'ils ont accompli les divers âges.

1.º Parce qu'on ne nettoie pas les claies dans le quatrième âge, la litière, qui peu à peu s'élargit, ne s'échauffant pas, ne prenant pas de mauvaise odeur, et s'élevant très-peu; 2.º parce que la feuille, distribuée sur des espaces proportionnés, est entièrement mangée avant qu'elle se flétrisse et se gâte; 3.º Parce qu'avec ce procédé les *vers* peuvent manger à leur aise, se mouvoir librement, bien transpirer et mieux respirer, tous avantages décisifs pour ces insectes. (Chap. XIII.)

On ne peut obtenir ces avantages lorsque les *vers*-à-soie sont trop épais. Comme dans cet état ils couvrent avec leur corps tout le plan sur lequel ils sont, les morceaux de feuille sur lesquels ils sont couchés se perdent, parce qu'ils ne peuvent pas les manger; si au contraire ils sont au large, ils cherchent, en se remuant, jusqu'aux derniers brins des feuilles et les mangent; d'ailleurs, lorsqu'ils sont resserrés, le jeu de leurs canaux respiratoires et transpiratoires est empêché ou gêné par la pression, soit supérieure, soit latérale, des uns envers les autres; s'ils sont à leur aise, le jeu de ces organes, qui est si nécessaire à leur santé, se trouve très - libre. (Chap. XII.)

PREMIER JOUR DU QUATRIÈME AGE,

Seizième de l'éducation des Vers-à-soie.

Dans ce jour il faut trente-sept livres et demie de petits rameaux, et soixante livres de feuille mondée et coupée grossièrement avec le grand tranchant. (*fig.* 16.)

Lorsque le moment de lever les vers-à-soie de dessus les claies est arrivé, il faut couvrir de petits rameaux une ou deux claies seulement à la fois. Ces rameaux, chargés de *vers*, se placent ensuite sur les petites tables, et se transportent, comme on a déjà fait pour les autres mues. Si on n'a pas assez de petits rameaux, on peut mettre à leur place des paquets de 15 ou 20 feuilles attachées ensemble par leur pétiole.

Plus ces feuilles ont de la consistance, mieux on lève les *vers*; leur transport se fait mieux, et ils éprouvent moins d'incommodité.

Il faut que cette opération soit faite par trois ou quatre personnes, une pour remplir les petites tables, une ou deux pour les transporter, et une autre qui, des petites tables, fasse descendre doucement les *vers* sur les claies aux endroits déterminés pour cela : de cette manière, cette opération se fait avec beaucoup de facilité et de promptitude.

Les bandes de *vers* qu'on forme doivent occuper la moitié à peu près des claies sur lesquelles on les place. J'ai déjà dit plus haut, que les *vers* qui occupent à peu près 174 pieds carrés, se mettent dans le milieu d'un espace d'à peu près 412 pieds 6 pouces carrés de claies.

Lorsqu'on a transporté successivement les *vers* éveillés, il en reste sur les 174 pieds de claie quelques-uns qui sont encore assoupis, ou qui, venant de s'éveiller, n'ont pas acquis assez de force pour grimper sur les petits rameaux ou sur la feuille.

Les premiers *vers* étant transportés dans le grand atelier, on verra peu après qu'ils ont mangé toute la feuille des petits rameaux, et toutes les feuilles qu'on avait employées pour les lever, et qu'ils restent sans aliment sur le papier.

On leur distribue alors trente livres de feuille coupée grossièrement. Avec cette feuille, il faut remplir les intervalles qu'il y a entre les petits rameaux, et donner aux bandes qui occupent le milieu des claies, l'ordre qui convient, en faisant rentrer, avec le petit balai, la feuille qui dépasse la ligne latérale.

Après ce second repas, on voit que les *vers* qui avant étaient amoncelés çà et là sur les petits rameaux dépouillés, s'étendent avec égalité.

Les autres trente livres de feuille ne doivent se distribuer que lorsque la nourriture du second repas est entièrement consommée. Si on n'employait pas tous les petits rameaux, et s'il restait de la feuille réservée pour ce jour-là, on la garderait pour le jour suivant.

Quoiqu'on ne soit pas dans l'usage de donner la feuille coupée dans le quatrième âge, j'ai cependant trouvé très-avantageux de la faire distribuer coupée grossièrement, non seulement le premier jour, mais aussi le second et le troisième.

J'ai déjà dit plus haut, que, lorsque les *vers* sortent de mue, ils sont faibles et ne mangent pas avec beaucoup d'appétit. La feuille récente, coupée grossièrement, exhale plus d'odeur, les stimule et les invite à manger ; d'ailleurs, les bords coupés leur présentent plus de facilité pour manger.

On doit placer sur une claie séparée les *vers* levés les derniers de la litière, ainsi que je l'ai dit pour la seconde mue.

A la fin de ce premier jour, les *vers* commencent à montrer de la vigueur ; ils vont vite à la feuille, ils grossissent sensiblement, ils perdent leur vilaine couleur, blanchissent un peu, et commencent à prendre un mouvement d'animal un peu décidé.

Lorsque le petit atelier est entièrement dégagé des *vers*-à-soie, il faut nettoyer les claies sur lesquelles ils étaient.

On doit faire cette opération promptement, si on y remet encore des *vers*. On roule, comme je l'ai déjà dit plusieurs fois, les litières avec le papier sur lequel elles sont, et on les sort de suite de la chambre. Si on ne veut pas remettre des *vers*-à-soie dans cette chambre, on peut nettoyer les claies sans se presser.

Dans le troisième âge, on a mis sur les claies à peu près 300 livres de feuille mondée. Tout ce qu'on a enlevé ne pesait qu'à peu près 93 livres; par conséquent, 207 livres de substance ont servi à faire croître ces insectes ou se sont perdues en vapeur. Les excrémens des *vers* dans cet âge pèsent à peu près 18 livres.

SECOND JOUR DU QUATRIEME AGE,

Dix-septième de l'éducation des Vers-à-soie.

Il faut, pour ce jour-là, 165 livres de feuille mondée et coupée grossièrement.

Les deux premiers repas doivent être les plus petits; le dernier des quatre doit être le plus grand.

Les *vers* grossissent considérablement, et leur peau continue toujours à devenir plus blanche.

En donnant la feuille, on doit continuer à élargir l'espace que les *vers* occupent.

TROISIEME JOUR DU QUATRIEME AGE,

Dix-huitième de l'éducation des Vers-à-soie.

Pour ce jour-là il faut 225 livres de feuille mondée et coupée grossièrement.

Les deux premiers repas doivent être les moindres ; le dernier des quatre doit être d'à peu près 75 livres.

QUATRIÈME JOUR DU QUATRIÈME AGE,

Dix-neuvième de l'éducation des Vers-à-soie.

Il faut 255 livres de feuille mondée et non coupée pour ce jour-là.

Les trois premiers repas doivent être d'à peu près 75 livres chacun ; le quatrième de 45 livres seulement. Les *vers* blanchissent encore, et dans ce moment ils ont plus d'un pouce et demi de longueur.

CINQUIÈME JOUR DU QUATRIÈME AGE,

Vingtième de l'éducation des Vers-à-soie.

Il ne faut qu'à peu près 128 livres de feuille mondée ce jour-là, parce que l'appétit des *vers* diminue beaucoup.

Le premier repas doit être le plus grand.

Une grande partie des *vers* s'endort dans cette journée.

On ne doit distribuer la feuille qu'en proportion du besoin, et seulement sur les claies où on aperçoit des *vers* encore éveillés, afin de ne pas la distribuer inutilement. On voit ce jour‑là des *vers*‑à‑soie de vingt lignes de longueur.

SIXIÈME JOUR DU QUATRIÈME AGE,

Vingt-unième de l'éducation des Vers-à-soie.

Il ne faut ce jour-là qu'à peu près trente livres de feuille mondée.

Il est facile de s'apercevoir où et dans quelle quantité elle doit être distribuée.

Depuis hier les *vers* ont commencé à se rapetisser , parce qu'ils se sont vidés avant de s'assoupir.

La couleur verdâtre de leurs anneaux a disparu , et leur peau semble toute ridée.

SEPTIÈME JOUR DU QUATRIÈME AGE,

Vingt-deuxième de l'éducation des Vers-à-soie.

Les *vers* s'éveillent dans cette journée et accomplissent leur quatrième âge.

En nous résumant , faisons les observations suivantes :

Dans sept jours à peu près , les *vers-à-soie* ont accompli la quatrième mue.

Ils ont consommé pendant tout ce temps 900 livres de feuille mondée, et si nous ajoutons à ce poids 135 livres d'épluchures , nous aurons un poids total de 1035 livres de feuille , qui , partagé en cinq parties , donnera 207 livres de feuille par once d'œufs.

Ce n'est pas ici le lieu de parler de la diminution en poids que subit la feuille par l'évaporation de l'humidité, depuis le moment qu'on
la cueille jusqu'à celui qu'on la pèse, et qu'on
la met sur les claies. Dans la suite nous parlerons de cette diminution. (Chap. XIV.)

Dans les sept jours du quatrième âge, les
vers-à-soie qui avaient avant à peu près un
pouce de longueur, ont grandi d'un demi-pouce.

Dans ce temps, ils ont augmenté de plus de
quatre fois leur poids.

Après la troisième mue, 144 de ces insectes
pesaient une once, maintenant il n'en faut que 35.

Au sortir de cette mue, ils sont d'une couleur
plus foncée ; elle est grisâtre, s'approchant du
roussâtre.

Pendant cet âge, il faut allumer de petits
copeaux trois ou quatre fois par jour, dans les
cheminées pratiquées aux angles de la chambre ;
on peut aussi employer de la paille sèche,
parce qu'on ne doit avoir d'autres vues, que
d'agiter l'air par le moyen de beaucoup de
flamme, et d'augmenter momentanément la
clarté de la chambre, sans intention de la réchauffer. Lorsqu'il s'agit d'établir un degré de
chaleur constant dans l'atelier, on emploie les
poiles, ou on brûle du gros bois dans les
cheminées.

Lorsqu'on brûle les copeaux ou la paille, il

faut laisser ouverts, au moins les soupiraux supérieurs ou ceux du pavé, afin que l'air s'agite doucement par-tout.

Si la température du dehors n'est pas froide, et qu'il ne fasse pas du vent, on peut aussi ouvrir les portes et les fenêtres. Lorsque la température intérieure s'est abaissée d'à peu près un demi-degré par l'introduction de l'air extérieur, il faut fermer les portes et les fenêtres; on laisse les soupiraux ouverts, de cette manière la température remonte.

Ceux qui, au lieu de battans, ont aux fenêtres, des jalousies ou des grilles, doivent ouvrir les vitres pour laisser entrer l'air.

On doit observer constamment que ceux qui restent dans l'atelier, respirent avec la même facilité que s'ils étaient au grand air; ils ne doivent reconnaître d'autre différence, que celle qu'il peut y avoir entre la température intérieure et l'extérieure.

D'après cela, si l'on s'aperçoit, par la respiration, que l'air intérieur devient un peu pesant, il faut de suite faire faire de la flamme pour renouveler l'air, ce qui se fait dans un moment.

Dans mes ateliers, l'air intérieur est plus agréable à l'odorat que l'extérieur, à cause de la bonne odeur que répand la feuille.

En procédant, comme je l'ai déjà expliqué,

les *vers*-à-soie respirent continuellement un air suffisamment sec et pur qui les rend vigoureux.

Nous verrons au chapitre XIII, que la construction des ateliers doit être telle, qu'on puisse facilement et promptement prévoir et porter remède à tout ce qui peut contrarier les opérations.

CHAPITRE VII.

De l'Éducation des Vers-à-soie *dans la première période du cinquième âge, c'est-à-dire, jusqu'au moment qu'ils se disposent à monter.*

Le cinquième âge des *vers*-à-soie est le plus long et le plus décisif; il exige autant les lumières de l'homme instruit, que les soins de l'homme exercé, parce que l'art d'élever ces *vers*, ne peut, comme tant d'autres, faire des pas rapides et sûrs vers son perfectionnement, sans l'application des sciences physiques.

Je n'entends cependant pas donner ici des leçons scientifiques, mais chercher à rendre populaires quelques vérités dont l'éducateur qui a du jugement, peut facilement faire lui-même l'application, pour se garantir, dans tous les cas, des pertes que l'homme le plus exercé dans cet art ne pourrait être sûr d'éviter.

En conséquence, avant de reprendre et de continuer la description des soins journaliers des *vers*-à-soie, je vais faire ici quelques observations.

Si les *vers*-à-soie meurent dans le premier âge, la perte est petite, parce que la dépense cesse bientôt, et qu'on peut vendre la feuille qu'on avait gardée : si, au contraire, ils meurent dans le cinquième âge, la perte est considérable, parce qu'il y a déjà eu beaucoup de feuille consommée, qu'on a payé des journées d'ouvrier, et qu'on a fait d'autres dépenses : d'ailleurs, on voit s'évanouir l'espoir d'un gain sur lequel on avait eu plus ou moins besoin de compter.

Il s'agit donc de bien connaître quelle est la condition des *vers* dans le cinquième âge, pour savoir comment on doit se conduire pour les conserver sains et vigoureux, malgré toutes les contrariétés, soit de l'atmosphère, soit produites par d'autres causes.

A mesure que, dans le cinquième âge, les *vers* grossissent, il se déclare contre eux trois ennemis qui, selon qu'ils sont plus ou moins forts et réunis dans l'atelier, peuvent les affaiblir de manière à les faire périr promptement.

Ces ennemis sont :

1.º La presque incroyable quantité de vapeur aqueuse qui se dégage chaque jour de ces insectes, par la transpiration et par l'évapo-

10

ration de la feuille qu'on leur distribue. (Chap. XIV.)

2.° Les émanations méphitiques et mortelles qui se dégagent chaque jour de ces *vers*, de leurs excrémens, de la feuille et de ses restes (1).

---

(1) On sera surpris d'apprendre combien est grande la quantité d'air méphitique non propre à la respiration, et par conséquent mortelle, qui se dégage, particulièrement dans le cinquième âge des *vers-à-soie*, dans un atelier capable de contenir la quantité de ces insectes provenant seulement de cinq onces d'œufs.

Qu'on mette une once de fumier pris de dessus les claies, dans une bouteille qui puisse contenir une livre et demie d'eau ; qu'on bouche hermétiquement cette bouteille ; six ou huit heures après, selon le degré de température, l'air respirable que la bouteille contenait s'est vicié et se trouve converti en un air mortel.

Pour s'en assurer, il suffit d'ouvrir la bouteille, et d'y placer de suite un petit oiseau ; il tombera aussitôt en asphyxie, et mourra si on l'y laisse quelques momens. Si, au lieu d'un petit oiseau, on y introduit une petite bougie allumée, elle s'éteint. Ces phénomènes n'auraient pas eu lieu, si on avait fait ces expériences avec une bouteille dans laquelle il n'y aurait eu que de l'air atmosphérique.

D'après cela il est clair que, lorsque, dans le cinquième âge, l'atelier dont j'ai parlé plus haut contient 1200 liv. et plus de fumier, cette quantité peut vicier, chaque huit heures à peu près, un volume d'air égal à celui que peuvent contenir 16,800 pintes de Paris, c'est-à-dire, des bouteilles de deux livres, et dans un jour

3.º La qualité humide et chaude de l'air atmosphérique , ainsi que la chaleur étouffée de l'atelier pendant le cinquième âge.

Ces trois ennemis nuisent aux *vers-à-soie* de trois manières :

1.º Si les vapeurs aqueuses, produites par la feuille et par la transpiration de l'insecte , sont accumulées dans l'atelier , elles tendent sans cesse à relâcher la peau du *ver* ; cet organe, perdant alors une partie de son élasticité , met l'insecte dans un état de torpeur , fait diminuer son appétit, altère le mouvement de ses organes sécréteurs , et le dispose à des maladies de divers genres, et même à la mort. (Chap. XII.)

2.º Les émanations méphitiques qui se dégagent du corps de l'insecte et de la feuille, rendent la respiration difficile , diminuent et détruisent même l'excitabilité , et produisent aussi des maladies et même la mort.

3.º L'humidité et la stagnation naturelle de l'air atmosphérique , augmentée par l'humidité de l'atelier , provoquent une grande fermen-

---

cette quantité de fumier en vicierait un volume de 5o,4oo pintes.

Ayant ainsi fait connaître la quantité d'air vicié que le fumier donne dans l'atelier, on sentira combien il est nécessaire de s'en délivrer à mesure qu'il se dégage , en le renouvelant continuellement et doucement.

tation dans le fumier, et conséquemment un dégagement de chaleur qui, faisant perdre à l'air son élasticité, le rend meurtrier au point de détruire entièrement les vers dans peu d'heures (11).

---

(11) Il est une autre cause de maladie et de mort dont l'auteur ne fait pas mention, et qu'on trouve expliquée avec détail dans le cours d'agriculture rédigé par M. l'abbé Rozier. Voici comment s'exprime, à ce sujet, l'auteur de l'article qui traite des *vers-à-soie* :

« L'air méphitique n'est pas la seule cause de la mort prompte des *vers*; l'électricité atmosphérique y contribue au moins autant, et de la même manière qu'elle concourt à faire tourner le lait, et à la prompte et étonnante putréfaction des corps animalisés, sur-tout du poisson de mer. Quoi qu'il en soit de cette opinion, voici un fait qui prouve la justesse de son application sur les *vers-à-soie*. »

« Une année, je disposai des fils de fer assez minces le long des quatre tablettes réunies par leurs supports; ces mêmes fils de fer furent prolongés sur toute la longueur des supports; enfin, tous réunis par le bas et sur le carreau de la chambre, ils traversaient le mur et allaient se plonger dans une citerne pleine d'eau. Les autres tablettes de l'atelier ne furent pas ainsi armées de conducteurs électriques. La saison fut parfois orageuse, cependant exempte de ces grandes chaleurs suffocantes qu'on éprouve quelquefois. La litière de toutes les tablettes de l'atelier était changée aussi souvent que je l'ai conseillé; ainsi toutes les circonstances furent égales. Je ne crains pas de certifier que, sur toutes les tablettes armées de conducteurs, les *vers-à-soie* furent constam-

A ces causes de maladies promptes, souvent
il s'en joint une autre qui provient de ce qu'on

---

ment plus alertes, plus sains, que sur toutes les autres ;
enfin, que les tablettes non armées, voisines de celles
qui l'étaient, se ressentirent un peu du bienfait des conducteurs. Après cela, sera-t-on étonné que l'observation
ait engagé les paysans à armer, avec de la vieille fé-
raille, le dessous des nids où les poules doivent couver ?
De graves auteurs ont traité cette pratique de puérilité ;
avant de la condamner, il convenait d'avoir suivi l'expérience. »

On ne peut douter que l'impression trop forte du
fluide électrique sur les *vers-à-soie*, dans certaines
variations atmosphériques, ne puisse rendre malades et
frapper même promptement de mort ces insectes.

Il me semble qu'on n'observe pas assez le grand rôle
que joue ce puissant agent dans la nature, et particulièrement sur et dans les corps organisés. Il y a des
rapports entre sa nature et celle de l'élément qui règle
leur vie. On le trouve dans l'intérieur du globe, sur
sa superficie, dans tous les êtres organisés qui l'habitent,
et dans les régions d'air qui l'enveloppent. Une infinité
de phénomènes de géologie, d'histoire naturelle et de
météorologie, dépendent de lui. Les médecins ont observé
ses rapports avec le système nerveux ; ils l'ont considéré comme remède, et en ont fait des applications
tantôt heureuses et tantôt malheureuses, et ces dernières
ont été cause qu'on l'a injustement négligé sous ce rapport. Ma pratique journalière m'a convaincu qu'il doit
être considéré, en médecine, sous un autre aspect non
moins intéressant, qui est le suivant : il y a des substances médicamenteuses qui paraissent éminemment
pourvues de fluide électrique, et d'autres qui, en étant

tient les *vers* trop épais sur les claies, particulièrement dans le dernier âge. Cet insecte ,

---

entièrement privées, ont la faculté de s'emparer d'une
partie de celui de notre corps, lorsqu'elles sont mises en
contact avec lui. Je vois quelquefois disparaître , dans
moins d'une heure, sans aucune évacuation, des douleurs
qu'on nomme vulgairement rhumatismales , par l'application de certains médicamens, soit en frictions, soit en
forme d'emplâtre. Peut-on dire que la douleur venait de
trop d'excitation , et que le remède a produit le relâche-
ment, ou de manque d'excitation , et que le remède l'a
augmentée? Non, puisque toute autre substance relâchante
ou excitante n'a pu produire le même effet. Ce phénomène tient donc à une qualité particulière du remède
appliqué : ou la douleur dépendait d'une trop grande
quantité , sur la partie, d'un fluide subtil , qui ne me
paraît être que l'électrique , et le remède qui avait la
faculté de l'attirer à soi en a délivré cette partie ; ou la
douleur dépendait d'une diminution de ce même fluide
dans cette partie , et alors le remède lui a communiqué
une partie de celui qu'il contenait. Les inductions que
je tire peuvent être très - hypothétiques, mais les faits
sont certains, et il n'est pas de praticien observateur
qui ne puisse reconnaître qu'en faisant appliquer, par
exemple, l'emplâtre de cantharides comme rubéfiant sur
une partie douloureuse , la douleur disparaît quelquefois une heure après l'application ; et qu'en faisant faire
des frictions avec une préparation de cantharides , il
n'ait obtenu le même phénomène ; comme aussi en
faisant des frictions sèches, soit avec une pièce de laine ,
soit avec une brosse. Les cantharides doivent être très-
électriques. Il est à désirer qu'on fasse des expériences
pour connaître le degré d'électricité de toutes les subs-

ainsi que je l'ai déjà dit , ne respire pas par la bouche comme nous , mais bien par les petits trous qui sont tout près de ses pattes , et qu'on nomme stigmates. (Chap. II.) Ces vaisseaux respiratoires sont presque tout-à-fait couverts ou bouchés , lorsque les *vers* sont si épais qu'ils se trouvent l'un sur l'autre , ce qui rend leur respiration très-difficile : la transpiration diminue-t-elle aussi , au grand désavantage de ces insectes. (Chap. XII.)

Si on ne reconnaît pas bientôt ces causes de maladies , et si on ne les combat pas de suite , on voit au moment où on avait les meilleures espérances , l'entière récolte se détruire : nous en avons malheureusement trop de preuves tous les ans , et dans tous les pays.

Il est donc essentiel de bien connaître tout ce qui peut indiquer les maladies des *vers*-à-soie ; et , lorsqu'on les découvre , de savoir comment il faut les détruire , ou au moins en arrêter les progrès. J'oserais promettre qu'on ne verra jamais paraître aucune de ces causes , si on suit

---

tances simples et composées employées comme remède. Je suis persuadé que de telles données seraient très-avantageuses dans la pratique médicale.

On me reprochera peut-être que ces réflexions sont étrangères au texte , mais mon excuse est dans ma profession.　　　　　*Le Traducteur.*

exactement tout ce que je vais prescrire pour le cinquième âge.

Dans ce chapitre, je parlerai :

1.º De l'hygromètre ou baromètre, instrument avec lequel on mesure les degrés d'humidité de l'air dans l'atelier.

2.º De la bouteille pour purifier l'air, et pour dessécher les substances excrémentitielles qui sont sur les claies.

3.º De la manière de sécher facilement les feuilles, dans les temps continuellement pluvieux.

4.º De l'éducation des *vers-à-soie*, jusqu'à l'approche de leur maturité.

§. I.

De la Nécessité du Baromètre pour mesurer les degrés d'humidité de l'air dans l'atelier.

Nous sommes toujours entourés de corps qui tantôt attirent l'eau contenue dans l'air atmosphérique, et tantôt lui en donnent : ce phénomène se passe continuellement sous nos yeux.

Nous voyons souvent, par exemple, que le sel qu'on nous présente sur la table est plus ou moins humide selon l'état de l'atmosphère, c'est-à-dire, selon qu'il a attiré à lui de l'eau contenue dans l'air, ou qu'il lui en a rendu.

C'est pour cela que nous disons souvent : *le temps est humide aujourd'hui.*

L'air atmosphérique est, en général, sec lorsqu'il souffle des vents du nord, et humide, lorsqu'ils sont du midi.

Les physiciens ont cru utile d'inventer des instrumens propres à mesurer la quantité d'humidité que peut contenir l'air dans quelque circonstance que ce soit, se servant, pour les construire, de corps qui attirent l'humidité de l'air facilement et par gradation, et qui la rendent à l'atmosphère toutes les fois qu'elle est sèche.

Ces corps, qui s'allongent en recevant de l'humidité, et se raccourcissent en la perdant, placés comme il convient, dans certains instrumens, montrent, par degrés, la quantité d'humidité qu'ils perdent ou qu'ils reçoivent. Ces petites machines s'appellent *hygromètres* ou *hygroscopes*, c'est-à-dire, *mesureurs* ou *indicateurs* de l'humidité.

Comme on a observé qu'en général l'air sec s'accompagne du beau temps, l'hygromètre sert aussi, dans beaucoup de lieux, à prédire le temps pluvieux ou serein.

Je ne m'étendrai pas davantage sur les particularités de l'hygromètre, et sur les corps avec lesquels on peut le former. Je dirai seulement, que, de quelque manière que cet instrument soit fait , il sert beaucoup pour les *vers-à-soie* , et que par - tout les marchands de baromètres en vendent.

En plaçant cet instrument dans l'atelier , l'homme le moins éclairé peut connaître facilement lorsque l'air est trop humide , et y remédier de suite, en employant les moyens que j'ai déjà indiqués plusieurs fois pour faire sortir l'air pesant contenu dans l'atelier, et le faire remplacer par celui du dehors, qui ne peut être jamais aussi humide.

Il serait avantageux qu'il y eût deux hygromètres dans un grand atelier, placés à une certaine distance l'un de l'autre, afin de mieux connaître dans quel état d'humidité sont les divers points de la chambre.

Il y a des hygromètres auxquels se trouve réuni le thermomètre (12). Si on ne veut pas faire la dépense des hygromètres , et qu'on se

---

(12) M. le Chanoine Bellani , savant physicien , résidant à Monza , dont j'ai parlé dans la 2.e note , fabrique aussi de ces instrumens.

Ces instrumens sont si bien faits, qu'il n'y a personne qui ne puisse , au premier coup-d'œil , comprendre tout ce qu'ils expliquent.

L'hygromètre , uni au thermomètre à mercure , ne coûte que 9 fr. 50 cent.

Je ne saurais assez recommander à ceux qui s'occupent de l'art d'élever les *vers-à-soie* , de se servir de ce

contente de moins d'exactitude pour un objet
qui est cependant bien important, on peut au
moins employer le sel de cuisine grossièrement
pilé et mis sur un plat.

Lorsque l'hygromètre indique un état très-
humide de l'air , ou lorsque le sel paraît humide, on doit faire brûler des copeaux ou de

---

précieux instrument , qui indique , avec beaucoup de
facilité, l'existence d'un des plus puissans ennemis des
vers dans l'atelier.

Je désire qu'on ne pense pas que je propose trop d'ustensiles ou d'instrumens. Je crois de n'avoir choisi que
ceux qui sont de pure nécessité pour assurer la réussite
des *vers*.

Sans les instrumens que je propose , on ne pourrait ,
par exemple , distinguer dans un atelier :

1.º Que la température est non-seulement plus basse
près des ouvertures, et plus haute près des poiles et cheminées, mais qu'elle est aussi plus basse autour des claies
qui sont près du pavé , qu'autour de celles qui sont au-
dessus.

2.º Que la température dans l'atelier est moins exposée
aux variations dans les parties supérieures que dans les
inférieures ; ce qui fait que généralement les *vers* réussissent mieux sur les tables supérieures que sur les inférieures.

3.º Que l'humidité prédomine presque toujours plus
dans les parties inférieures que dans les supérieures.

4.º Que l'air se renouvelle plus difficilement dans les
angles de l'atelier , lorsqu'il n'y a pas de cheminées , que
dans aucune autre partie.

la paille (chap. VI.) dans les cheminées, afin d'absorber tout l'air humide, et de le faire remplacer par l'air extérieur, qui se sèche aussi par cette même flamme. Je dis flamme, et non feu de gros bois, pour deux motifs.

Le premier est qu'en brûlant, par exemple, deux livres de copeaux ou de paille sèche et éparpillée, on attire promptement, de tous les points de la chambre vers les cheminées, une grande quantité d'air qui sort par le tuyau de ces cheminées. En même temps, cet air est remplacé par une autre grande quantité d'air extérieur qui se répand sur toutes les claies et restaure les *vers* exténués. Ce renouvellement d'air a lieu sans qu'il y ait une grande variation

---

5.° Que les *vers*-à-soie et les cocons réussissent constamment mieux dans les parties de l'atelier où le mouvement de l'air est continuel, bien réglé et lent.

6.° Que, finalement, sans les instrumens ci-dessus indiqués, il dépendrait de ceux qui servent dans l'atelier, ainsi que je l'ai déjà dit à la 2.ᵉ note, de cacher au maître le degré de chaleur trop grand ou trop petit auquel ils auraient, par négligence, exposé l'atelier.

Toutes ces connaissances me paraissent bien précieuses, et donnent un caractère de précision et d'exactitude à l'art d'élever les *vers*-à-soie, qu'on n'avait jamais vu. Il y a beaucoup d'autres arts basés sur des données bien plus simples et plus indépendantes du concours des causes accidentelles auquel est sujet celui dont je traite, qui ne sont pas portés à ce degré d'exactitude.

dans les degrés de chaleur de l'atelier. Si , au
contraire , on employait du gros bois , il faudrait beaucoup de temps pour mouvoir l'air intérieur ; on consumerait dix fois plus de bois ,
et on échaufferait trop la chambre. Le mouvement de l'air dans l'atelier est , à circonstances
égales , d'autant plus grand qu'est grande la
flamme des corps qu'on fait brûler promptement.

Ceux qui n'ont ni copeaux , ni paille sèche ,
peuvent employer d'autre petit bois sec et léger.

Aussitôt que la flamme s'élève , on voit que
l'hygromètre annonce que l'air s'est un peu
séché , et on en distingue même les degrés.

Le second motif qui doit faire préférer la
flamme , est la grande quantité de lumière qui
se dégage des corps légers et secs enflammés.
On ne peut s'imaginer combien est utile cette
lumière vivifiante qui se répand par-tout , et
combien elle influe sur la santé et l'accroissement des *vers*-à-soie. Nous – mêmes quelquefois, étant saisis par le froid , ou fatigués et
suans , nous nous sentons restaurés par la
grande lumière que le feu nous réfléchit et qui
nous pénètre. La chaleur du feu sans flamme
ne produit jamais cet effet.

Concluons donc , que le feu de gros bois ou
de poile est toujours utile lorsqu'il est question
de maintenir stable la température dans un atelier, et que l'air n'y est pas trop humide ; mais

qu'il faut se servir de la flamme si on veut chasser l'air chargé de trop d'humidité, et le remplacer promptement par l'air extérieur. Quand je parlerai en particulier de l'atelier, je m'expliquerai davantage sur ce sujet. (Chap. XIII.)

Jusqu'à présent j'ai parlé de l'humidité qui se dégage dans l'atelier, et dont nous ferons ailleurs un calcul approximatif (Chap. VIII, §. VII); et je n'ai encore rien dit de celle dont l'atmosphère est souvent chargée.

Un thermomètre placé dans une chambre contiguë ou au-dehors, indiquera l'état de l'atmosphère. S'il est humide, il s'en suivra que cette humidité augmentera celle qui existe dans l'atelier, et qu'il faudra faire plus fréquemment de la flamme pour y maintenir un air plus sec que celui de dehors. Dans le cas d'humidité de l'atmosphère, il faut faire souvent de petits feux, afin de ne pas communiquer un grand mouvement à l'air extérieur, et de conserver seulement une agitation douce et graduée à l'air intérieur, ce qui est très-avantageux aux *vers*-à-soie. En conservant toujours un peu de mouvement à l'air intérieur, on obtient le même effet que s'il était plus sec. Il se charge difficilement d'une quantité d'humidité qui empêche d'en enlever encore aux corps qui sont soumis à sa puissance, lorsqu'il peut librement circuler et sortir , et qu'il est tenu à une douce température.

Le thermomètre ensuite indiquera si la température de l'atelier n'exige pas que l'on fasse du feu avec du gros bois , pour conserver le degré de chaleur fixé pour cet âge , qui est le plus important.

Dans notre climat, le besoin de l'air humide dans l'atelier ne se présente jamais ; il doit y être toujours sec , afin de pouvoir absorber la grande quantité d'humidité qui se dégage continuellement des *vers* , de la feuille , etc. Le moyen qui indique facilement l'accumulation de l'humidité dans l'atelier, est donc précieux.

S'il souffle des vents du nord dans le temps des *vers*-à-soie , et particulièrement au cinquième âge , il est rare qu'ils ne réussissent pas même entre les mains des gens de la campagne les plus ignorans , parce que l'air sec absorbe la grande humidité qui sort de ces insectes et de la feuille , et l'entraîne au-dehors. Cet air pénètre par-tout, il entre même dans les chambres fermées , et enlève l'humidité de tous les corps, parce qu'il a une grande attraction pour l'eau , ainsi que nous pouvons nous en apercevoir continuellement dans nos habitations. J'ai toujours observé que les grands malheurs qui arrivent aux personnes ignorantes qui élèvent les *vers*-à-soie, ont lieu dans le cinquième âge, à raison de l'air rendu humide par quelque vent du midi , qui devient aisément mortel pour les *vers*. Ces petits insectes se trouvent alors dans un bain de vapeurs chaudes qui les affaiblit de suite, les empêche de transpirer et les fait périr, quoique une heure avant ils parussent être de la meilleure santé , et qu'ils fussent presque près de monter.

Dans les pays élevés où l'air est toujours plus sec et plus agité , on est moins sujet à éprouver les pertes sus-indiquées.

Je finis ce paragraphe, en disant que l'hygromètre avertit celui qui élève les *vers*, toutes les fois que l'atelier est en danger , pour qu'il emploie les soins faciles que le cas peut requérir, afin de le sauver.

§. I I.

De la Bouteille qui purifie l'air de l'atelier.

L'application des sciences physiques à la pratique des arts agronomiques peut contribuer beaucoup, et en peu de temps , à détruire des erreurs invétérées et à procurer des améliorations rapides.

Jusqu'à présent , par exemple , on a cru de purifier l'air intérieur d'un atelier , en brûlant au milieu telle ou telle substance végétale odorante pour obtenir une bonne odeur. On ne

savait pas , qu'au lieu de bonifier l'air **par**
ce moyen , on le rendait sensiblement plus
mauvais.

On a cru à tort que ce qui a lieu journellement au sujet des mauvaises odeurs qui affec-
tent notre odorat, devait avoir lieu également
pour les qualités vicieuses de l'air, qui, en affec-
tant les poumons, ont une grande influence sur
le système général de la vie animale.

La chose est cependant bien différente. En
faisant exhaler une odeur agréable dans une
chambre dont l'air est vicié , on ne fait que
masquer au sens de l'odorat la mauvaise qualité de l'air qu'on respire , mais le poumon n'en
est pas moins affecté. On se trompe donc en
employant de pareils moyens dans la chambre
des *vers* : au lieu de corriger un air nuisible ,
on ne fait que le rendre plus mauvais.

Il serait peut-être utile d'exposer ici certains
principes qui appartiennent plus aux sciences
physiques qu'à l'art dont je traite ; mais je pense
qu'il suffira d'indiquer quelques faits certains et
positifs, desquels la science elle-même a déduit
ces principes.

1.º De quelque manière qu'on brûle un végétal, non dans la cheminée, mais dans le milieu
d'une chambre fermée , et quelle que soit la
bonne odeur qu'il répande en brûlant, il consume une partie de l'air respirable ou vital

11

contenu dans la chambre ; ce qui doit nécessairement le rendre plus mauvais qu'il n'était.

2.º Ce végétal non-seulement consume de l'air,
mais il produit en échange un air méphitique
funeste à la respiration, et qui peut faire périr
dans peu les *vers* qui le respirent.

3.º Le vinaigre même qu'on verse sur des
corps embrasés, se décompose, et répand une
quantité d'air méphitique qui augmente celui
qui existait dans l'atelier.

Les inconvéniens dont je viens de parler sont
quelquefois par hasard mitigés par le concours
de trois circonstances différentes.

1.º Quelquefois on brûle les plantes odorantes
dans la cheminée, au lieu de le faire au milieu
de la chambre. Dans ce cas, l'effet est le même
que celui qui a lieu quand on fait produire de
la flamme.

2.º Quelquefois, en brûlant des végétaux
odorans, on ouvre par-tout : alors le mouvement qui a lieu entre l'air extérieur et intérieur
chasse une partie de l'air vicié de la chambre,
et une partie de celui qu'a produit la combus-
tion ; ce qui diminue le mal qu'auraient éprouvé
les *vers*, si on eût laissé tout fermé.

3.º Quelquefois les corps sur lesquels on verse
le vinaigre ne sont qu'échauffés au lieu d'être
rougis par le feu ; alors le vinaigre ne se décompose pas, et se met seulement en vapeur,

ce qui le rend moins nuisible que les élémens qui le composent.

D'après tout ce que je viens de dire, les éducateurs, voyant quelquefois qu'après ces opérations ces insectes se trouvaient plus stimulés, ont décidé que les moyens employés étaient des remèdes très-utiles. Ils ignoraient que les avantages qu'on reconnaissait, après ces opérations, étaient l'effet d'autres circonstances.

Dans tous les cas, il est certain et constant que les parfums tendent à augmenter la corruption de l'air ; d'ailleurs, lorsqu'un atelier est bien soigné, il a toujours une odeur très-agréable qui émane de la feuille, et il n'a besoin d'autre parfum, que d'être constamment bien tenu.

Je dois aussi parler ici du mal que peut faire la fumée des cheminées, qui se répand souvent dans les ateliers, et qui y reste stagnante.

Lorsque cet inconvénient a lieu, cela dépend ou de la mauvaise construction des cheminées, ou d'un manque de soins dans l'atelier. Il peut se faire que, si la fumée est l'effet d'un désordre entre la correspondance de l'air extérieur et intérieur, elle soit nuisible aux *vers* ; quoique quelquefois ce même désordre, produisant l'agitation de l'air intérieur, puisse, en quelque manière, être utile, sans que celui qui a soin des *vers* en puisse imaginer la raison. Il est ce-

pendant très-certain que, si la fumée se répand
fréquemment dans la chambre, il en peut facilement résulter le danger de voir périr dans un
moment tous les *vers*-à-soie d'un atelier; et
voici de quelle manière cela peut arriver :

Si la fumée a pour cause l'air extérieur chassé
avec force du tuyau de la cheminée dans l'atelier;
et, si cet air, déjà méphitique, s'échauffe en
descendant de la cheminée par le feu qu'on y
fait, il peut, s'il ne sort pas promptement,
occasioner, dans un instant, la suffocation et la
mort des *vers*, sur-tout s'il se trouve de l'humidité dans l'atelier, ce qui a malheureusement
trop souvent lieu.

Une autre cause de la corruption de l'air des
ateliers, est l'obscurité dans laquelle ils sont en
général. Plus l'obscurité est grande, plus il se
dégage d'air mortel de la feuille de mûrier,
comme cela aurait également lieu de tous les
végétaux.

S'il ne devait pas résulter d'autres inconvéniens de tenir toujours les *vers*-à-soie au soleil,
lorsqu'ils mangent, ils se trouveraient au milieu
de l'air vital, parce que la feuille qui, placée à
l'ombre et à l'obscurité, exhale un air mortel,
dégagerait l'air le plus pur qui existe, jusqu'à
ce qu'elle serait presque sèche ou mangée (13).

_____

(13) Il y a, dans l'ordre de la nature, un fait constant très-
surprenant : lorsque les feuilles des végétaux sont frappées

A l'inconvénient que produit l'obscurité, en
viciant l'air des ateliers, il faut ajouter celui

---

par les rayons solaires, elles dégagent une quantité immense d'air vital qui est nécessaire à la vie des animaux,
et qu'ils consomment continuellement par la respiration.

Ces mêmes feuilles, placées à l'ombre ou dans les té-
nèbres, dégagent une quantité immense d'air fixe ou méphitique qui ne peut servir à la respiration, et au milieu
duquel tous les animaux périraient.

Cette divine influence de la lumière ne cesse pas,
même lorsque les feuilles sont cueillies depuis peu ; au
contraire, la feuille cueillie, mise dans l'obscurité, dégage une plus grande quantité d'air méphitique.

Qu'on place une once de feuilles fraîches de mûrier
dans une bouteille à goulot large, de la grandeur d'une
pinte de Paris, et bien fermée ; qu'on expose ensuite
cette bouteille aux rayons solaires : au bout d'une heure
ou à peu près, selon la force du soleil, on s'apercevra, en
renversant la bouteille et en y introduisant une bougie
allumée, que la flamme deviendra plus vive, plus
blanche, et qu'elle s'agrandira. Cela prouve que l'air vital
qu'il y avait dans la bouteille, a été augmenté par celui
qui s'est dégagé des feuilles. Pour mieux reconnaître ce
phénomène, on peut en même temps introduire la bougie
allumée dans une autre bouteille égale, qui ne contienne
que l'air qui s'y est introduit en la laissant débouchée.

Peu de temps après l'expérience, on verra de l'eau
dans la bouteille où étaient les feuilles de mûrier : cette
eau s'est dégagée de la feuille par le moyen de la chaleur ;
et, après s'être attachée aux parois de la bouteille, elle
est tombée au fond par l'effet du refroidissement. La
feuille qui était dans la bouteille, se trouve plus ou moins
flétrie ou sèche, selon la quantité d'eau qu'elle a perdue.

que causent aussi les lumières qu'on y emploie
pour y voir.

Qu'on mette en même temps dans une bouteille égale à
l'autre, et bouchée comme elle, une autre once de
feuilles, et qu'on la place à l'ombre, soit dans quelque
caisse, soit en l'enveloppant de pièces, de manière à ce
qu'elle se trouve parfaitement au milieu des ténébres :
deux heures après, selon le degré de température, si on
ouvre la bouteille, et qu'on y plonge une bougie allumée
ou un petit oiseau, on verra bientôt la bougie s'éteindre,
et l'oiseau périr, comme si l'un et l'autre eussent été
plongés dans l'eau. Ceci prouve que la feuille a dégagé,
à l'ombre, de l'air méphitique ; tandis qu'au soleil, elle
a dégagé de l'air vital.

Je pense qu'il n'est pas nécessaire de faire le calcul
précis des degrés de dégénération de l'air, causés par les
végétaux exposés à plus ou moins d'obscurité. Les deux
extrêmes dont je viens de donner un exemple, en fournissent une idée suffisante.

Ce que je viens d'exposer fait voir, à l'évidence,
combien est erronée et nuisible la manière de voir de
ceux qui tiennent les ateliers dans l'obscurité, et combien
d'inconvéniens graves il peut en résulter.

D'ailleurs, la lumière tend, pour ainsi dire, à volatiliser
la vapeur aqueuse avec laquelle elle se trouve en contact :
il n'y a donc pas de doute, qu'à circonstances égales, l'air
d'un atelier bien éclairé ne soit plus sec que celui d'un
atelier qui l'est peu.

Il y a beaucoup de personnes qui croient que la lumière
nuit aux *vers-à-soie*. Il est certain que, dans les climats
qui leur sont originaires, elle ne leur est pas nuisible,
quoiqu'ils s'y trouvent exposés par beaucoup de circonstances. Il n'est pas d'ailleurs ici question de mettre les

Cette série de causes d'altération de l'air intérieur que doivent respirer les *vers-à-soie*, peut
être appelée une presque continuelle conjuration
contre leur santé et leur vie ; et, s'ils y résistent et ne succombent pas plus qu'on ne le voit,
cela prouve bien qu'ils ont une grande force de
tempérament.

Parlons maintenant du remède propre, en
même temps, à purifier l'air intérieur de l'atelier,
à neutraliser ou à détruire, en partie, le venin
qui émane des substances fermentées qui sont
sur les claies, et à produire une espèce de dessèchement de celles qui se disposent à fermenter,

---

vers au soleil, mais bien de rendre leurs habitations
éclairées comme les nôtres.

Il m'a paru constamment que, du côté où la lumière
donne plus directement sur les claies, les *vers-à-soie*
étaient en plus grand nombre et plus vigoureux, qu'aux
endroits où les bords des claies faisaient ombrage, et
s'opposaient au cours direct de la lumière : motif pour
lequel je tiens bas les bords des claies ; tout le monde
peut facilement faire la même observation. J'ai vu plusieurs fois des rayons solaires frapper directement les
vers, et je ne me suis jamais aperçu qu'ils s'en in-
quiétassent. Si les rayons avaient été trop chauds, et
qu'ils eussent dardé trop long-temps, les *vers* en auraient
peut-être été incommodés, mais cela ne pouvait pas
avoir lieu.

Je n'entends pas proposer de mettre les *vers-à-soie* au
soleil, mais seulement montrer que l'air se vicie davantage, et qu'il y a plus d'humidité dans un atelier obscur.

âfin de diminuer la quantité de leurs émanations,
et de les rendre moins nuisibles.

Je commence par observer que ce remède ne
coûte, pour chaque atelier de cinq onces d'œufs,
qu'à peu près trente sous.

On prendra six onces de muriate de soude
presque en poudre (sel commun) qui coûtent
moins de deux sous ; on les mêle bien avec trois
onces de poudre d'oxide noir de manganèse
(manganèse), qu'on vend ordinairement un sou
et demi l'once ; on met ce mélange dans une
bouteille de verre noir, et on y ajoute à peu
près deux onces d'eau commune : on bouche
cette bouteille avec un bon bouchon de liége,
de manière à ce qu'il en reste dehors suffisante
quantité pour pouvoir l'ouvrir.

On doit tenir cette bouteille dans un point de
l'atelier, éloigné du poile et des cheminées. On
met dans une autre petite bouteille quelconque,
une livre et demie d'acide sulfurique, vulgairement appelé huile de vitriol (qui coûte ordinairement vingt-quatre sous à Milan) et qu'on
peut trouver chez les apothicaires, et on tient
cette bouteille près de la première. On doit aussi
avoir prêt un petit verre à liqueur ou une cuiller
de fer.

On emploîra ce remède, toutes les fois qu'en
entrant dans l'atelier, on sentira que l'air n'est
pas aussi agréable à l'odorat qu'à l'ordinaire,

et que la respiration est gênée. Cela peut avoir
lieu : 1.° lorsqu'on enlève la litière des *vers*, particulièrement dans le cinquième âge : 2.° lorsque,
dans les temps humides, l'air de l'atelier se conserve humide, malgré la flamme qu'on y fait,
ce qui rend plus prompte la fermentation des
matières qui sont sur les claies.

Voici maintenant comment on doit employer
le remède décrit ci-dessus.

On remplit le petit verre à liqueur, ou les deux
tiers de la cuiller, d'huile de vitriol, qu'on verse
dans la grande bouteille : il se dégage bientôt
une vapeur blanche. On promène de suite cette
bouteille dans tout l'atelier, la tenant élevée,
afin que la vapeur se répande bien par-tout.

Lorsqu'il ne sort plus de vapeur, ce qui arrive
dans deux ou trois minutes, il faut boucher de
nouveau la bouteille et la remettre où elle était.

Quand on ne sentirait aucune différence entre
l'air extérieur et intérieur, pendant le 5.° âge,
il est bon de répéter cette fumigation deux ou
ou trois fois par jour, de la manière ci-dessus
indiquée.

En répétant la fumigation, on peut diminuer
la dose d'huile de vitriol qu'on verse dans la bouteille : la quantité d'ingrédiens indiquée suffit
pour chaque atelier de cinq onces d'œufs.

On peut laisser la bouteille ouverte une ou
deux heures, dans les derniers trois ou quatre

joùrs dù cinquième âge , ayant soin de la placer tantôt d'un côté et tantôt de l'autre , et même sur les angles des claies, afin d'étendre mieux la vapeur.

L'usage de cette fumigation peut être utile aussi sur la fin dü quatrième âge , si on s'apercevait que l'air intérieur ne fût pas pur. Je n'en ai cependant jamais eu besoin qu'après le quatrième âge , c'est-à-dire , au commencement du cinqûième.

Je me sers d'un appareil pour les fumigations qui est beaucoup plus commode que la bouteille ; et que je décrirai lorsque je parlerai de l'atelier (*fig*. 23.) , et des ùstensiles. (Chap. XIII.)

S'il y a plusieurs petites cheminées dans l'atelier, et qu'on y fasse fréquemment de la flamme pour agiter, comme je l'ai dit, l'air intérieur, on n'a pas alors autant besoin de fumigations.

J'observe qu'il ne faut pas laisser tomber de cette huile de vitriol sur la peau , ni sur les habits , parce qu'elle brûle : on doit avoir l'attention de tenir la bouteille , lorsqu'elle est ouverte , plus haut que le nez de la personne , parce que cette vapeur est très-pénétrante , et qu'elle incommoderait beaucoup (14).

_____

(14) Quoiqu'on ait adopté la bouteille qui purifie l'air, composée des ingrédiens que j'ai décrits , et quoique ce soit cette bouteille que mes fermiers emploient , et que je

Si la matière qui est dans la bouteille se
durcit, on y ajoute un peu d'eau, et on
remue avec une petite baguette.

Ce remède si facile à faire, et bien plus puissant que tous les parfums dont on se sert ordinairement, produit dans l'atelier cinq avantages sensibles :

1.º La vapeur qui se répand fait presque de
suite disparaître toutes les odeurs qu'il y avait.

---

leur prépare moi-même, cependant il peut se faire qu'on
ne trouve pas toujours le manganèse, ou qu'on soit embarrassé pour le faire piler. Je propose une autre méthode
plus facile pour obtenir presque le même effet.

Achetez à peu près dix onces de nitrate de potasse
(nitre du commerce); mettez-le dans la bouteille à la
place du sel de cuisine et du manganèse, et agissez
comme pour l'autre procédé : au lieu de dix onces d'huile
de vitriol pour un atelier de cinq onces d'œufs, il suffira
d'en employer à peu près huit onces ; ce remède coûtera
à peu près trente sous.

Il est avantageux que le nitre commun soit, comme il
l'est toujours, très-humide. On peut verser dans la bouteille, toutes les fois qu'on veut faire la fumigation, un
peu moins d'huile de vitriol que la dose indiquée par
l'autre procédé.

Le gaz qui se dégage, a à peu près les mêmes effets
que l'autre ; il est même moins irritant, et serait moins
dangereux à celui qui, par hasard, le respirerait ; sa
composition est de l'air vital et de la vapeur nitreuse.
Il détruit, avec beaucoup d'activité, toutes les émanations animales qui existent dans l'atelier.

2.º Elle affaiblit la fermentation de la litière, et semble en opérer une espèce de dessèchement.

3.º Elle neutralise l'effet de tous les miasmes, et de toutes les émanations vicieuses qui pourraient atteindre la santé des *vers-à-soie*.

4.º Elle anime les *vers*, les stimulant doucement, parce qu'elle est formée en très-grande partie d'air vital pur.

5.º Non-seulement cette vapeur est favorable à la santé des *vers*, mais elle influe sur la bonté des cocons, ainsi que j'en ai fait l'expérience.

Si l'atelier est plus petit, le remède sera en moindre quantité, et coûtera par conséquent moins.

§. I I I.

De la Manière de sécher facilement la feuille, même dans les temps continuellement pluvieux.

Les *vers-à-soie* consomment une si grande quantité de feuille dans le cinquième âge, que, si on ne pense pas à temps à surmonter les inconvéniens que peuvent faire naître les variations de l'atmosphère, on peut se trouver dans l'embarras pour leur donner suffisamment de la feuille sèche.

Quoique ordinairement nous n'ayons pas de longues pluies dans le mois de juin, j'en ai pourtant vu pendant trois jours aux deux tiers de ce mois, en 1813, et au moment de la plus grande consommation de la feuille ; j'ai observé qu'un pareil accident peut occasioner une grande perte, si on ne pense pas à faire sécher la feuille promptement , comme je fus obligé de le faire alors.

Dans les autres âges , on peut en conserver facilement pendant deux ou trois jours ; mais, dans les journées de l'appétit dévorant des *vers*, on est obligé d'employer continuellement beaucoup de bras pour pourvoir au besoin journalier, et c'est alors beaucoup faire lorsqu'on peut cueillir d'avance la feuille pour un jour entier, ainsi que j'ai toujours coutume de faire.

Il y a beaucoup d'ouvrages qui disent que, dans les cas de pluies longues et constantes, on ne peut mieux faire que de couper les petites branches de mûrier, les transporter sur des chars et les suspendre dans les maisons, afin de faire sécher la feuille le mieux possible. Ce sont de ces erreurs qu'un écrivain copie d'un autre, sans penser que c'est une absurdité. Dans un seul jour de grand appétit, les *vers-à-soie* provenant de cinq onces d'œufs, et en bon état, consomment 975 livres de feuille. (§. IV.)

Maintenant, pour obtenir une telle quantité de feuille, il faudrait couper plus de 6000 livres de branches, en supposant qu'on ne couperait que celles des mûriers destinés à être défeuillés cette année.

On pouvait procéder de cette manière dans les temps où, avec une once d'œufs, on n'obtenait que quinze ou vingt livres de cocons, parce que les *vers*-à-soie naissaient en petite quantité ou périssaient dans leurs différens âges; mais cela ne peut se pratiquer de nos jours, puisque avec une once d'œufs on obtient de cent à cent vingt livres de cocons.

On peut couper les petits rameaux lorsqu'il ne faut pas beaucoup de feuille, comme il arrive jusqu'au quatrième âge accompli, ou lorsqu'on n'a à soigner que de petits ateliers.

Outre l'inconvénient d'avoir la feuille mouillée dans les temps pluvieux, il y a celui de voir se mouiller aussi les personnes qui sont sur les arbres pour la cueillir. On doit leur recommander d'avoir des habits prêts pour se changer; elles ont aussi besoin, chaque fois qu'elles se changent, de feu, de vin et d'alimens; autrement on verrait que, pour conserver les *vers*-à-soie, les hommes tomberaient malades.

Pour sécher dans un jour plusieurs centaines de livres de feuille mouillée, j'agis de la manière suivante :

Lorsque la feuille mouillée a été portée à la maison, je la fais étendre sur des pavés de briques; si on n'a pas de ces pavés, on peut la mettre sur le sol qui doit être aussi propre que possible.

Alors, selon la quantité, une ou deux personnes l'étendent avec des fourches de bois, la jettent en l'air et la remuent beaucoup ; ces mouvemens, souvent répétés, font détacher promptement la plus grande partie de l'eau, qui tombe par terre. Si le sol n'est pas de briques et qu'il soit un peu mouillé, on pousse la feuille avec des râteaux sur une autre partie du sol qui soit sèche.

Quoique la feuille semble presqu'entièrement sèche après cette opération, elle contient cependant encore de l'eau dans ses plis et même sur sa superficie.

On prend alors un grand linceul commun, et on met dessus quinze ou vingt livres de feuille ; on le plie en double dans sa longueur, ce qui doit le faire ressembler à un grand sac : deux personnes doivent tenir les deux extrémités, et faire remuer la feuille, la faisant porter d'une extrémité du drap à l'autre, jusqu'à ce qu'on s'est aperçu qu'elle est presque sèche, ce qui a lieu dans peu de minutes. Si on pèse le linceul avant et après l'opération, on trouvera qu'il a augmenté sensiblement en poids par l'eau qu'il a retenue de la feuille.

Si on veut faire sécher encore plus la feuille, qu'on fasse brûler une bonne quantité de copeaux ou d'autre bois menu, et qu'on place la feuille tout au tour, ayant soin de la tourner

et retourner dans tous les sens avec des fourches ; elle devient aussi sèche, par ce moyen,
que si on l'avait cueillie dans une très-belle
journée et en plein midi.

On peut faire cette opération comme on voudra ;
j'ai donné aux *vers* de la feuille séchée de l'une
et de l'autre manière, et j'en ai toujours été
satisfait. Si la feuille n'était mouillée que par
la rosée, la seule opération du linceul l'essuie.

Je dois à ce sujet faire observer ;

1.º Que, quand bien même il faudrait faire
jeûner les *vers*-à-soie pendant quelques heures,
pour avoir le temps de bien essuyer la feuille,
il vaut mieux attendre, parce que, si on leur
donne de la feuille mouillée, il s'exhale de leur
corps une plus grande quantité d'humidité,
ce qui fait passer plus vite les excrémens à la
fermentation.

2.º Qu'il en résulte que l'air intérieur est
plus humide et méphitique, ce qui exige plus
de soins et d'attention.

3.º Que plus les *vers*, arrivés au cinquième
âge, sont sains et vigoureux, plus ils résistent
au mauvais effet de la feuille qui n'est pas bien
essuyée ; mais que si, au contraire, ils étaient
arrivés à cet âge dans un état de faiblesse, ou
valétudinaires, il faudrait que la feuille fût de
très-bonne qualité et bien essuyée.

§. I V.

De l'Éducation des Vers - à - soie jusqu'à l'approche de leur maturité.

Il est temps maintenant de conduire les vers-à-soie jusqu'à ce point auquel l'instinct commence à les porter à monter, et qu'ils se dégoûtent de l'aliment qu'ils appétaient et dévoraient auparavant.

PREMIER JOUR DU CINQUIÈME AGE,

Vingt-troisième de l'éducation des Vers-à-soie.

D'hier à aujourd'hui, presque tous les *vers* doivent avoir accompli la quatrième mue et être éveillés.

Alors l'atelier doit être constamment tenu entre les 16 et 16 degrés et demi de température.

Les *vers*, provenant de cinq onces d'œufs, doivent occuper, jusqu'au terme de leur cinquième âge, 917 pieds de claies, c'est-à-dire, à peu près 183 pieds 5 pouces par once d'œufs.

Les *vers*, provenant d'une once d'œufs, consomment, dans le cinquième âge, à peu près 1098 liv. de feuille mondée, ce qui fait, pour les cinq onces, une consommation de 5490 liv.

Dans cette première journée du cinquième âge (qui, comme je l'ai dit ailleurs, commence, d'après mon système, après-midi), les *vers*

12

doivent occuper à peu près 508 pieds carrés de claies, qui, joints aux 413 pieds qu'ils occupent et qu'on doit nettoyer aujourd'hui, forment les 921 pieds carrés de claies, sur lesquels ils doivent s'étendre graduellement jusqu'à la fin.

Il est un peu ennuyeux de changer les *vers* des 413 pieds de claies, et de les répartir sur les 921 pieds; mais cette opération se fait parfaitement bien dans quatre heures au plus, par six ou sept personnes.

Dans cette première journée, il faut 90 liv. de petits rameaux ou de feuille non mondée, et autant de feuille mondée.

On doit de suite distribuer les petits rameaux sur quatre ou cinq claies, et si on n'en a pas assez, on y substitue des pincées de feuilles de la manière que je l'ai indiqué plus haut.

Dès que les petits rameaux sont garnis de *vers*, on les prend et on les met sur les tablettes de transport. Si les *vers* d'une claie sont presque tous éveillés, ils suffisent pour occuper un peu plus de deux claies, et on doit former, au milieu de chacune de ces deux claies, un espace en long un peu plus grand que la moitié de la claie.

Lorsque les 508 pieds carrés de claies sont occupés, il faut nettoyer les claies qui sont restées vides.

Si, en faisant le nettoiement, on trouvait des *vers* éveillés , on les enlèverait , en répandant près d'eux de la feuille, et on les transporterait comme on a fait des autres. Si , après cela, il en est resté encore quelques-uns éveillés , on les prend avec la main ; et s'il en reste encore d'assoupis , on les jette. On roule la litière avec le papier , comme on a dû faire la troisième fois qu'on a changé les *vers* ; on la verse dans le panier *(fig.* 24. *)* préparé pour cela , qu'on vide ensuite hors de l'atelier.

En observant la litière qu'on aura transportée dans un lieu qui ne soit pas humide , on y verra des *vers* éveillés , qu'on placera, comme on a dû faire dans les autres mues , sur des claies séparées, placées dans le lieu le plus chaud de l'atelier, ayant soin de les tenir un peu plus au large pour qu'ils se développent vite et puissent se trouver aussi avancés que les autres.

On verra constamment que les litières trans- portées sont vertes et sans odeur ; mais, malgré cela , pendant qu'on les nettoie , il faut faire promener deux ou trois fois la bouteille à vapeur purifiante.

On doit veiller, comme je l'ai déjà dit , à ce que les *vers* transportés occupent un peu plus de la moitié des claies qui leur ont été destinées ; de cette manière, on finit l'opération si bien , que toutes les claies se trouvent occupées ayant un large espace dans leur milieu.

En général, la quantité de petits rameaux ou de feuilles déterminée suffit pour faire le changement et le transport : on doit cependant se régler selon le besoin.

Des six personnes qu'il faut pour le moins dans cette opération, une ou deux au plus, les plus adroites, doivent être chargées de lever les *vers* et de les placer sur les petites tables, deux doivent les transporter, une les verser et les distribuer sur les claies, une rouler les litières et nettoyer les claies, et une autre transporter le fumier hors de l'atelier.

Si c'est nécessaire, on doit employer quelqu'un de plus pour distribuer les petits rameaux ou la feuille sur les claies où il est resté encore des *vers* qu'on n'a pu transporter, afin que tout se fasse promptement et sans confusion. Si on veut partager en deux temps l'opération du nettoiement et celle du transport, on peut le faire, en nettoyant la moitié à peu près des claies le matin et l'autre le soir ; en pareil cas, il faut donner un ou deux repas aux *vers* qu'on ne transporte pas, afin qu'ils puissent attendre leur changement. Quoique cette manière d'opérer ne soit pas préjudiciable, je préfère faire le changement entier dans une seule fois, et je l'accomplis dans quatre heures de temps, si on travaille assidûment.

Les 90 livres de petits rameaux ou de feuille

employées pour lever les *vers*, leur servent pour
un repas abondant. Les autres 90 livres doivent
se partager en deux autres repas, qu'on donnera
à six heures de distance l'un de l'autre. En
donnant le premier, il faut avoir soin de rendre
droites les lignes des bandes du milieu des claies,
faisant rentrer dans la ligne, avec le petit balai,
les feuilles qui s'en seraient écartées.

Au troisième repas, c'est-à-dire lorsqu'on
distribue les dernières 45 livres, on doit avoir le
soin d'élargir un peu les bandes occupées par
les *vers*.

Si on s'apercevait qu'il y eût plus de *vers*
sur certaines claies, on les lèverait pour les
placer où il y en aurait moins.

Dans ce premier jour, les *vers*-à-soie paraissent tous assez vigoureux.

Au quatrième âge, on a distribué sur les
claies 900 livres de feuille. La litière de cet âge
pèse 300 liv. Les vers ont donc profité 600 liv.
de substance y compris ce qui s'est évaporé. Les
excrémens pèsent à peu près 93 livres.

Si la température extérieure est douce et peu
différente de celle de l'atelier, il faut ouvrir, du
temps qu'on fait le nettoiement, toutes les
ouvertures pour faire entrer rapidement une
grande colonne d'air. Il faut aussi, pour cet
objet, employer la flamme, qui est toujours
très-utile, particulièrement lorsque le froid

extérieur où le vent ne permettent pas d'ouvrir
pour laisser entrer l'air extérieur. Dans le cas
de froid ou de vent fort, il faut tenir ouverts
les soupiraux du haut et du bas ; par ce moyen,
l'air se renouvelle comme avec la flamme.

Dans tous les cas, le thermomètre et l'hygromètre indiquent positivement la manière de se
régler.

Second jour du cinquième age,

Vingt-quatrième de l'éducation des Vers.

Il faut, pour ce jour, 270 livres de feuille
mondée. On la partage en quatre repas : le
premier, qui doit être le plus petit, sera d'à
peu près 52 livres ; et le dernier, qui doit être
le plus grand, de 97 livres à peu près.

En distribuant la feuille, on doit toujours
étendre les bandes occupées par les *vers*.

A la fin de ce jour, les *vers* commencent bien
à blanchir et se développent sensiblement.

Troisième jour du cinquième age,

Vingt-cinquième de l'éducation des Vers.

Pour ce jour-ci, il faut aux *vers-à-soie* à peu
près 420 livres de feuille mondée. Le premier
repas doit être à peu près de 77 livres ; c'est le
plus petit. Le dernier sera d'à peu près 120 liv. ;
c'est le plus grand.

Les *vers* continuent à blanchir, et on en voit

beaucoup qui ont 26 ou 27 lignes de longueur.

Ils mangeraient ce jour-ci plus de feuille que celle que j'ai fixée ; mais je crois très-utile de ne pas augmenter cette quantité , afin qu'ils puissent bien la digérer ; d'ailleurs, en agissant ainsi, leur constitution devient plus forte, et ils se disposent toujours à une santé plus vigoureuse. Il faut élargir les bandes qu'ils occupent, chaque-fois qu'on leur donne à manger.

QUATRIÈME JOUR DU CINQUIÈME AGE ,

Vingt - sixième de l'éducation des Vers.

Il faut ce jour - ci à peu près 540 livres de feuille mondée. Le premier repas doit être d'à peu près 120 livres , et le dernier d'à peu près 150 livres.

Les *vers* commencent à avoir un appétit très-vif ; ils deviennent toujours plus beaux et plus vigoureux ; il y en a qui ont déjà 32 ou 33 lignes de longueur.

CINQUIÈME JOUR DU CINQUIÈME AGE ,

Vingt - septième de l'éducation des Vers.

Il faut, pour ce jour-ci, 810 livres de feuille mondée. Le premier repas doit être d'à peu près 150 livres, et d'à peu près 210 livres le dernier.

Si le besoin l'exige , on donnera quelques repas intermédiaires. Lorsque la feuille est toute mangée dans moins d'une heure et demie , il

ne faut pas laisser les *vers* à jeûn pendant près
de cinq heures qu'il y aurait de ce repas à l'autre,
mais on distribue un peu de feuille dans l'intervalle, particulièrement sur les claies où on
s'apercevrait que, par hasard, on en aurait
moins distribué la première fois.

Quoique j'aie aussi fixé pour ce jour-ci la
quantité de feuille qui convient ordinairement,
on doit cependant se régler selon le besoin.

Dans le cours du cinquième âge, on doit
nettoyer les claies. Si les litières sont encore
fraîches et sèches, on fera bien d'employer,
pour le nettoiement, la fin de ce jour ou le
commencement du suivant : cela doit dépendre,
je le répète, des circonstances et de la volonté
de l'éducateur.

Il faut avoir soin, en distribuant le dernier repas de cette journée, de ne le donner qu'à quatre
claies à peu près à la fois, afin d'avoir le temps
de lever insensiblement les *vers* avant qu'ils
mangent toute la feuille qu'on leur a donnée.

Comme cette fois-ci les *vers* ne doivent pas
être transportés, on doit nettoyer d'une autre
manière les tables ou claies sur lesquelles ils
doivent rester.

Voici comment on doit agir :

On appuie sur les bords des claies les tables
de transport, et dès que la feuille est chargée
de *vers*, on en fait une seule couche sur chaque

tablette. Lorsqu'on en a rempli quelques-unes ,
on enlève la litière avec ou sans le papier ,
qu'on met dans les paniers carrés dont j'ai parlé
ailleurs (*fig.* 19.) , et qui sont suspendus aux
claies. La litière étant enlevée , et le papier
nettoyé avec de petits balais légers, on replace
les feuilles de papier une après l'autre et on
y met les *vers*. On continue de cette manière
jusqu'à ce que le changement de litière soit fait
sur toutes les claies.

Lorsqu'un panier est plein de litière , on le
fait transporter hors de l'atelier et on y en substitue un vide. Il faut porter beaucoup d'attention
en levant les *vers* pour ne pas les blesser.

On doit employer au moins six personnes
pour opérer promptement ce changement de
litière. Dans le nombre , je ne comprends pas
celles qui transportent la litière hors de l'atelier.

Cette litière n'a aucune mauvaise odeur ; elle
est aussi verte que la feuille même, et le papier
sur lequel elle était placée n'est qu'un peu
humide.

On ne peut faire cette opération en moins de
huit heures ; ainsi, on doit, pendant ce temps,
donner à manger aux *vers* qui ont été nettoyés
les premiers, ou à ceux qui ne doivent l'être
que tard , pour ne pas laisser les uns et les
autres trop long-temps à jeûn.

On ne doit pas oublier que, pendant l'opération, il faut, selon que le cas le requiert, faire plus ou moins souvent des feux légers, promener au moins deux fois autour de la chambre la *bouteille à vapeur purifiante*, et ouvrir les soupiraux et les fenêtres selon l'état de l'atmosphère; dans tous les cas, les soupiraux supérieurs et au moins une partie de ceux pratiqués au pavé et les portes doivent être ouverts.

Si l'air extérieur est très - humide, ce qui indiquerait que celui de l'atelier l'est encore plus, il faut répéter souvent des petits feux çà et là dans les cheminées.

Si, par ce moyen, la température intérieure s'élevait trop, on la diminuerait facilement en ouvrant des soupiraux ou autres ouvertures, prenant pour guides le thermomètre et l'hygromètre.

On connaîtra, à la fin du cinquième âge, le poids total de la litière qu'il a fourni.

SIXIÈME JOUR DU CINQUIÈME AGE,

Vingt-huitième de l'éducation des Vers.

Il faut 975 livres de feuille mondée, qu'on distribue en quatre repas, le dernier desquels doit être un peu plus copieux. Les *vers* mangent avec fureur, et plusieurs se prennent même aux mûres qui s'y trouvent.

Si, après avoir distribué la feuille, on s'aperçoit qu'on n'en ait pas mis assez sur quelque claie ou qu'elle ait été toute mangée dans une heure, on donnera quelque petit repas intermédiaire.

Connaissant la quantité de feuille qu'il faut donner dans la journée, il est bien facile de la distribuer dans quatre ou cinq repas, selon le besoin.

Si on n'avait pas pu nettoyer toutes les claies le jour précédent, on doit accomplir cette opération au commencement de ce jour-ci.

Le prolongement écailleux et d'un noir luisant qui est placé à l'extrémité du museau des *vers*, est devenu plus fort. C'est dans ce prolongement que sont placées les scies qui déchirent facilement les nœuds de la feuille et souvent même les côtes.

Dans ce jour, plusieurs *vers* ont presque trois pouces de longueur; ils sont en général devenus plus blancs; ils présentent, au toucher, de la mollesse et une espèce de velouté; ils annoncent une santé très-vigoureuse.

En ayant soin de donner un peu plus à manger à ceux qui ont été les derniers levés des claies, et en les tenant plus au large que les autres, ils les égaleront bientôt.

SEPTIÈME JOUR DU CINQUIÈME AGE,

Vingt-neuvième de l'éducation des Vers.

Il faut 900 liv. de feuille mondée. Le premier repas doit être le plus grand, et les autres doivent toujours aller en diminuant. On fera, comme pour les autres jours, s'il fallait quelque repas intermédiaire.

On verra des *vers* de 38, 39 et 40 lignes de longueur.

L'extrémité de ces insectes commence à devenir luisante et jaunâtre, ce qui annonce qu'ils approchent de la maturité. Quelques-uns ne mangent plus avec tant de voracité.

Dans cette journée, ils arrivent à leur plus grande longueur et à leur plus grand poids.

L'un dans l'autre, six *vers-à-soie* pèsent à peu près une once.

Leur poids a donc augmenté de plus de cinq fois dans sept jours après la quatrième mue, puisqu'alors il en fallait à peu près 33 pour faire une once.

Ils ont également augmenté dans sept jours de 18 ou 20 lignes de longueur, c'est-à-dire à peu près du double, puisque le vingt-deuxième jour ils n'avaient que 18 ou 19 lignes,

Sur la fin de cette journée, ils commencent à diminuer en poids et en longueur, parce qu'à compter de ce jour, ils prennent moins de nourriture, en proportion de la quantité d'excrémens et de substance aériforme et vaporeuse qui sort de leur corps.

Nous continuerons à les observer dans ce décroissement de poids, comme nous l'avons fait dans leur accroissement.

Ils sont maintenant dans leur plus grande vigueur.

HUITIÈME JOUR DU CINQUIÈME AGE ,

Trentième de l'éducation des Vers.

Il faut à peu près 660 liv. de feuille mondée. Cette diminution de feuille a lieu, parce que l'appétit des *vers* diminue aussi beaucoup.

Cette feuille se partage en quatre repas, dont le premier doit être le plus grand, c'est-à-dire de 210 livres, et le plus petit le dernier.

Pour que la maturité des *vers-à-soie* arrive également par-tout, il faut donner quelque petit repas extraordinaire, selon le besoin et le lieu.

Dans les derniers jours de l'éducation des *vers*, on doit chercher à leur donner la meilleure feuille et qu'elle soit toujours cueillie sur de vieux arbres.

Ces insectes avancent vers leur maturité. On s'en aperçoit à la couleur jaunâtre, qui de l'extrémité monte d'anneau en anneau.

Leur dos commence à prendre un peu de luisant qu'il n'avait pas, et les anneaux perdent sensiblement une partie de la couleur vert foncé qu'ils avaient.

L'approche de la maturité de beaucoup de ces insectes est aussi marquée, dans cette journée, par la diminution sensible de leur volume, et parce que quelques-uns vont se fixer contre les bords des claies, pour pouvoir s'y vider commodément.

Dans cette journée, et plus ou moins vite, selon qu'on s'aperçoit que les signes de maturité augmentent, et que la litière est plus ou moins humide, on doit nettoyer les claies de la même manière que la première fois, ayant soin de prendre doucement les *vers* avec les feuilles sur lesquelles ils sont, pour qu'ils ne soient pas endommagés.

Les feux légers, la vapeur de la bouteille qui purifie l'air, les ouvertures et l'usage du thermomètre et de l'hygromètre, sont, dans ce changement de litière, plus nécessaires que dans tous les autres.

L'odeur de l'air intérieur est toujours agréable dans mes ateliers, du temps qu'on nettoie les claies ; on ne dirait jamais qu'on y remue du fumier ; la litière est toujours verte et fraîche, de bonne odeur et peu humide.

Neuvième jour du cinquième age,

Trente-unième de l'éducation des Vers.

Il faut 495 livres de feuille mondée, qu'on doit distribuer selon le besoin.

La couleur jaune des *vers* se charge toujours davantage, leur dos devient un peu plus luisant ; chez beaucoup d'entre eux les anneaux prennent une couleur dorée, le museau est devenu d'un rouge plus clair qu'il n'était au commencement.

On doit, de temps en temps, faire un feu léger, particulièrement dans la nuit. Il faut, matin et soir, faire le tour de l'atelier avec la *bouteille à vapeur purifiante*. On ne doit jamais laisser fermés les soupiraux, sur-tout lorsqu'on allume du feu, afin que l'air se renouvelle entièrement.

Dans un atelier bien construit, on n'a pas à craindre les variations atmosphériques, qui, dans ces derniers jours, seraient fatales aux *vers*. (Chap. XIII.)

Depuis que j'élève des *vers-à-soie*, ils ont été exposés à toutes sortes d'intempéries des saisons et à tous les accidens qui pouvaient leur être très-nuisibles ; cependant ma manière de les élever a été telle, qu'il ne m'est jamais rien arrivé qui ait nui à leur santé et à leur vigueur.

Faisons maintenant un résumé de ce que nous avons dit, comme nous l'avons fait à chaque chapitre.

Dans le courant d'à peu près trente jours, pendant lesquels les *vers* sont parvenus à leur plus grand développement et à leur plus grand poids, voici ce que j'ai pu observer :

1.º Que, dans leur accroissement, ils sont devenus quarante fois plus grands qu'ils n'étaient venant de naître : ils n'avaient alors qu'à peu près une ligne.

2.º Que, dans trente jours, leur poids a augmenté de plus de neuf mille fois, puisqu'il a
fallu 54,525 *vers-à-soie* venant de naître pour
faire le poids d'une once (chap. V. §. 3.), tandis
que six de ceux qui ont acquis leur plus grand
accroissement suffisent pour le même poids.

3.º Que le cinquième âge seul, qui leur est
le plus prospère et le plus heureux, comprend à
peu près les deux tiers de leur vie.

Depuis le neuvième jour du cinquième âge,
qui est le trente-unième de leur vie, jusqu'à
leur maturité complète, nous verrons que,
quoiqu'il faille peu de feuille, ils exigent encore
beaucoup de soins. Nous en parlerons dans le
chapitre suivant, pour mieux distinguer les
diverses parties de cet ouvrage et mettre de
l'ordre dans le tout.

En comptant les 240 livres de feuille mondée
qu'on doit distribuer demain, les *vers-à-soie*
provenant de cinq onces d'œufs, auront consommé, dans le cinquième âge, 5,490 livres de
feuille mondée.

Si on ajoute à cette quantité 510 livres d'épluchures, on aura un poids total de 6,000 livres.

Le poids total du fumier tiré des claies dans
le cinquième âge, est d'à peu près 3,300 livres :
cela indique, que 2,190 livres ont été employées,
partie pour nourrir les *vers*, et partie se sont
perdues en vapeur.

Si on compare le fumier provenant de cet âge avec la feuille employée, on voit qu'il est proportionnément en plus grande quantité que celui produit dans les autres âges relativement à la feuille aussi employée. Nous en expliquerons les motifs dans la suite. (Chap. VIII. §. IV.)

Si on calcule le poids de la feuille, distraction faite de l'humidité qui s'est perdue et dont nous parlerons (chap. XIV.), les *vers* auront consommé, seulement dans le cinquième âge, 1,200 livres de feuille par once d'œufs.

Nous verrons dans le chapitre suivant, que les *vers* accomplissent le cinquième âge et déposent leur peau, en se convertissant en chrysalide, lorsqu'ils ont perdu plus de la moitié de leur poids et de leur grosseur.

Alors on voit reparaître sur le dos de ces insectes quelques-uns des signes en forme de parenthèse, dont j'ai parlé, et l'avancement écailleux, noir et luisant, attaché à l'extrémité du museau, a acquis une force très-considérable. A cette époque les *vers* sont plus blancs qu'ils ne l'ont jamais été.

Ces insectes ayant été élevés comme je l'ai indiqué, ont constamment donné des preuves de santé vigoureuse, et se sont conservés charnus et veloutés au tact.

J'ai déjà dit que, s'il n'était pas possible de tenir l'atelier au degré de chaleur que j'ai déterminé, vu la trop grande chaleur de la saison, il faudrait employer tous les moyens pour s'en éloigner le moins possible, ayant soin cependant de ne pas empêcher l'entrée de l'air extérieur, afin de conserver le renouvellement de l'air intérieur.

Si, pour renouveler l'air intérieur, on laissait quelquefois entrer un air beaucoup plus froid, ce qui m'est arrivé quelquefois, cela endurcirait un peu les *vers*; il n'y aurait alors autre chose à faire, dès que l'air serait changé, que de tenir du feu aux poiles ou aux cheminées, jusqu'à ce que la température serait remontée à 16 degrés et demi, ayant soin de laisser les soupiraux un peu ouverts. La peau des *vers* reprendra bientôt la douceur qu'elle avait, et le peu de froid qu'ils auront souffert leur aura été peu nuisible.

Les *vers-à-soie* semblent toujours au tact plus frais que la température de l'atelier; leur transpiration en est en partie cause; quoiqu'elle soit insensible, elle est très-abondante, parce que, n'évacuant que dans très-peu de cas des excrémens bien humides, et ne rendant d'humeur liquide que quand ils montent, la transpiration est presque le seul moyen qui leur reste, pour se dégager de l'excessive humidité qu'ils avalent avec la feuille.

Nous-mêmes nous n'avons jamais la peau plus fraîche que quand elle est exposée à l'impression

de l'air, lorsque nous suons ou que nous trans-
pirons. L'évaporation et le froid augmentent en
proportion du degré d'agitation de l'air, quoique
la température soit un peu chaude.

Il serait donc dangereux de ne pas tenir agité
l'air de l'atelier, parce qu'il ne pourrait pas
absorber et entraîner au-dehors la grande quantité d'eau en vapeur qui émane du corps des
vers, outre celle qui se dégage de la feuille, des
excrémens, etc.

CHAPITRE VIII.

*De l'Éducation des Vers-à-soie dans la dernière
période du cinquième âge, c'est - à - dire
jusqu'à ce que le cocon est parfait. Observations à ce sujet.*

Laissons un moment les *vers*-à-soie sur les
claies, pour parler de divers objets qui ont
rapport à eux, et pour disposer tout ce qui
concerne l'accomplissement de leur cinquième
âge.

On ne doit considérer le cinquième âge comme
terminé, que quand le cocon est parfait. Lorsque
le *ver*-à-soie a versé toute sa soie et en a formé
le cocon, il y dépose sa dépouille et devient
chrysalide. (Chap. I.)

Mais, pour qu'il forme le cocon, il faut qu'il
arrive à ce point, qu'il ne soit presque qu'un

composé de deux substances, c'est-à-dire de la partie soyeuse et de la partie animale (15). Il faut donc qu'il ait rendu tous les excrémens que contient son long tube intestinal.

Il n'est pas seulement important de connaître le dernier degré de perfection des *vers*, pour leur faciliter les moyens de former le cocon, mais encore d'être instruit de toutes les autres opérations nécessaires, pour que les cocons se trouvent de très-bonne qualité.

La propreté des tables, dans ces derniers jours du cinquième âge, exige beaucoup d'attention, pour que les *vers* conservent bien leur santé.

Il en est de ces insectes comme de tous les

---

(15) Outre les substances animale et soyeuse qui composent presque entièrement le *ver-à-soie*, il a dans ses organes de la substance terreuse, des substances acides et alcalines, dont une partie est même en dissolution, comme je le démontrerai dans la suite. Ces substances n'agissent pas les unes sur les autres lorsqu'elles se trouvent en petite quantité, et lorsque, par l'action de la vitalité ou par la disposition des organes, elles se trouvent à des distances telles, que la loi de l'affinité chimique ne peut s'exercer sur elles.

Mais lorsque ces substances s'accumulent faute de soins, et que l'action vitale diminue, alors, comme nous le verrons aux 20.ᵉ et 21.ᵉ notes, ces substances peuvent réagir les unes sur les autres dans le corps de l'animal, détruire l'équilibre qui subsistait, et produire certaines maladies qui ne sont que le résultat évident d'actions et d'attractions chimiques.

autres animaux : il y en a qui agissent promptement dans leurs opérations, et d'autres lentement ; et il est très-important de faire sur cela
des observations justes.

Afin que ceux qui élèvent des *vers-à-soie*
aient des idées justes et sûres sur la nécessité
de maintenir dans l'atelier un air sec et suffisamment agité, je veux ici les convaincre, par
des faits et des calculs évidens, que, quoiqu'il
leur paraisse qu'il n'y a plus d'évaporations
aqueuses ni d'exhalations méphitiques, c'est,
au contraire, le moment qu'il s'en développe
une quantité presque incroyable, particulièrement du corps de l'animal, dans le temps qu'il
travaille à faire le cocon et même lorsque le
cocon est formé.

Il est inutile d'observer que, si la feuille que
j'ai indiqué être en assez grande quantité pour
le dixième et dernier jour du cinquième âge, ne
suffisait pas, il faudrait en mettre de nouvelle,
et que s'il y en avait plus qu'il n'en faut, on
devrait l'économiser ; comme aussi, s'il fallait
plus de dix jours pour accomplir la perfection
des *vers*, il faudrait attendre le onzième. Il y a
des causes qu'on ne peut pas déterminer, qui
avancent ou retardent de douze ou vingt-quatre
heures la parfaite maturité des *vers-à-soie*.

Les objets suivans formeront les paragraphes
de ce chapitre :

1.º Perfection accomplie des *vers-à-soie* ;

2.º Premières dispositions pour former les haies , afin que les *vers* puissent monter ;

3.º Dernier repas qu'on donne aux *vers*;

4.º Avant-dernier nettoiement des claies, accomplissement du travail des haies et du bois;

5.º Séparation des *vers* qui s'obstinent à ne pas monter, et dernier nettoiement des claies ;

6.º Soins de l'atelier jusqu'à ce que les *vers* aient accompli le cinquième âge ;

7.º Quantité de substances excrémentitielles, vaporeuses et gazeuses que produisent les *vers*, du moment qu'ils sont arrivés à leur dernier degré d'accroissement jusqu'à leur perfection, et jusqu'à la formation parfaite du cocon.

§. I.

Perfection accomplie des Vers - à - soie.

DIXIEME JOUR DU CINQUIÈME AGE ,

Trente-deuxième de la naissance des Vers.

Nous avons vu , dans le dernier chapitre, de quelle manière les *vers* commencent et continuent à donner des marques de leur perfectionnement.

Dans ce dernier jour, ils accomplissent leur perfection. Cela se reconnaît clairement par les signes suivans :

1.º Lorsque, en mettant sur les claies quelque

peu de feuille, ces insectes montent dessus sans en manger et qu'ils haussent le cou, ayant l'air de chercher quelque autre chose ;

2.º Lorsque, en regardant horizontalement ceux qui se tiennent droits, on voit, à travers la lumière, dans leur transparence, une couleur blanche qui s'approche du jaune d'or ;

3.º Lorsque beaucoup de *vers - à - soie*, qui étaient appuyés et presque droits contre le bord des claies, y montent dessus, marchant lentement, leur instinct les portant à se transporter ailleurs ;

4.º Lorsqu'une quantité de ces insectes part de différens points de la claie et essaie d'arriver au bord, pour ensuite y monter ;

5.º Lorsque leurs anneaux rentrent, et que leur couleur verdâtre s'est changée en jaune d'or ;

6.º Lorsque la peau de leur cou s'est beaucoup ridée, et que leur corps a acquis, au tact, une mollesse plus grande qu'il n'avait auparavant, et ressemblant à de la pâte molle ;

7.º Lorsque, en prenant dans la main un *ver-à-soie*, et l'observant à travers la lumière, on s'aperçoit que tout le corps a acquis une transparence égale à celle d'une prune jaune, ou du raisin blanc roussâtre parfaitement mûr. Dès qu'on voit ces signes à quelques-uns de ces insectes, on doit de suite tout disposer, afin que ceux qui sont prêts à monter, ne perdent, en cherchant, ni de leur soie, ni de leurs forces.

§. I I.

Premières dispositions pour former les Haies.

Pour éviter la perte que pourrait produire le retard, on doit s'être procuré et avoir prêts de petits fagots faits, soit avec des plantes sèches de navets, soit avec des genêts, soit avec toute autre plante ou arbuste bien nettoyés.

On doit avoir soin de bien arranger ces petits fagots ou bouquets, afin que les *vers* puissent y grimper aisément et s'y placer assez bien pour verser leur première bave, et travailler ensuite à faire leur cocon. Ces fagots ou bouquets ne doivent être ni trop épais, ni trop clairs, pour éviter les inconvéniens dont je parlerai plus bas.

Aussitôt qu'on a observé que les *vers*-à-soie veulent monter, il faut placer les fagots contre les parois intérieures des bords des claies, du côté qui incommode le moins pour agir, ayant soin de les placer à quinze pouces à peu près de distance l'un de l'autre.

Les rameaux des fagots doivent toucher le dessous de la claie qui sert de couvert ou de plancher à celle où on a planté le fagot, et y former une espèce d'are.

A ce sujet il faut bien observer :

1.º Que les rameaux ou fagots soient plantés de manière que les *vers* - à - soie qui montent

ou qui sont montés ne puissent tomber jamais
par terre ;

2.º Que les rameaux ou fagots soient toujours
plus longs qu'il n'y a de distance d'une claie
inférieure à sa supérieure, afin qu'ils puissent
former la courbe ; de cette manière, les *vers*
qui tendent à monter sur la courbure que font
les fagots, ne salissent pas, en se vidant, ceux
qui montent perpendiculairement sous eux ; ce
qui aurait eu lieu, si on n'avait pas le soin de
faire faire l'arc aux fagots ;

3.º Que les rameaux ou petits fagots soient
toujours bien placés et étendus en forme d'éven-
tail, afin que l'air puisse y passer facilement,
et que les *vers* puissent y travailler à leur aise.
Lorsque les *vers* se trouvent trop près l'un de
l'autre, ils ne font pas aussi-bien leur travail ; il
se forme alors des cocons doubles, qui valent
moitié moins que les simples. Cette inattention,
qui est presque générale, produit tous les ans
beaucoup de perte qui n'est guère connue que
des ouvriers qui filent la soie et qui sont obligés
de séparer les cocons doubles des simples, parce
que la soie qu'ils produisent est de qualité inférieure.

Il faut planter les rameaux ou petits fagots
entre les osiers de la claie et non sur le papier
qui les couvre, ce qui est très-facile : on n'a qu'à
lever suffisamment le papier qui est contre le

bord de la claie, pour y placer l'extrémité des petits fagots, de manière à ce qu'ils touchent le bord même de la claie. Nous verrons que cette disposition des petits fagots est très-utile dans le prochain nettoiement des claies qu'on devra faire.

Ayant ainsi placé sur chaque claie et à leurs angles le nombre suffisant de petits fagots, les premiers *vers* qui sont prêts trouvent facilement le chemin pour monter. Si, dans cette journée, qui exige de grands soins, on s'aperçoit, en observant les claies, qu'il y ait des *vers* prêts à monter, on doit les prendre et les mettre au pied des petits fagots: cette opération sera très-avantageuse. On peut aussi placer sur les claies de petits rameaux secs de chêne, d'ormeau, de châtaignier ou de noyer, sur lesquels on verra bientôt monter les *vers*. On doit prendre ces rameaux et les placer au pied des petits fagots plantés. Cette opération est très-utile, parce qu'elle dispense de fixer constamment les yeux sur les claies, pour chercher les *vers* qui sont prêts à monter.

J'observerai cependant, à ce sujet, que, dans les premières trois ou quatre heures pendant lesquelles on voit distinctement les signes qui annoncent que les *vers* sont prêts à monter, il n'est pas nécessaire de se presser beaucoup de les faire monter, parce qu'en restant quelques heures de plus sur les claies, ils se vident bien sur leur litière.

Quelle que soit d'ailleurs la méthode qu'on suive dans cette opération, il sera toujours avantageux que les petits fagots soient bien placés, bien arqués, propres et pas trop épais, afin que, comme je l'ai déjà dit, l'air puisse y passer librement, et que les *vers* puissent y travailler commodément.

§. III.

Dernier repas qu'on donne aux Vers-à-soie.

Les 240 livres de feuille mondée qu'on a encore en réserve, doivent être données aux *vers* peu à peu et à mesure de leurs besoins.

Le peu d'appétit des *vers* et leur disposition à monter sur la feuille, prouvent que, quand même on leur en donnerait beaucoup dans une seule fois, elle ne ferait qu'augmenter la litière qui serait bientôt sale, parce que c'est alors le temps dans lequel ils se vident en plus grande quantité. D'après cela, il vaut toujours mieux être avare que prodigue dans chaque distribution.

On ne peut donc pas fixer des heures de repas dans ce dernier jour; on ne peut pas même savoir s'il ne faudra pas encore un peu de feuille pour le lendemain.

On voit manifestement, dans ces derniers

temps, que les forces digestives des *vers* ont beaucoup diminué, et que ce n'est souvent que l'habitude ou l'intempérance qui les porte à manger sans besoin. Il arrive, en effet, qu'à mesure qu'ils s'approchent du moment qu'ils doivent monter, leurs excrémens sont plus ou moins de la couleur de la feuille, et même du même goût, ce qui démontre qu'elle n'a presque pas été décomposée dans leur corps.

Il arrive aussi que beaucoup de *vers* trop pleins d'alimens ont ensuite besoin d'un jour et même plus pour les évacuer, et qu'ils laissent apercevoir qu'ils souffrent avant de pouvoir se vider, parce que l'organe qui, chez eux, fait les fonctions d'estomac et d'intestins, est sensiblement affaibli.

§. I V.

Avant-dernier nettoiement des claies. Accomplissement du travail pour la montée.

Dès que beaucoup de *vers-à-soie* sont prêts à monter, il faut s'occuper de l'avant-dernier nettoiement des claies. Cette opération, quoique assez ennuyeuse, se fait avec beaucoup de facilité par le moyen des petites tables de transport. Les petites tables ne peuvent pas bien se poser sur les bords des claies, parce que les petits fagots placés autour en empêchent; cependant elles s'appuient assez pour qu'on puisse agir.

Lorsque les petites tables sont placées, on prend les *vers* avec attention et on en remplit deux ou trois.

Cela fait, on suspend les paniers carrés; on lève les feuilles de papier chargées de litière, et on les vide dans les paniers.

Lorsqu'on a nettoyé une partie de la claie, on y replace le papier. On verse les *vers* dessus, faisant toujours pencher la petite table. On leur donne ensuite la feuille qu'il leur faut, et pas plus, parce qu'on est à temps à en mettre de nouvelle. Lorsque le panier carré est plein de litière, on le fait transporter de suite hors de l'atelier, et on y en suspend un autre.

De cette manière, plusieurs personnes nettoient toutes les claies dans peu d'heures.

Les *vers* - à - soie qu'on met sur la petite table de transport doivent être pris avec beaucoup de délicatesse, ayant soin de leur laisser le peu de feuille ou petits rameaux sur lesquels ils se trouvent fortement attachés, pour ne pas leur faire du mal en les détachant; les moindres lésions à cet âge, et dans ces momens, leur sont plus nuisibles, parce que l'action de la vie est plus diminuée.

En versant les *vers* sur les claies, il faut aussi avoir le soin de les distribuer en petits carrés d'à peu près deux pieds sur les côtés. Il faut faire de manière que ces petits carrés com-

mencent du côté où les haies sont déjà for-
mées, afin que les *vers* trouvent plus de facilité à monter. Il faut laisser une distance d'à
peu près six à huit pouces.

Au milieu de cet espace vide, on doit planter
de la bruyère ou d'autre bois léger. Cette opération se fait par huit personnes, dans huit
heures.

A ce nettoiement, on s'aperçoit qu'il y a
une plus grande quantité d'excrémens et de
litière que les autres fois, parce que les *vers* se
vident beaucoup plus ces derniers jours, et que
la feuille qu'on leur donne en dernier lieu est
beaucoup plus chargée de mûres et de parties
ligneuses et grossières qu'ils n'ont pu manger.

Dans le temps de cette opération, on doit
faire entrer l'air extérieur de tous côtés; on
doit même l'attirer en faisant un feu léger
alternativement dans toutes les cheminées.

On doit aussi laisser tous les soupiraux ouverts, ainsi que les portes et les fenêtres, s'il
ne fait pas du vent, et si l'air extérieur n'est
guère au-dessous de 16 degrés et demi de
chaleur que doit avoir l'intérieur de l'atelier.

Quoique ordinairement l'air extérieur ne soit
pas, dans cette saison, assez froid ni agité pour
ne pas permettre d'ouvrir par-tout, il m'est
cependant arrivé plusieurs fois d'être obligé
d'user de précaution. Dans le mois de juin 1813,

à l'époque du dernier nettoiement des claies, l'air extérieur n'avait guère plus de 9 degrés de chaleur. Le désordre de l'atmosphère dura long-temps ; nous eûmes des pluies et des vents presque continuels. J'étais contraint d'agir avec beaucoup de prudence lorsque je voulais ouvrir seulement les soupiraux.

Dans des cas pareils, il ne faut laisser ouverts qu'une partie des soupiraux supérieurs et inférieurs ; il faut faire du feu dans les poiles ou dans les cheminées, et multiplier les feux légers. Par ce moyen, on obtient une circulation d'air douce et constante, sans le refroidir ; on fait dissiper beaucoup d'humidité ; on rend par conséquent meilleur l'air intérieur, et les *vers-à-soie* respirent librement et prennent de la vigueur. Il faut aussi faire le tour de la chambre avec la bouteille dont j'ai parlé plus haut, pour purifier l'air. L'hygromètre indique ensuite si l'air a acquis le degré de sécheresse qui convient.

Pendant ce temps, les *vers-à-soie* continuent à se perfectionner et à monter. Il est donc indispensable de finir bientôt la haie, et de travailler à l'intérieur du bois.

Nous avons dit que les premiers petits fagots doivent être placés à six ou huit pouces de distance entre eux. Pour former la haie, il faut placer d'autres petits fagots dans ces intervalles ; ces petits fagots se joignant aux cour-

bures des premiers, forment une voûte continue au-dessous de la claie supérieure. Il faut
bien observer que la haie ne soit pas trop
épaisse. On peut placer ces petits fagots ou
rameaux contre les bords de la claie sans en
ôter le papier.

Dans le milieu de la claie et dans les intervalles qu'il y a entre un petit carré de *vers-
à-soie* et l'autre, il faut placer des petits
fagots, de manière qu'en en mettant quatre
ensemble, ils forment un groupe ou une touffe
sous la claie supérieure. Ces quatre petits fagots
doivent être unis légèrement, et assez écartés
de tous côtés pour que l'air y passe librement,
et que par-tout les *vers* puissent y grimper et
s'y placer pour faire le cocon.

Lorsque les haies sont faites autour de trois
côtés des claies, et qu'on a planté les groupes
de petits fagots, il faut y approcher avec mé-
nagement les *vers*, afin qu'ils puissent monter
plus facilement par-tout. Les groupes de petits
fagots placés à environ deux pieds de distance
l'un de l'autre, suffisent pour recevoir une grande
quantité de *vers-à-soie*.

Dès qu'on s'aperçoit que les haies et les
groupes de petits fagots sont presque chargés
de *vers*, il faut placer d'autres petits fagots
entre les groupes du milieu et la haie, et
entre ces mêmes groupes et les bords exté-

rieurs des claies. De cette manière on forme, à travers les claies , des haies parallèles à une distance d'à peu près deux pieds l'une de l'autre ; et comme les petits rameaux se recourbent tous sous les claies supérieures , le bois en entier ressemble à de petites allées fermées par la haie qui en est le fond. C'est peut-être de cette forme qu'est dérivé le mot *Cabane* , qu'on donne généralement à ces petits espaces fermés. Ce bois suffit ordinairement pour recevoir tous les *vers*-à-soie d'une claie. Si cependant il en restait encore en bas , le bois étant presque plein, il faudrait appuyer légèrement une petite branche à un petit fagot chargé de *vers* ; par ce moyen on évite que le bois ne soit trop chargé. Si on a eu soin de mettre de petits fagots assez longs, bien courbés et bien distribués afin que les *vers* n'y soient pas entassés, et que l'air puisse y passer librement, on verra qu'il n'en faut pas une grande quantité pour placer commodément beaucoup de *vers*, qui pourront travailler à faire leur cocon sans se toucher l'un l'autre , et éviter ainsi les cocons doubles qui, comme je l'ai déjà dit , valent toujours beaucoup moins.

Il faut sans cesse faire attention à deux choses essentielles : la première est d'approcher des petits fagots tous les *vers* qu'on reconnaît prêts à monter ; la seconde , de leur donner de temps en temps un peu de feuille lorsqu'ils

14

sont encore occupés à manger. On fera bien de destiner une personne soigneuse, et même deux, s'il le faut, pour cette seule opération.

Tant que les *vers-à-soie* se sentent vraiment envie de manger, ne fût-ce que le désir d'une bouchée, ils ne s'occupent pas du cocon, et il arrive souvent que quelqu'un de ces insectes déjà monté, et presque vidé, descend pour prendre encore un peu de nourriture. Ils restent quelquefois arrêtés la tête en bas, peut-être parce qu'ils ne se sentent plus le besoin de manger; il faut alors les tourner, vu que cette position pourrait leur être nuisible.

Ces soins, qui paraîtront d'abord trop minutieux, produisent souvent une récolte de cocons plus abondante, de meilleure qualité, et où il y en a moins de doubles.

Il m'est arrivé souvent de voir, en visitant des ateliers qui n'avaient que le seul défaut de construction des haies et des cabanes, c'est-à-dire, où on avait placé les petits fagots trop épais, et pas avec assez d'ordre, que l'air n'y pouvait pas passer librement, que les *vers* étaient trop gênés, et que beaucoup de cocons étaient doubles, beaucoup d'autres imparfaits, sales, et ayant le *ver* étouffé avant d'avoir accompli sa métamorphose. Dans ces cas, l'air de l'atelier, loin d'avoir une bonne odeur, avait cette puanteur que produit la corruption des *vers-à-soie*.

§. V.

*Séparation des Vers-à-soie qui s'obstinent à
ne pas monter. Dernier nettoiement des claies.*

Vingt-quatre ou trente heures au plus après
que les *vers*-à-soie ont commencé à monter,
et que les 4|5.es ou plus sont déjà montés, il
en reste sur les claies, de ceux qui sont faibles
et paresseux, qui ne mangent point, qui ne
prennent pas les caractères de ceux qui montent, et qui restent immobiles sur la feuille, sans
qu'on puisse prévoir quand ils monteront.

Le soin de ces *vers* étant tout-à-fait différent
de celui qu'on a pris de ceux qui sont montés et
qui travaillent, on doit les lever de suite et les
porter dans le petit atelier ou dans toute autre
chambre bien sèche, propre, ayant au moins
18 degrés de chaleur, où l'air soit agité doucement, et où il y ait les claies nécessaires,
couvertes de papier sec et propre, et avec la
haie préparée. (§. IV.)

Dès qu'on aura placé ces *vers* sur les claies
près de la haie, on verra que quelques-uns
monteront de suite, d'autres peu de temps
après, et enfin que d'autres mangeront encore
et monteront ensuite. Ces *vers* auront acquis la
vigueur qui leur manquait, par la seule raison
qu'ils sont passés dans une chambre un peu
plus chaude et beaucoup plus sèche.

La grande masse de *vers*-à-soie qui est dans
le grand atelier, se vide, et il arrive souvent
que beaucoup se salissent entre eux avec les
matières excrémentitielles liquides qu'ils rendent. L'humidité, ainsi que je l'ai déjà dit
plusieurs fois, fait beaucoup de mal à ces
petits animaux; et s'ils sont mouillés, leur transpiration diminue de suite; cela suffit pour les
rendre moins vigoureux et moins disposés à
monter. A mesure que les haies et les cabanes
se forment, les *vers* qui montent répandent
toujours de nouvelles matières liquides sur la
litière et sur le papier où se trouvent ceux
qui sont retardés, ce qui augmente en ceux-ci
l'état de mollesse et d'inertie, quoiqu'on suppose que l'air intérieur leur soit très-favorable;
car, si l'air devenait plus humide qu'à l'ordinaire, ils deviendraient plus paresseux et indis-
posés. Ainsi, le meilleur remède est donc de
les transporter dans un lieu sec et assez chaud.

S'il y avait de ces *vers* en quantité, non-
seulement il faudrait disposer les haies dans le
petit atelier, mais y placer aussi quelques-uns
des groupes formés de quatre petits fagots,
afin que tous pussent monter facilement et s'y
loger.

Si seulement une partie de ces *vers* paraissait être prête à monter, il faudrait les couvrir
tous avec un peu de feuille, et mettre par-

dessus quelques rameaux de chêne ou d'autres arbres. Tous les *vers* qui montent sur les rameaux sont prêts à monter ; il faut les prendre avec les mains et les mettre dans les petits fagots.

Avec ces secours, les *vers*-à-soie paresseux se distribuent d'eux-mêmes sur les rameaux, se vident et commencent à tisser leur cocon.

Avant de mettre ce peu de *vers* au milieu des petits fagots, on peut aussi leur faire, avec de la paille de navet ou autre, un petit étage où on les place afin qu'ils ne tombent pas, et qu'ils puissent ensuite se distribuer à leur aise.

Avec ces soins j'ai obtenu le cocon de presque tous les derniers *vers*-à-soie.

Ayant ainsi ôté de dessus les claies tous les *vers*-à-soie du grand atelier, on doit s'occuper de suite de les nettoyer pour la dernière fois.

On doit faire cette opération avec beaucoup de soin et de vitesse : on prend d'abord avec les mains le peu de litière qui s'est amassée à côté des haies et dans les cabanes ; on enlève ensuite tous les excrémens qui ont pu rester, avec le petit balai ou le porte-fumier (*fig.* 25), ou tout autre ustensile commode, ayant soin de bien nettoyer les claies. Il est d'un très-grand avantage d'enlever, le plutôt possible, tout ce qui peut corrompre l'air ou le rendre humide.

§. V I.

Soins de l'atelier jusqu'à ce que les Vers-à-soie
aient accompli le cinquième âge.

1.º Lorsque les *vers-à-soie* annoncent manifestement qu'ils sont prêts à monter, il faut
avoir bien soin d'empêcher que la température
de la chambre ne s'abaisse; on doit faire en sorte
qu'elle se conserve entre le 16.ᵉ et le 17.ᵉ degré;
que, si l'air extérieur est plus froid, il ne frappe
jamais directement les *vers*-à-soie, et qu'il n'y
ait jamais des coups d'air violens, mais, au
contraire, que la circulation intérieure se fasse
doucement de haut en bas, c'est-à-dire, des soupiraux supérieurs aux inférieurs, qu'on tiendra
plus ou moins ouverts selon les circonstances.
On peut aussi faire circuler, dans l'atelier, l'air
intérieur des chambres contiguës, soit en ouvrant
les portes, soit par les soupiraux du pavé.

On n'a pas besoin de tous ces soins lorsque
l'air extérieur est aussi chaud que celui de
l'intérieur, et qu'il n'est pas fortement agité.
Il est démontré que la grande agitation de
l'air engourdit les *vers*-à-soie, qu'elle les fait
souvent tomber, ou qu'elle leur fait suspendre
le travail qu'ils avaient commencé (1).

_____

(1) L'opinion la plus commune est que les secousses
occasionées dans l'air, soit par le bruit du tonnerre,

2.° Lorsque les *vers-à-soie* sont généralement prêts à monter, il faut toujours maintenir

---

soit par celui des coups de fusil, font tomber les *vers* de la bruyère; aussi les habitans de la campagne redoutent-ils les effets du tonnerre; et si les *vers* ne réussissent pas à la montée, et que le tonnerre se soit fait entendre, ils le regardent comme la seule cause de la perte de leur éducation : par la même raison, ils évitent de faire du bruit, dans la crainte de déranger les *vers* dans leur travail.

« Mais, si l'on consulte l'expérience (dit l'auteur de l'article des *vers-à-soie* du cours d'agriculture, rédigé par l'abbé Rozier), l'on se convaincra que, ni le bruit du tonnerre, ni celui d'une forte mousquetterie, ne font point tomber les *vers*, et qu'ils continuent à travailler comme s'ils étaient dans l'endroit le plus solitaire. Voici un fait qui confirme ce que j'avance: Il y a environ 35 ou 40 ans que, chez M. Thomé, grand éducateur de *vers*, un des premiers qui aient écrit sur la culture des mûriers et l'éducation des *vers-à-soie*, nous tirâmes, en présence de plusieurs témoins dignes de foi, plusieurs coups de pistolet dans l'atelier même, lorsque les *vers* étaient au plus fort de la montée. Un seul tomba, et il fut reconnu par tout le monde qu'il était malade et qu'il n'aurait pas coconné. Personne ne révoquera en doute le témoignage de M. Sauvages, qui répéta chez lui la même expérience, sans qu'il en résultât aucun effet. L'opinion générale est donc démentie par l'expérience, enfin par des faits absolument contraires à ce qu'elle veut propager. »

« La secousse occasionée dans l'air par le bruit du tonnerre, ne nuit donc en aucune manière aux *vers* qui filent leurs cocons; mais, la fulguration, les éclairs, l'air sec autant que possible, afin que tout le papier qui couvre les claies puisse facilement sécher, étant continuellement mouillé par les

le bruit annoncent un amas d'électricité dans l'atmosphère, qui se décharge, ou d'un nuage qui en a en surabondance sur un autre nuage qui en a moins ou point du tout, ou enfin, entre des nuages et la terre, jusqu'à ce que l'électricité soit en équilibre dans la masse totale. Cet équilibre ne peut point s'établir sans que des êtres faibles n'en soient affectés. Ne voit-on pas des personnes dont les nerfs sont délicats ou trop électriques par eux-mêmes, avoir des convulsions et même la fièvre dans de pareilles circonstances? Est-il donc étonnant que des *vers* remplis de soie qui, comme on le sait, devient électrique par le frottement, mais sans transmettre son électricité aux corps qui l'environnent, ne soient cruellement fatigués et tourmentés par leur électricité propre, et par la surcharge qu'ils reçoivent de celle de l'atmosphère? Si, à cette première cause, une seconde vient se joindre, on reconnaîtra évidemment ce qui occasionne la chute des *vers*, et l'on ne l'attribuera plus aux secousses produites dans l'air par le bruit du tonnerre, etc. »

« Avant que l'orage se décide, le temps est bas, lourd et pesant; la chaleur si suffocante, qu'on peut à peine respirer; la vapeur semble accabler la nature; on ne ressent pas le vent le plus léger; on ne voit pas une seule feuille agitée; les substances animales se putréfient promptement; enfin, la *touffe* se manifeste plus ou moins en raison de l'air atmosphérique, et sur-tout de celui de l'atelier. Les *vers* peuvent donc éprouver une asphyxie dans ces momens critiques. Le tonnerre et les éclairs indiquent le mal, mais ne sont pas le mal. »

Le Traducteur.

excrémens , et pour qu'il puisse absorber et
entraîner au-dehors l'eau qui se dégage de ces
insectes par la transpiration , et qui , comme
nous le verrons plus bas, est en grande quantité.

3.º S'il tombe des *vers*-à-soie déjà montés ,
il faut les relever et les porter dans le petit
atelier , où on a mis ceux qui sont tardifs ,
afin d'éviter , dans le grand atelier , que les derniers n'aient pas encore commencé leur cocon ,
lorsque les premiers l'ont déjà fini.

4.º Lorsque les *vers*-à-soie ont versé la *bave* ,
et qu'ils se sont en partie enveloppés de leur
soie, comme alors l'air ne les frappe plus directement, on peut employer un peu moins de
soins relativement à la circulation intérieure,
et on peut de temps en temps le laisser entrer
directement , quand il serait même un peu
agité.

5.º Lorsque le cocon a acquis une certaine
consistance , on peut laisser tout ouvert, parce
qu'on n'a plus à craindre les variations de l'air.
Le cocon est d'un tissu si serré, que l'agitation
de l'air , loin de faire du mal aux *vers* , leur
est agréable, quand bien même sa température
serait plus froide que celle que doit avoir l'atelier.

Ce que je viens d'exposer fait voir le grand
avantage d'avoir , dans le même atelier, tous
les *vers*-à-soie montés à très-peu de distance
les uns des autres; s'il y avait une grande

disproportion de temps entre eux, l'éducation générale irait mal, et il en résulterait inévitablement une grande perte.

Dans les pays où, par l'effet du climat, la température est toujours plus chaude que celle que j'ai indiquée pour l'époque de la montée, l'air y est sec sans néanmoins être agité, comme on le voit presque constamment dans les pays tempérés, et particulièrement dans les climats voisins des montagnes. Dans ces pays, il ne faut que laisser le courant de l'air libre du côté où il est le plus frais.

Quoiqu'il soit inutile, pour les climats chauds, d'entrer dans les détails dont je me suis occupé, comme, dans un ouvrage élémentaire, on doit fixer, pour tous les cas et pour tous les lieux, les règles sûres de l'art, j'ai dû parler de tout ce qui arrive, et indiquer les moyens d'y remédier.

Tous les soins que j'ai recommandés jusqu'à présent tendent :

1.º A conserver constamment la fluidité de la matière soyeuse placée dans les réservoirs des *vers*-à-soie ;

2.º A maintenir la peau ou la superficie du *ver*-à-soie suffisamment sèche, et par conséquent au degré de contraction qui lui est nécessaire, et sans lequel cet insecte périrait ;

3.º A empêcher que l'air ne s'altère jamais assez pour faire tomber malade ou pour suffoquer le *ver*-à-soie, dans les momens qu'il a le plus grand besoin de vigueur pour verser toute la soie qu'il contient.

Si on n'observe pas exactement ces règles et ces soins, on court le danger d'éprouver les pertes que je crois encore à propos de faire connaître.

1.º Un air trop froid ou trop agité, introduit dans l'atelier, peut de suite endurcir plus ou moins la matière soyeuse des *vers* qu'il frappe. Cette matière ne pouvant plus passer par les petits trous des filières, l'insecte suspend bientôt le travail du cocon et en souffre. Alors, beaucoup de ceux qui ne sont pas encore enveloppés dans la soie peuvent tomber d'un moment à l'autre, ce qui diminue la récolte des cocons. Pour se convaincre de cette perte, on peut faire l'expérience suivante : que l'on couvre avec du papier plusieurs petits fagots garnis de *vers*-à-soie, ayant soin de ne placer le papier que de deux fagots l'un, et cela du côté qui est exposé à l'air agité; on trouvera, dans les petits fagots qui sont défendus de l'air par le papier, de très-beaux cocons et en quantité, tandis que, dans les autres, il y en aura peu, parce que les *vers* seront tombés, qu'ils se seront transportés ailleurs, ou qu'ils auront mal filé.

2.º Un air trop humide, empêchant les *vers* de contracter leur peau pour évacuer les der-

niers excrémens, et pour exprimer la soie par
les filières, les fait souffrir, les affaiblit, ralentit
leur travail, et leur occasionne une quantité
de maux de divers genres qu'on ne peut aisément définir.

3.º Un air vicié par la fermentation des ordures et des claies, ou par le séjour des *vers*
tardifs encore couchés sur la litière, ainsi que
le défaut de circulation de l'air intérieur, qui
rend la respiration de ces insectes difficile et
qui relâche tous leurs organes, sont des causes
qui produisent aussi des maladies de tout genre.
Dans de pareils cas, beaucoup de *vers* tombent,
d'autres forment de mauvais cocons, y meurent
dedans dès qu'ils l'ont fini, et s'y corrompent.

4.º Un cas très-rare parmi nous, mais que
je veux cependant faire noter, afin que l'on connaisse toutes les causes qui peuvent nuire aux
vers-à-soie, c'est qu'un air constamment trop
chaud et trop sec, séchant les *vers* et produisant sur leur peau une contraction trop forte
et non proportionnée au vide qui se fait insensiblement dans ces insectes, par le versement
lent de la matière soyeuse et de l'humeur de
la transpiration, les oblige à une action vio-
lente et fatigante dans le travail du cocon.

Dans ce cas, ils vident les réservoirs de la
soie plutôt qu'il ne faut, forçant d'une certaine manière le diamètre des filières; alors la

soie n'a jamais la finesse de celle qu'ils versent à 16 degrés et demi de température. En
effet, ayant moi-même exposé beaucoup de
vers-à-soie à un air sec et à 30 degrés de chaleur, j'obtins des cocons, desquels ayant fait
tirer, par le moyen de la filature ordinaire,
plusieurs mille pieds de *bave*, le poids de cette
bave fut d'à peu près un sixième de plus d'un
égal nombre de pieds extraits des cocons formés
à la température de 16 degrés et demi. Cette
observation peut servir pour expliquer pourquoi, dans les climats chauds, la soie est généralement moins fine et plus forte que celle des
climats tempérés, où les *vers* à soie sont élevés
à un moindre degré de chaleur.

L'art enseigne à éviter tous les inconvéniens
dont nous venons de parler, inconvéniens qui
détruisent tous les ans un nombre immense
de *vers*-à-soie, et contribuent à former une
grande quantité de plus ou moins mauvais
cocons.

Le vulgaire a des idées confuses de toutes
ces maladies ; mais, comme il n'en connaît
pas les causes, il arrive souvent que, croyant
appliquer un remède, il donne un poison.

L'usage du thermomètre et de l'hygromètre,
faisant connaître les causes des maladies, indique
les moyens d'y remédier ; et ces moyens sont
ceux que j'ai déjà décrits, tels que le feu dans

les cheminées situées aux angles de l'atelier, les feux légers faits à propos, l'ouverture des soupiraux, etc.

Le cinquième âge s'accomplit à mesure que les *vers*-à-soie vigoureux versent leur soie et forment le cocon.

Cet âge est accompli lorsque, en touchant le cocon, on reconnaît qu'il a beaucoup de consistance ; alors le *ver*-à-soie a déposé son enveloppe dans le cocon ; il s'est changé en chrysalide, et son sixième âge commence.

§. V I I.

Quantité de matières excrémentitielles, vapo-
reuses et aériformes que rendent les Vers-
à-soie, depuis le moment qu'ils sont arrivés
à leur plus haut degré d'accroissement, jus-
qu'à leur maturité et jusqu'à la formation
parfaite du cocon.

J'offre ici un calcul qui résulte des faits que m'a donnés la quantité de matière qui sort des *vers*-à-soie à la fin du cinquième âge, afin que, par ce calcul, on puisse connaître à l'évidence quels sont les ennemis qui peuvent continuellement faire des ravages dans un atelier.

On doit faire attention que je n'entends parler que des matières nuisibles qui se dégagent des *vers*, et non de celles que peuvent produire la feuille, les épluchures et les excrémens, toutes matières qui vicient l'air et qui sont funestes aux *vers* pour peu qu'elles séjournent dans l'atelier. Je parlerai ailleurs de ces matières. (Chap. XIV.)

Il résulte de mes expériences que 36o *vers-à-soie*, qui donnent environ une livre et demie de très-beaux cocons, pèsent à peu près trois livres trois onces et demie, lorsqu'ils sont arrivés à leur dernier degré d'accroissement.

Ces *vers* sont prêts à faire le cocon dans deux ou trois jours, et alors ils ne pèsent plus qu'à peu près deux livres et sept onces.

Lorsque ces *vers* montent, ils se vident d'une plus ou moins grande quantité d'eau presque pure, soit par l'anus, soit par les filières, soit par la transpiration ; ils évacuent aussi une petite quantité de matières solides, et forment ensuite leur cocon dans trois ou quatre jours. Ces cocons ne pèsent en tout qu'environ une livre et demie.

Supposons maintenant un atelier comme celui dont j'ai parlé jusqu'ici, contenant la quantité de *vers-à-soie* produits par cinq onces d'œufs, et suffisante pour donner à peu près six quintaux de cocons, voici quels en seront les résultats :

1.º Si 36o *vers*-à-soie, qui donnent une livre et demie de cocons, pèsent trois livres trois onces et demie, lorsqu'ils sont à leur dernier degré d'accroissement , il est clair que tous les *vers* de mon atelier, qui donnent 600 livres de cocons, doivent peser à peu près 1285 livres 3 onces, lorsqu'ils sont arrivés à leur plus haut degré d'accroissement.

Et si les 360 *vers-à-soie*, prêts à faire le cocon , ne pèsent qu'à peu près 42 onces, il est clair également que la totalité de ceux de mon atelier doit peser à peu près 10 quintaux 50 livres ; dans trois jours, il se sera donc séparé, du corps des gros *vers-à-soie*, environ 237 livres et demie de matières , soit solides, soit liquides, vaporeuses et gazeuses.

2.º Et si , après trois ou quatre jours, les *vers*, qui ne pèsent plus qu'à peu près 10 quintaux 50 livres, sont changés en 600 livres de cocons , il est clair aussi que , dans trois ou quatre autres jours , il se sera séparé de leur corps à peu près 450 livres de matières liquides, vaporeuses et gazeuses.

3.º Dans six ou sept jours , il se sera donc séparé du corps des *vers* propres à donner seulement 600 livres de cocons , à peu près 700 livres de matières excrémentitielles solides , liquides, vaporeuses et gazeuses. Cette quantité surprenante de matières sorties seulement du corps des *vers-à-soie* , dans si peu de jours , est plus grande que le poids total des cocons et des chrysalides, qui n'est que de 600 liv.

On ne croirait pas que les *vers-à-soie* produi-
sissent tant de matières nuisibles dans peu de
jours , si cela n'était démontré par des calculs
positifs. (Chap. XIV.)

D'après cette supposition, il est aisé de concevoir comment cette grande quantité d'exhalaisons, séjournant dans l'atelier, peut, dans les
derniers jours, engendrer promptement des maladies, et produire une grande mortalité , au
moment qu'on espère de faire une récolte abondante de cocons. Cela doit donc convaincre de
la nécessité d'observer attentivement les soins
que j'ai prescrits.

CHAPITRE IX.

*Du sixième âge des Vers-à-soie , c'est-à-dire,
de leur état de chrysalide. Récolte , conservation et diminution en poids des Cocons.*

Nous avons vu, dans les deux chapitres précédens , que le cinquième âge des *vers*-à-soie ,
qui commence après la quatrième mue, finit
dès le moment que ces insectes ont fait le cocon
et qu'ils se sont transformés en chrysalide, laissant leur vieille dépouille dans le cocon.

Le sixième âge commence à leur état de chrysalide, et finit à leur transformation en papillon,
après avoir déposé dans le cocon l'enveloppe
qui les couvrait.

15

A dire vrai, cet âge exige moins de soins que les précédens, sur-tout si on a bien exécuté tout ce que j'ai déjà prescrit.

Cependant, les différentes opérations et soins qui regardent cet âge sont de quelque importance et de quelque intérêt. Examinons donc ce qu'il y a à faire :

1.º Récolte des cocons ;

2.º Choix de ceux qui doivent fournir les œufs ;

3.º Conservation des cocons jusqu'à la sortie des papillons ;

4.º Perte journalière en poids que font les cocons, du moment qu'ils sont parfaits jusqu'à l'apparition du papillon.

§. I.er

Récolte des Cocons.

D'après les conditions que j'ai fixées ci-dessus, les *vers*-à-soie sains et vigoureux terminent leur cocon dans trois jours et demi au plus, à compter du moment qu'ils rèndent la première *bave*.

Cette période de temps est plus courte, si les *vers* filent la soie étant exposés à une température au-dessus de celle que j'ai déterminée, et dans un air sec.

Elle est plus ou moins longue, si les *vers* ne sont pas bien sains, ou s'ils se trouvent exposés à une température plus froide que celle déjà indiquée; s'ils éprouvent des alternatives de chaud et de froid; si l'air qui les entoure est humide, ou vicié; si les *vers* sont exposés à des coups-d'air, lorsque le cocon n'est pas encore assez formé pour les garantir entière-ment; enfin, si une quantité de ces insectes est montée long-temps après l'autre, ce qui est toujours un effet des mauvais soins et d'une mauvaise direction.

Je conviens qu'il sera peut-être difficile aux éducateurs de changer de suite beaucoup de vieux usages et d'en introduire de nouveaux, quoique faciles. Afin d'éviter les pertes que leur occasionneraient les inattentions qu'ils auraient pu commettre, il vaudra mieux pour eux qu'ils ne lèvent pas les cocons avant le huitième ou le neuvième jour, à compter du moment que les *vers* ont commencé à monter. Je les lève le septième et même le sixième jour, parce qu'il s'est fait dans mes ateliers tout ce que j'ai prescrit jusqu'à présent.

Nous verrons d'ailleurs, dans la suite, que ce petit retard n'occasionne qu'une petite dimi-nution en poids des cocons, qui fait qu'ils deviennent meilleurs et qu'on en obtient même de tels des *vers* qui emploient beaucoup de temps à se vider, et qui, par conséquent, ont commencé leur travail plus tard.

Lorsque les sept ou huit jours sont passés, on recueille les cocons.

Cette opération doit commencer par les claies les plus basses, allant insensiblement en montant jusqu'aux plus hautes, et cela afin de pouvoir facilement lever tous les cocons qui se trouvent attachés sous les claies et où il n'y a pas de rameaux.

On ne doit point jeter les petits fagots ou rameaux chargés de cocons, mais bien les faire prendre doucement pour les remettre à ceux qui sont chargés de lever les cocons.

Si on jetait les fagots, comme le font quelques personnes, on s'exposerait à écraser les cocons et à les faire tacher par ceux dont le *ver* serait mort avant de l'avoir bien fini.

Aucun de ces inconvéniens n'a lieu dans un atelier bien dirigé.

Les personnes destinées à détacher les cocons des petits fagots, doivent être assises en rang l'une à côté de l'autre, et on porte aux pieds de chacune les fagots garnis.

Il doit y avoir un panier entre deux ouvriers pour y déposer les cocons. Un autre ouvrier doit prendre les fagots dépouillés, et s'ils sont de genêt ou d'autres arbustes, il les entassera quelque part pour une autre année. S'ils sont de paille ou de quelqu'autre plante légère (1),

(1) La bruyère peut servir pour bien des années; elle

on peut les brûler , parce qu'ils se remplacent
aisément chaque année.

---

est même meilleure la seconde année que la première.

La paille qu'on emploie pour former les haies , la
bruyère même de la première année, nuisent à beaucoup
de *vers*-à-soie , parce que leurs extrémités sont trop
fines et trop faibles.

Le *ver*-à-soie monte et va toujours en avant jusqu'à
ce que, arrivé à ces extrémités légères, il les fait pencher,
et les détache de celles sur lesquelles elles étaient appuyées ; alors, n'ayant pas assez d'appui , il tombe sur
la claie et même à terre , si on n'a pas eu le soin de
placer la bruyère de manière à l'en empêcher.

Ces chutes sont toujours nuisibles et même quelquefois mortelles aux *vers* , s'ils sont tombés de haut. Il
faut donc arranger la bruyère de manière qu'elle n'ait
pas des extrémités si faibles.

Lorsque la bruyère a servi un an , je la fais passer
en petits fagots, légèrement et avec beaucoup de
promptitude, sur de la flamme faite avec du même
bois. De cette manière, la bave de la soie qui y est
restée se brûle , ainsi que les extrémités fort légères
de ces feuilles; et, comme je l'ai déjà dit , elle devient
meilleure pour l'année suivante. Après cette petite
opération , il faut bien battre ces fagots contre un
corps dur, afin de faire tomber tout ce qui s'est brûlé.
On leur fait ensuite prendre l'air, afin qu'ils ne conservent que leur odeur naturelle.

On peut ensuite les amonceler , et lorsqu'on doit les
employer de nouveau , on leur fait avant prendre l'air.
Au lieu de bruyère sèche et vieille , il serait plus avantageux, si on le pouvait, d'employer des rameaux de

Les personnes qui détachent les cocons doivent avoir devant elles du papier pour ne pas se salir, si elles rencontrent quelque *ver - à-soie* pourri.

Tous les cocons qu'on reconnaît au tact ne pas être assez forts, et plus ou moins mous, doivent être mis à part. Il faut, pour ceci, être rigoureux, afin d'éviter que l'acheteur, pour les avoir, par exemple, à un sou de moins par livre, n'ait pas le prétexte qu'il y a des cocons de mauvaise qualité.

On doit d'autant plus faire le choix avec sévérité, qu'on peut tirer bon parti des cocons de rebut. Il m'est arrivé, chaque année, qu'en les faisant filer, la soie que j'en ai retirée m'a valu presque autant que celle des beaux cocons. On peut aussi profiter cette soie pour les usages de la famille.

Mais revenons aux opérations dont je parlais.

Les paniers des cocons doivent se vider sur des claies placées en file et élevées au-dessus du sol, afin de pouvoir examiner commodément les cocons, comme nous le dirons dans la suite.

On doit étendre les cocons sur les claies par

---

plantes fraîches, et particulièrement de navets, mais pour cela il faudrait les priver des feuilles et des petits rameaux trop faibles.

couches de quatre travers de doigt, ou à peu près à la hauteur des bords des claies.

Il faut avoir l'attention de bien nettoyer les paniers, le pavé et tout ce qui sert à recueillir et à déposer les cocons.

On doit diriger les opérations des personnes employées dans l'atelier, de manière à ce que leur travail soit terminé en même temps que celui des autres personnes qui, hors de l'atelier, sont chargées de détacher les cocons des petits fagots.

Lorsque les cocons sont séparés des petits fagots, on doit avoir le soin d'en ôter lestement et avec adresse la *bave* dans laquelle le *ver* a formé son cocon, et qu'on nomme bourre.

En commençant le travail au lever du soleil, et le finissant avant quatre heures du soir, douze personnes suffisent pour séparer de la bruyère 600 livres de cocons, les nettoyer et les mettre sur les claies.

Aussitôt qu'on a terminé l'opération, on prend les cocons des claies et on les met dans les hottes. Dans le cas qu'ils fussent vendus, on les pèse et on les transporte chez l'acheteur.

Avant de transporter les cocons, il ne faut pas oublier de visiter les feuilles de papier, les murs, le boisage et tous les endroits où les *vers* ont pu faire les cocons. Si on en trouve, on doit les bien nettoyer comme les autres,

avant de les mêler, afin qu'ils soient tous également beaux.

On sera agréablement surpris de voir que
la quantité ou le poids des cocons correspond
toujours à l'espace des claies que les *vers-à-*
soie avaient occupé.

En suivant la méthode que j'ai indiquée, on
obtiendra constamment de chaque 183 pieds
4 pouces carrés de claies, sur lesquelles on
a élevé les *vers* provenant d'une once d'œufs,
de 112 à 127 liv. de cocons de première qualité.

Que l'atelier soit grand ou petit, le produit
en cocons égalera toujours la susdite proportion, et ne diminuera jamais, quelque mauvaise
qu'ait été la saison, si on a observé et exécuté tout ce que j'ai enseigné.

§. II.

Choix des Cocons pour la reproduction des œufs.

Dans l'état d'imperfection où se trouve l'art
d'élever les *vers-à-soie*, il faut au moins la
soixantième partie des cocons qu'on recueille
pour en retirer les œufs.

Ce calcul est fondé sur une longue série
d'expériences qui tendent à démontrer :

1.º Qu'on retire à peu près deux onces d'œufs

d'une livre et demie de cocons mâles et femelles (1) ;

2.º Qu'en général , dans les pays d'Italie où
on élève les *vers-à-soie* , on ne retire pas plus
de 45 livres de cocons par once d'œufs , quoique quelquefois elle en produise 50 et 60.

Et comme il est de fait que , dans l'étendue
de pays qui formait le royaume d'Italie , la
valeur commerciale à l'étranger de la soie et
de tout ce qu'on retire des cocons, monte à
plus de 80 millions , il est évident que la valeur
des cocons employés pour les œufs , qui monte
à près d'un million et demi, est enlevée à notre
commerce avec l'étranger.

Si donc , pour le perfectionnement de l'art,
que j'ai pour but dans cet ouvrage , la production des cocons est augmentée depuis 45 livres
par once d'œufs jusqu'à 90 livres, il est évident
qu'on ajoutera , pour le commerce extérieur ,
une quantité de soie correspondante à la moitié
des cocons employés pour les œufs , ce qui
produit une forte somme.

---

(1) L'auteur de l'article sur les *vers-à-soie* , du cours
d'agriculture de l'abbé Rozier, dit qu'on compte communément une livre de cocons pour avoir une once de
graine. La différence en plus de graine qu'obtient l'auteur de l'ouvrage que je traduis , parait dépendre de
la meilleure éducation qu'il donne aux *vers-à-soie*.

Le *Traducteur.*

Cet avantage est un des moindres que le perfectionnement des soins des *vers-à-soie* peut produire, comme je le démontrerai par la suite. (Chap. XV.)

Revenant aux cocons destinés aux œufs, on peut dire avec assurance, que, si on les prend d'un atelier bien soigné, il est tout-à-fait inutile de se donner la peine de les choisir : plusieurs expériences m'en ont convaincu, et diverses personnes qui ont pris de mes cocons, sans aucun choix, ont obtenu de très-bons œufs.

Cependant, dans l'état actuel de l'éducation des *vers-à-soie*, ce serait heurter un peu trop l'opinion des éducateurs que de leur proposer de supprimer ce choix, quoiqu'on ne fasse que perdre le temps inutilement : cela convient d'autant moins à présent, que, s'il arrivait quelque désastre pendant qu'on élève les *vers*, on ne manquerait pas d'en attribuer la cause à la négligence du choix. Avec le temps, les lumières et l'expérience convaincront ceux qui cherchent leur avantage, que ce choix est inutile.

Si on veut faire ce choix, il faut prendre les cocons qui sont couleur de paille pâle, les plus durs, sur-tout aux deux extrémités, où le tissu semble plus fin ; ceux qui ont une espèce d'anneau ou cercle rentrant qui les serre dans leur milieu, et qui ne sont pas les plus grands.

Les petits cocons très-durs aux extrémités, et un peu serrés au milieu, indiquent que le *ver* a eu beaucoup de force, puisqu'il a pu attacher sa *bave* long-temps, et la contourner souvent dans les points les plus éloignés les uns des autres, ce que n'aurait pas fait un *ver*-à-soie faible.

Jusqu'à présent je n'ai pas pu découvrir, par mes expériences, que la force que déploie le *ver*-à-soie en formant le cocon, ait ensuite influé sur la force fécondatrice dans les mâles, ou sur la qualité des œufs dans les femelles. Des cocons de consistance et de forme différente m'ont donné également une plus ou moins grande quantité de très - bons œufs fécondés. Des *vers*-à-soie très-sains, parfaitement mûrs, d'égal poids, m'ont donné des cocons dont le poids variait un peu.

Il est de fait que la quantité plus grande de substance soyeuse filée par un *ver* sain, plutôt que par un autre également sain, démontre seulement que le premier avait accumulé dans ses réservoirs plus de substance soyeuse que le second, sans qu'on puisse en déduire que l'un soit inférieur à l'autre quant à la force fécondatrice. La parfaite santé du *ver* - à - soie est absolument indépendante de la quantité plus ou moins grande de soie qu'il peut produire. Il y a plus, c'est qu'un *ver*-à-soie peut être très - sain et très-fort, quoique ses réservoirs contiennent un peu moins de soie qu'un autre qui paraîtrait moins vigoureux. J'ai trouvé à des *vers*-à-soie malades, qui n'auraient pas même pu faire leur cocon si je ne les avais pas secourus, et tels sont tous ceux qui se sont raccourcis et ont grossi et qu'on nomme *harpions* (Riccioni) (1) ; je leur ai trouvé, dis-je, plus de substance soyeuse qu'à beaucoup d'autres très-sains que j'avais ouverts moi-même. (Chap. XII.)

Il conste des expériences que j'ai faites sur mes cocons ou sur ceux de mes fermiers, qu'il sort toujours d'un cocon produit par un *ver-à-soie* sain, un très-bon papillon, soit mâle, soit femelle, et j'ignore qu'il puisse y avoir des exceptions à ce que je dis.

Lorsqu'on choisit les cocons pour les œufs, beaucoup de personnes les secouent l'un après l'autre pour entendre si la chrysalide bat un coup sec contre les parois du cocon; et d'après cela elles décident qu'elle y est et qu'elle est saine. Cette opération ennuyeuse est inutile (2).

(1) De toutes les maladies des *vers-à-soie* que décrit M. le Comte Dandolo, celle qu'il nomme *Riccione* est la seule qui ressemble à celle qu'on trouve décrite dans le cours d'agriculture de l'abbé Rozier, sous le nom de *harpions* ou *passis*.

(2) On trouve ce qui suit dans l'ouvrage de l'abbé Rozier: « Lorsqu'on a fait le choix de la quantité de

La chrysalide existe toujours dans le cocon, et
elle est saine lorsque les ateliers ont été bien
soignés. Il arrive rarement que quelques *vers-
à-soie*, en faisant leur cocon, aient peine, dans
les derniers momens qu'ils filent la soie , à
porter jusqu'aux deux extrémités les dernières
portions de *bave*, ou qu'ils ne les attachent
pas bien aux parois intérieures ; malgré cela ,
quoique les deux extrémités du cocon se trouvent alors un peu moins garnies de soie , et
qu'il y ait beaucoup de fils confusément disposés dans le cocon, on trouve la chrysalide
saine et parfaite.

Dans des cas pareils, si on secoue le cocon,
il peut bien se faire qu'on n'entende pas la
chrysalide, qui se trouve fixée par quelques fils,
quoiqu'elle soit saine. Au reste , ceux qui dési-
rent faire cette expérience en sont les maîtres ;
il me suffit d'avoir dit la chose telle qu'elle est.

Il n'y a point de signes certains pour distinguer les cocons qui doivent donner les papillons
mâles , de ceux qui contiennent les femelles ;

---

cocons dont on veut avoir les papillons, il faut s'assurer
de la vie de la chrysalide, en secouant chaque cocon auprès
de l'oreille. Si elle est morte et détachée du cocon , elle
rend un bruit aigre. Le muscardin ou cocon-dragée
rend le même bruit; mais lorsque la chrysalide est vivante,
elle rend un bruit sourd , et elle a moins de jeu dans
le cocon. » *Le Traducteur.*

mais les moins trompeurs et les plus reconnus sont les suivans :

Le cocon le plus petit , pointu d'un ou des deux côtés, et serré dans son milieu , contient ordinairement un mâle ; celui qui est très-rond aux extrémités , gros et peu serré , ou pas du tout dans son milieu , contient en général une femelle.

Dans le prochain chapitre , nous verrons que les chrysalides et les papillons femelles pèsent presque le double des mâles , ce qui suppose naturellement que le cocon de la femelle doit être , à circonstances égales , plus gros que celui du mâle.

Ayant formé des tables de cocons que je croyais tous mâles , et d'autres que je croyais tous femelles, j'ai trouvé que , dans l'un et l'autre cas , la majeure partie correspondait aux signes ci-dessus indiqués.

Un *ver*-à-soie , quoique femelle , forme assez souvent un cocon petit et pointu , parce qu'étant vigoureux, il a pu se mouvoir et se retourner avec facilité dans tous les sens ; lorsqu'au contraire cet insecte est sans vigueur, ses mouvemens sont faibles , ce qui fait qu'un *ver*-à-soie mâle fait quelquefois un cocon gros et pas du tout pointu.

On doit donc conclure que les cocons provenant des ateliers bien tenus , qui ont de la consistance , et qui sont d'un grain fin , sont tous propres à donner de très-bons œufs ; sur cent , à peine y en a-t-il un qui ne produise pas un papillon vigoureux. Nous devons dire aussi , quant aux moyens de reconnaître les sexes , qu'il y a , il est vrai , des signes qui en général indiquent la vérité , mais que cependant ils ne sont jamais assez sûrs pour ne pas induire quelquefois en erreur.

§. I I I.

Conservation des Cocons destinés à donner les œufs.

La conservation des cocons destinés à reproduire les œufs , est une opération importante.

Il faut pour cela une chambre sèche , exposée à une température de 15 à 18 degrés.

L'expérience démontre que , si cette température est au-dessus de 18 degrés, la conversion de la chrysalide en papillon se fait trop rapidement , et alors les accouplemens sont moins féconds. Si la température se trouve au-dessous de 15 degrés, le développement du papillon a lieu trop tard, ce qui est aussi nuisible, comme nous en parlerons au chapitre suivant. Si la chambre n'est pas sèche , l'humidité qui est toujours nuisible aux *vers* , l'est alors à la chrysalide , et la fait changer en papillon faible.

On doit donc faire en sorte que la température de la chambre où on place les cocons, soit toujours entre le 15.ᵉ et le 18.ᵉ degré. On doit toujours préférer les chambres du premier à celles du rez-de-chaussée.

Dès qu'on a rassemblé les cocons destinés pour les œufs, et qu'on les a étendus sur un pavé sec ou sur les tables, une personne leste doit leur ôter, l'un après l'autre, le reste de bourre qu'ils peuvent avoir.

Cette bourre ne fait pas une partie essentielle du cocon ; on l'enlève, parce que non-seulement cela rend le cocon plus propre et moins susceptible de se salir, mais aussi parce que le papillon en sortant ne se trouve pas embarrassé par les pattes dans cette bourre, dont il ne peut souvent se délivrer qu'avec beaucoup de peine, et quelquefois qu'avec le secours de quelqu'un. Il est vrai de dire que cette opération à faire aux cocons est un peu ennuyeuse ; cependant une main exercée en débourre trente livres dans un jour, sans prendre beaucoup de peine. Pendant cette opération, il faut avoir le soin de mettre de côté les cocons qui paraissent avoir quelque imperfection.

C'est alors le moment de séparer les cocons qu'on croit femelles de ceux qu'on croit mâles.

Aussitôt que l'opération est finie, on place les cocons choisis sur des tables par couches de trois travers de doigt au plus, afin que l'air puisse s'y insinuer et passer par-tout, et qu'on n'ait pas besoin de les remuer souvent.

Les personnes qui les mettent trop entassés sur les tables, sont obligées de les retourner souvent; et comme la chrysalide produit une continuelle évaporation, ainsi qu'on le verra plus bas, il s'en suit que, si les cocons qui sont dessous ne sont pas remués, ils courent le risque de devenir trop humides, et de nuire à la chrysalide.

Si la chaleur de la chambre destinée à cet usage était à plus de 18 degrés, et qu'on ne voulût pas transporter ailleurs les cocons, on doit au moins tenter de diminuer la chaleur, en tenant parfaitement fermé du côté par où entre le soleil. Il faut établir de temps en temps des courans d'air, afin de chasser l'humidité qu'exhalent les chrysalides. Il est aussi utile de remuer les cocons chaque jour, quoique peu entassés, si l'atmosphère se maintenait long-temps humide; mais si la température monte à 20 ou 22 degrés, il faut de suite transporter les cocons dans une chambre plus fraîche. Les températures moyennes sont toujours les plus convenables pour soigner les *vers*-à-soie, les chrysalides et les papillons.

16

§. I V.

Perte journalière en poids que fait le Cocon du moment qu'il est formé jusqu'à ce que le papillon en sort.

Il n'y a aucune connaissance inutile , quelque minutieuse qu'elle soit , lorsqu'elle peut contribuer à diminuer les pertes et augmenter les profits d'un art quelconque; et comme je me suis proposé de mettre tout le monde en état de bien élever les *vers*-à-soie pour en retirer tous les avantages possibles, j'ai voulu aussi connaître et calculer combien chaque jour le cocon perd en poids.

C'est une opinion vulgaire que le cocon diminue de son poids pendant un certain temps, après lequel il augmente. Cette vieille opinion est cause que plusieurs personnes s'empressent trop de donner les cocons au fileur avant qu'ils diminuent de poids , ou qu'elles retardent trop à les lui donner , dans l'espoir qu'ils augmentent. Je ne saurais dire comment peut être née cette opinion erronée : serait-ce l'intérêt des fileurs qui l'aurait formée et lui aurait donné de la valeur ?

Pour bien connaître et calculer la diminution de poids dans le cocon , j'ai pesé scrupuleusement tous les jours, 1000 onces de cocons, à compter du moment qu'ils étaient entièrement formés , jusqu'à celui où je me suis aperçu que quelque papillon , mouillant un peu l'extrémité du cocon , indiquait qu'il avait mis la tête hors de l'enveloppe qui couvrait la chrysalide, et qu'il se disposait à déchirer le cocon.

Voici le résultat de la diminution journalière de ces 1000 onces de cocons dans une chambre entre 17 et 18 degrés de température :

Levés de la bruyère et nettoyés, cocons onc. 1000
Un jour après , le poids était d'onces. . .   991
Deux jours après, le poids était d'onces. .   982
Trois jours après, le poids était d'onces. .   975
Quatre jours après, le poids était d'onces. .   970
Cinq jours après, le poids était d'onces. .   966
Six jours après, le poids était d'onces. .   960
Sept jours après, le poids était d'onces. .   952
Huit jours après, le poids était d'onces. .   943
Neuf jours après, le poids était d'onces. .   934
Dix jours après, le poids était d'onces. .   925

Les cocons perdent donc , dans dix jours, sept et demi pour cent, par le seul effet du dessèchement de la chrysalide. Dans les premiers quatre jours, ils perdent trois pour cent, c'est-à-dire, trois quarts par cent chaque jour. Dans les derniers jours, ils perdent un peu plus , parce que , comme alors le moment de la formation du papillon approche , il se dégage une plus grande quantité d'humidité.

L'état plus ou moins sec de l'atmosphère peut augmenter ou diminuer la perte de quelque once. Il est donc clair que ceux qui, pour faire plaisir au fileur, tiendraient deux, trois ou quatre jours de plus les cocons à la bruyère, perdraient chaque jour à peu près deux centimes par livre de cocons sur le prix convenu.

Les personnes dont les *vers*-à-soie sont montés à une distance de quatre, cinq ou six jours les uns des autres, et qui n'ont pu lever les cocons que douze jours et même plus, après que les premiers *vers* ont commencé à monter, peuvent éprouver une perte de trois ou quatre pour cent sur une grande quantité de cocons, sans que personne leur sache gré de ce sacrifice.

Dans beaucoup de cas, c'est une perte pour celui qui achète les cocons pour en faire tirer la soie, d'en recevoir qui aient été achevés dans différens jours, parce que lorsque, dans quelques cocons, les papillons se disposent à naître, dans d'autres, ils en sont encore bien éloignés ; et alors ceux qui font filer ne savent pas s'ils doivent le faire faire de suite, ou s'ils doivent faire mourir les chrysalides pour les conserver.

Si on suit exactement les règles portées dans le chapitre précédent, on évitera cette perte, et on aura des cocons parfaitement formés et en état d'être remis après sept jours à compter du moment que les *vers* commencent à monter.

CHAPITRE X.

Du septième âge des Vers-à-soie *; de la nais-*
sance et de l'accouplement des Papillons ;
de la ponte et de la conservation des Œufs.

Le septième et dernier âge du *ver - à - soie*
comprend toute la vie du papillon.

Ce n'est point dans un ouvrage de cette nature
que je dois démontrer comment, dans l'enveloppe qui couvrait la chrysalide , le papillon se
forme par la force de la vie et des affinités
chimiques , et que se forment aussi l'humeur qui
féconde les œufs , une certaine quantité de
substance fluide qu'on voit s'accumuler dans
divers réservoirs , et enfin, tout ce qui peut
constituer son être ; je dirai seulement que ,
dès que le papillon est formé , il emploie de
suite une portion de la substance liquide, presque du goût de l'eau , qui sort de sa bouche ,
pour humecter et déchirer non-seulement l'enveloppe qui le couvre , mais aussi le tissu
très-fort du cocon dans lequel il se trouve
renfermé.

On reconnaît que le papillon est formé , et
qu'il cherche à sortir , lorsqu'on aperçoit une
extrémité du cocon mouillée , qui est la partie
où est la tête du papillon. Dès qu'on a vu ces

signes , dans quelques heures , et quelquefois dans moins d'une heure , le papillon perce le cocon et sort. Il arrive quelquefois que le cocon est d'un tissu si dur , et a tant de soie, que le papillon s'efforce en vain d'en sortir et qu'il y meurt. Quelquefois aussi la femelle est obligée de déposer une certaine quantité d'œufs dans le cocon avant d'en sortir ; elle y périt aussi quelquefois.

Ne se pourrait-il pas que cette observation nous indiquât le besoin d'extraire la chrysalide des cocons en les coupant, afin que le papillon n'eût qu'à sortir de son enveloppe ? Je l'ai fait moi-même avec succès à beaucoup de cocons, mais j'ai trouvé que cet avantage ne dédommage pas de l'ennui qu'occasionne cette opération ; sans compter l'embarras que donne la naissance des papillons privés de cocons , sur lesquels ils peuvent s'étendre commodément (1).

---

(1) Il est très-avantageux que , lorsque le papillon sort la tête et les premières jambes , il puisse rencontrer quelque corps qui lui facilite sa sortie en lui donnant un appui pour se pousser en avant ; pour cela , il faut arranger les cocons par couches de trois ou quatre travers de doigt.

Si on tire la chrysalide du cocon pour que le papillon sorte facilement de son enveloppe, il arrive que , si les papillons sont placés sur une table unie, il y en a cinq sur cent qui ne peuvent pas sortir ; ils traînent leur

La vie du papillon dure dix, douze ou quinze jours, selon la force de sa constitution, et l'état plus ou moins doux de l'atmosphère. Une température chaude tend, en général, à activer toutes les opérations auxquelles la nature a destiné ce papillon, et à accélérer son presque total dessèchement qui le conduit à la mort.

Ce dernier âge a aussi grand besoin de soins attentifs. Quoique les papillons des *vers*-à-soie aient des ailes comme tous les autres papillons, ils n'ont cependant pas assez de force pour s'élever et se chercher un lieu propre à déposer leurs œufs, et pour les mettre en sûreté comme font les autres espèces de chenilles que nous connaissons. (Chap. I.)

Il appartient donc à l'industrie de l'homme de recueillir et de conserver les œufs des *vers*-à-soie, afin de les bien disposer pour l'année suivante par les moyens les plus avantageux.

---

enveloppe avec eux pendant long-temps, et finissent par mourir dans cet état.

Si la table sur laquelle on place les chrysalides n'est pas passée au rabot, les papillons sortent avec un peu plus de facilité, parce que les rugosités de la table leur servent d'appui.

Je pense donc que la méthode pratiquée comme je l'ai dit plus haut est la meilleure ; il faut cependant avoir soin de resserrer les espaces que les cocons occupent, à mesure que les papillons sortent, et qu'on enlève les cocons percés.

Il me paraît qu'il est de l'intérêt de tous ceux qui élèvent des *vers-*à-soie, d'obtenir, de leurs cocons mêmes, de bons œufs plutôt que de les acheter, afin d'être certains de leur parfaite qualité; cependant un grand nombre de personnes ne s'en occupe pas. Je vais leur faire connaître des moyens faciles, simples et sûrs pour obtenir une petite comme une grande quantité d'œufs de bonne qualité.

Selon moi, il ne peut y avoir que trois motifs pour lesquels on ne conserve pas les œufs qu'on récolte, et qu'on préfère les prendre des autres.

Le premier est que les couvées aient mal réussi, et qu'elles aient produit de mauvais cocons; ce motif ne peut jamais avoir lieu, si on a bien élevé les *vers*-à-soie.

Le second est que l'expérience ait constamment démontré que les œufs qu'on a récoltés, quoique produits par des cocons de bonne qualité, obtenus sur le lieu, réussissent mal comparativement à d'autres œufs qu'on croirait meilleurs; ce qui prouverait que les *vers*-à-soie de celui qui achète les œufs ont été plus mal soignés que ceux de celui qui les vend.

Le troisième que, pour s'épargner de la peine, on achetât les œufs, pourvu qu'on fût assuré d'en trouver d'une qualité très-bonne, à raison de ce que les *vers*-à-soie auraient été

soignés et qu'ils auraient bien réussi. Cela indiquerait qu'il n'y aurait que la paresse qui dé-
terminerait à acheter les œufs des autres, et
on pourrait un jour en être la dupe.

Il n'y a donc que des cas bien rares qui puissent autoriser à acheter les œufs, plutôt que
de les faire éclore soi-même.

Je devrais aussi dire, dans ce chapitre, s'il
convient de changer chaque deux, trois, quatre
ans, les œufs qui proviennent du même atelier.
Je ne dirai que deux mots sur toutes les opi-
nions erronées ou populaires qui existent à ce
sujet.

D'abord si, pendant mille ans, on retirait
de très-bons cocons d'un atelier, qu'on en fît
produire les œufs, et qu'on les conservât avec
les soins que j'ai décrits dans cet ouvrage, ces
œufs seraient, pendant mille ans, comme le
sont toujours les œufs fécondés de tous les
autres animaux ovipares, domestiques et sauvages que nous connaissons.

Supposer ensuite que les bons cocons d'un
éducateur ne sont plus propres, après quelques
années, à lui donner de bons œufs, et que,
cependant, ces mêmes cocons soient propres à
en produire de très-bons pour les autres, ce
serait admettre une influence superstitieuse que
la raison, la science et la pratique condamnent
hautement.

Nous embrasserons dans trois paragraphes tout ce qui regarde la production et la conservation des œufs.

1.º Naissance des papillons et leur accouplement ;

2.º Séparation des papillons et déposition des œufs fécondés ;

3.º Conservation des œufs.

§. I.er

Naissance des Papillons et leur accouplement.

Si les cocons qu'on a choisis pour obtenir les œufs sont tenus à une température de 15 degrés, les papillons commencent à naître après quinze jours ; si on tient les cocons entre 17 et 18 degrés, ils commencent à naître après onze ou douze jours.

Dans le premier cas, les papillons mettent tous à peu près quatorze ou quinze jours à naître.

Dans le second, ils n'y mettent que dix ou onze jours.

La règle que j'établis est générale, mais il y a cependant quelques exceptions.

Ainsi que je l'ai dit plus haut, un signe que les papillons commenceront bientôt à naître, c'est quand les cocons sont humides ou mouillés à l'extrémité où se trouve la tête du papillon.

La chambre où naissent les papillons doit être obscure, ou du moins il ne doit y avoir que la clarté à peine suffisante pour y distinguer les objets.

Les papillons ne sortent pas en grand nombre le premier ni le second jour ; ils naissent pour la plupart dans le 4.e, 5.e, 6.e et 7.e jour, selon le degré de température du lieu où sont placés les cocons.

Les heures auxquelles les papillons percent le cocon en plus grande quantité, sont les trois ou quatre premières après le lever du soleil. Il en naît bien peu dans toutes les autres heures du jour, si la température est de 14 ou 15 degrés ; si elle est de 18 degrés, il en naît davantage dans le courant de la journée.

Dans les journées où il en naît le plus, on voit, d'une heure à l'autre, que la superficie des cocons en est presque couverte. Quelques personnes pensent que les premiers qui sortent sont mâles ; pour moi j'ai vu qu'il y a, parmi ceux-là, des mâles et des femelles, et je ne pense pas qu'il y ait rien de certain à ce sujet.

Les papillons mâles, à peine sortis du cocon, montrent un très-grand désir de s'accoupler aux femelles.

J'ai dit ailleurs qu'on pourrait difficilement distinguer tous les cocons mâles des femelles, quoiqu'il y ait cependant des signes qui en font reconnaître un bon nombre. (Chapitre IX , §. II.)

Malgré cela , il est toujours très - utile de séparer les cocons qu'on croit mâles de ceux qu'on croit femelles. Par ce moyen , il se fait moins d'accouplemens sur les tables , et il en résulte :

1.º Qu'on les voit de suite , et qu'on peut lever ceux qui sont accouplés ;

2.º Que ceux qui ne sont pas accouplés peuvent se laisser plus long-temps sur leur table , ce qui est avantageux , comme nous le verrons bientôt ;

3.º Qu'il est plus facile de les accoupler ensuite , pouvant plus aisément lever ceux qui sont séparés que ceux qui sont accouplés.

Voici la meilleure manière de favoriser la naissance et l'accouplement des papillons.

Ainsi que je l'ai déjà dit , les papillons commencent à sortir du cocon dès qu'il est jour. Leur sortie n'est pas aussi grande dans la 1.re et la 2.e heure que dans la 3.e et la 4.^{e}

Aussitôt qu'on voit les papillons accouplés , on les place sur des espèces de châssis couverts de toile *(fig. 26.)* faits exprès , de manière à pouvoir facilement changer la toile lorsqu'elle est sale.

L'accouplement parfait s'annonce par des tremblemens qu'on distingue au mâle qui est sur la femelle.

Il faut agir avec beaucoup d'attention lorsqu'on lève les papillons accouplés. On les prend par les ailes pour ne pas les séparer, et si cela arrive, on les remet chacun sur les tables des papillons de son sexe.

Lorsqu'on a rempli une petite table de papillons accouplés, on les transporte dans une chambre un peu grande, fraîche, assez aérée, et qu'on puisse rendre bien obscure. On place ces petites tables par terre ou toute autre part.

Après avoir employé les premières heures de la journée à lever et à transporter les papillons accouplés, on s'occupe à accoupler les mâles et les femelles qui se trouvent séparés sur les tables.

Cette opération est ennuyeuse, mais facile. On lève alternativement les mâles et les femelles, et on les met ensemble sur d'autres châssis qu'on transporte dans la chambre obscure.

Au bout d'un certain temps on peut très-facilement connaître s'il y a plus de femelles que de mâles. La femelle se distingue aisément par sa grandeur et la grosseur de son ventre: cette grosseur est presque le double de celle du mâle. J'en ai fait aussi la preuve par leur poids : cent mâles pèsent 1,700 grains, cent femelles en pèsent 3,000. Il est donc inutile d'indiquer d'autres caractères pour distinguer les mâles des femelles ; d'ailleurs, le mâle non accouplé bat, en général, des ailes à la moindre clarté qui le frappe.

Pour des raisons que je ferai connaître dans la suite, il faut noter l'heure pendant laquelle on aura placé dans la chambre obscure les tables des papillons qu'on a trouvés accouplés sur les claies. On doit en faire autant de l'heure à laquelle on transportera les autres petites tables des papillons qui se seront accouplés ensuite. On continue à former les accouplemens tant qu'il y a de mâles et de femelles.

Si, lorsqu'on a fini cette opération, il reste quelques papillons de l'un ou l'autre sexe, on les place dans la petite boîte percée *(fig. 27)*, jusqu'à ce que le moment de les accoupler soit favorable.

Il faut observer de temps en temps s'ils se détachent, pour mettre à part les mâles et les femelles, afin de les réunir de nouveau.

Lorsqu'on doit agir dans la chambre obscure, on laisse entrer seulement le peu de lumière qu'il faut pour pouvoir distinguer les objets. Plus il y a de lumière, plus les papillons sont agités et troublés dans leurs opérations : la lumière est pour eux un très-fort stimulant qui les inquiète.

Le papillon du *ver*-à-soie appartient à l'espèce de ceux qui volent la nuit, et que nous voyons souvent tourner autour des chandelles

allumées ; c'est pour cela qu'on les nomme pha-
lènes ou papillons de nuit, pour les distinguer
de ceux qui volent le jour, et qu'on nomme
papillons de jour.

Les boîtes ci - dessus *(fig.* 27 *)* sont très-
bonnes, particulièrement pour tenir en repos
les mâles qu'il y a de reste.

On peut cependant empêcher difficilement
que les papillons mâles ne battent des ailes un
moment ou l'autre. Lorsqu'ils font ce mouvement, il se sépare de leurs ailes une grande
quantité d'une espèce de duvet qui fait beaucoup de poussière, qui s'attache par-tout, et
incommode même la respiration. Si on n'avait le
soin de modérer ce mouvement par l'obscurité,
il en résulterait une destruction presque totale
de leurs ailes, et par conséquent une grande
perte de leurs forces vitales.

Dans le temps qu'on transporte les papillons
accouplés et qu'il en naît d'autres, il faut avoir
le soin d'enlever continuellement les cocons
percés. Comme ces cocons sont mouillés, ils
communiquent leur humidité à ceux qui ne
sont pas percés.

Le papier même qui est sur les claies se salit
facilement ; il faut alors changer les morceaux
salis afin de tenir propres, autant que possible,
les claies et les cocons, pour empêcher que
l'air de la chambre ne se corrompe.

Lorsque la température est chaude, les soins doivent être assidus pendant toute la journée, parce qu'il naît toujours des papillons, qu'il y a toujours des accouplemens, et qu'on trouve toujours dans les accouplemens quelques mâles ou quelques femelles de plus.

Parmi toutes les méthodes qu'on met en pratique pour ces opérations, j'ai choisi celle que je viens d'expliquer comme étant la plus simple, la plus facile à exécuter partout, et celle qui me paraît offrir les avantages réels que voici :

1.º Les papillons naissant et restant presque tous séparés quelque temps avant de s'accoupler, ont le temps d'évacuer une portion des humeurs mêlées de substances terreuses qui les surchargent ;

2.º Tous ceux qui s'accouplent d'eux-mêmes sur les tables ne se touchent qu'une fois, et c'est en les levant; ils restent ensuite toujours tranquilles pour tout le temps qu'ils doivent être accouplés.

3.º On ne touche non plus qu'une seule fois, pour les mettre sur le châssis, les papillons qui ne s'accouplent pas.

4.º Les femelles et les mâles qui se trouvent de reste, et séparés sur les tables lorsque les accouplemens sont faits, et qui ont été mis dans la boîte (*fig.* 27), ne se touchent plus jusqu'à ce qu'on ait trouvé les papillons du sexe qui manque.

Il paraîtrait que, par cette méthode, les cocons devraient se salir beaucoup sur les claies , mais cela n'est pas ainsi. Si on a soin de lever souvent les cocons percés et de remuer ceux qui ne le sont pas , le papier qui recouvre les claies s'imbibe de presque toute l'humidité des cocons qui le touchent, de manière qu'en ayant soin de changer ce papier lorsqu'il est bien mouillé, les cocons se salissent très-peu.

On peut se servir, au lieu de châssis, de papier, de carton et autres choses pour faire déposer les œufs. Je parle des châssis, parce qu'ils entrent aussi dans la description des ustensiles utiles à l'art d'élever les *vers-à-soie*.

Il y a bien peu de bons cocons qui ne fassent pas le papillon , et de ce peu , la plupart sont ceux dont la dureté et la petitesse empêchent au papillon de faire le trou pour sortir.

Le rapport de poids qu'il y a entre le cocon dont n'est pas encore sorti le papillon , et celui dont il est sorti, mais qui n'est pas encore parfaitement nettoyé , est comme de 6 à 1 , c'est-à-dire , que de 28 onces de cocons pleins on retire à peu près 4 onces et 3/4 de cocons percés. (Chap. XIV.)

Le rapport qu'il y a entre le poids des deux dépouilles qu'on trouve dans le cocon percé , et le cocon percé lui-même bien nettoyé , est à peu près comme 1 à 13, c'est-à-dire, les deux dépouilles pesant en général demi-grain, et le cocon vide à peu près six grains et demi.

§. II.

Séparation des papillons et ponte.

Dans le paragraphe précédent, j'ai supposé, en parlant de l'accouplement des papillons, que le nombre des mâles était égal à celui des femelles, et qu'en conséquence, lors de leur séparation, il n'y aurait qu'à garder les femelles et jeter les mâles.

Cependant cela n'arrive jamais ainsi, et il y a toujours ou plus de mâles ou plus de femelles.

S'il y a plus de mâles, il faut les jeter ; s'il y a plus de femelles, on peut leur donner des mâles qui aient été déjà accouplés. Il faut avoir grand soin, lorsqu'on sépare les accouplés, de ne pas faire du mal aux mâles.

J'ai dit plus haut qu'il est utile de noter l'heure à laquelle les accouplemens ont lieu, parce que le mâle ne doit rester accouplé que six heures. Ce temps écoulé, on prend les deux papillons par les ailes et le corps, et on les sépare doucement, ce qui peut se faire avec facilité.

Il faut placer sur des châssis tous les mâles qui ne sont plus accouplés ; on choisit ensuite les plus vigoureux, et on les accouple avec les femelles , qui jusqu'alors en avaient été privées. Si , pour le besoin du moment , on a plus de mâles vigoureux qu'il n'en faut , et qu'on prévoie qu'ils pourront servir dans la suite , on doit les conserver dans la boîte de réserve , où on les tiendra dans l'obscurité. Lorsque je m'aperçois que je puis avoir besoin de mâles , je ne les laisse accouplés , la première fois , que cinq heures au lieu de six.

Il paraît que les femelles ne souffrent pas , quoiqu'elles attendent le mâle plusieurs heures : il n'en résulte alors d'autre perte que celle de quelques œufs non fécondés.

Si on veut conserver vigoureux les mâles pour le temps de l'accouplement , il faut toujours avoir soin d'éviter qu'ils ne battent trop des ailes.

Avant de séparer les deux sexes , il faut préparer, dans une chambre fraîche, sèche et aérée, les linges sur lesquels le papillon doit déposer les œufs.

Vingt-deux pouces carrés de toile peuvent commodément suffire pour contenir, sur une seule superficie , six ou sept onces d'œufs.

Voici de quelle manière on fera bien de disposer les choses. Au bas d'un chevalet de bois léger , d'à peu près 4 pieds 7 pouces de hauteur et 3 pieds 8 pouces de longueur *(fig. 28)*, on fait placer horizontalement , à chaque côté de la longueur, deux petites tables ou planches, disposées de manière qu'un de leurs côtés soit cloué aux jambes du chevalet, à la hauteur d'à peu près 5 pouces et demi au-dessus du sol, et que l'autre côté de la planche soit un peu plus haut et fasse saillie en dehors. On place sur le chevalet une pièce de toile d'à peu près 9 pieds 2 pouces de long, et qui pende moitié de chaque côté du chevalet. Les deux extrémités de la toile vont recouvrir les planches qui sont en bas.

Si le chevalet a un peu plus de 3 pieds 8 pouces de longueur, on pourra y placer deux toiles qui présenteront une superficie de 18 à 20 pieds carrés ; si elles ont 22 ou 23 pouces de largeur, cette superficie peut contenir plus de 60 onces d'œufs. Plus les deux parties latérales du chevalet seront perpendiculaires, moins la toile se salira par l'évacuation des matières liquides que font les papillons.

Il faut disposer autant de chevalets qu'il sera nécessaire pour la quantité d'œufs à recueillir. Et je rappelle ici que 28 onces de cocons donnent plus de deux onces d'œufs, lorsque les papillons qui en sortent sont bien choisis. (Chap. XIV.)

Plaçant ainsi les papillons, ils ont de l'air de tous côtés, et ils peuvent être commodément maniés, c'est-à-dire, placés et replacés, selon le besoin, sur tous les points de la toile.

Lorsqu'on a ainsi tout bien préparé , se rap-
pelant que la chambre doit être sèche , et ne
doit avoir de clarté que ce qu'il en faut pour
pouvoir agir, on désunit avec délicatesse les
papillons accouplés pendant six heures , on met
les femelles sur le châssis , on les porte sur la
toile à la chambre où sont les chevalets , et on
les y place l'un après l'autre, en commençant par
le haut du chevalet jusqu'au bas. On continue
cette opération à fur et à mesure qu'on trouve
des femelles qui ont été accouplées le temps
convenu.

On doit noter chaque fois l'heure à peu près
à laquelle on dépose les papillons sur la toile ;
ayant soin, autant que possible, de tenir séparés
ceux qu'on met après, pour ne pas les confondre,
quoique cependant ce ne fût pas une négligence
de grande importance.

Ainsi que je l'ai dit plus haut , le temps auquel
il sort un plus grand nombre de papillons commence à six ou sept heures du matin. En conséquence les accouplemens se font à peu près à
huit heures, et vers les deux heures après midi
il faut détacher les mâles, et mettre les femelles
au lieu indiqué.

On doit agir, pour les femelles qui ont eu
un mâle vierge, de la même manière que pour
celles qui ont eu celui qui avait été accouplé
cinq heures.

On peut laisser les femelles sur la toile 36 ou 40 heures sans les toucher.

Je dois observer à ce sujet qu'on peut obtenir, sur divers linges séparés, les trois qualités d'œufs suivantes :

1.º Les œufs des femelles qui ont eu un mâle vierge ;

2.º Les œufs des femelles qui ont eu un mâle qui n'était pas vierge ;

3.º Ceux des femelles qui, dans les deux cas ci-dessus, ayant déjà pondu dans les 36 ou 40 heures, ont encore à pondre.

Comme l'opinion vulgaire est qu'on obtient trois différentes qualités d'œufs par ce moyen, ceux qui y croient doivent avoir soin de les mettre sur des linges séparés.

Je dois cependant dire que je n'admets aucune différence entre ces qualités, et que je crois fermement que tous les œufs fécondés, obtenus par les moyens ci-dessus décrits, sont toujours propres à produire de très-bons *vers-à-soie*, pourvu qu'ils aient été bien conservés.

La véritable différence dans ces qualités, consiste dans le plus grand nombre d'œufs non fécondés qu'on trouve dans les qualités appelées inférieures (18).

_____

(18) Lorsque la troisième ponte est faite et qu'elle contient beaucoup d'œufs jaunes non fécondés et des roussâtres mal fécondés, si on veut connaître, avec la plus

Le papillon rend, dans les premières 36 ou 40 heures, la plus grande partie des œufs qu'il contient, et tous ceux qu'il rend ensuite ne sont plus à peu près que la sixième partie de ceux déjà rendus. Il y a cependant quelques papillons qui en fournissent plus du sixième après les premières 36 ou 40 heures.

La disposition particulière des femelles produit une grande différence dans le temps qu'elles emploient à pondre tous leurs œufs.

---

grande précision, la quantité d'œufs fécondés dont on veut avoir les *vers*, il faut faire ce qui est indiqué à la note 10.me

On pèse la totalité des œufs qu'on place dans l'*étuve*; on jette le peu de *vers*-à-soie qui naissent le premier jour et après le troisième ; on pèse ensuite les œufs qui restent; et en ajoutant à ce poids le douzième pour l'évaporation qu'ils ont éprouvée , on aura le poids de ceux qui auront produit les *vers*.

Si ces œufs étaient en grande quantité, et qu'on pût élever séparément les *vers* qu'ils auraient produits, on pourrait garder aussi ceux nés le quatrième jour, si cependant ils étaient en suffisante quantité.

Lorsqu'on connaît exactement le poids des œufs qu'on met dans l'*étuve* ; lorsqu'on peut séparer facilement les coques de ceux qui ont produit les *vers*, pour peser ceux qui sont restés; lorsqu'on sait ce qu'on doit ajouter au poids des œufs qui ne sont pas éclos, et comment on peut calculer aussi le poids des *vers*-à-soie nés le premier jour et jetés, il me semble qu'on n'a plus rien à désirer pour agir avec la plus grande précision.

De toutes les différentes méthodes employées pour obtenir les œufs, celle que j'ai exposée en procure une plus grande quantité.

Lorsqu'après les 36 ou 40 heures on a ôté les papillons d'une partie du linge, si on s'aperçoit qu'il n'est pas bien garni d'œufs, il faut y placer d'autres femelles, afin qu'ils se trouvent également distribués sur tout le linge.

Quelques papillons promènent sur le linge, et quelquefois même ils s'éloignent: cependant, en général, ils restent fixes sur le lieu où on les place, ou ils s'en écartent peu.

Lorsque la saison ou la température de la chambre est trop chaude, c'est-à-dire qu'elle est à 20 ou 21 degrés, ou quand elle est trop froide, c'est-à-dire à 14 ou 15 degrés, on trouve plus ou moins d'œufs jaunes ou non fécondés, ou d'un jaune roussâtre mal fécondés qui ne produisent pas de *vers*-à-soie.

Ayant eu séparé avec soin ces œufs des fécondés, j'ai trouvé qu'ils en formaient la septième ou huitième partie. Cela eut lieu surtout en 1813; la température fut à 13, 14, et 15 degrés pendant presque tout le temps de la récolte des cocons et jusqu'après que les œufs furent éclos. On doit en pareil cas mettre en pratique les moyens dont j'ai parlé plus haut pour obtenir toujours une température convenable.

Quelquefois il arrive également que quelque papillon femelle a échappé au mâle avant qu'il l'ait fécondée : ce qui produit beaucoup d'œufs non fécondés.

Huit ou dix jours après que les œufs sont déposés, la couleur jonquille qui leur est propre devient foncée, se change ensuite en gris roussâtre, et enfin en couleur presque d'ardoise. Tous ces changemens de couleur proviennent de l'humeur des œufs, et non de la coque, qui est presque transparente. (Chap. V.)

Que les œufs soient fécondés, qu'ils ne le soient pas, ou qu'ils le soient mal, ils sont toujours d'une forme lenticulaire. Peu de temps après qu'ils sont faits, il se forme dans le centre de leurs deux superficies plates, une fossette qui fait connaître qu'il s'est dégagé une portion de la partie aqueuse de l'œuf, et qu'il s'est opéré une espèce de desséchement. Il n'y a presque aucune différence de poids des œufs fécondés entre eux. *(Voy. la note 4.)*

Dans 15 ou 20 jours, selon les divers degrés de température des chambres, les œufs parcourent presque toutes les gradations de couleur sus-indiquées, et ont alors les caractères d'œufs fécondés.

Lorsque toutes les opérations du 7.ᵉ âge ont été faites, on n'a plus qu'à penser à conserver les œufs.

Je finis ce paragraphe en observant que, dans le septième âge, la femelle fécondée qui pesait alors à peu près 30 grains, ne pèse, trois ou quatre jours après avoir rendu les œufs, qu'à peu près 12 grains. Lorsqu'elle est morte et desséchée, elle ne pèse plus que trois grains et demi.

§. I I I.

Conservation des œufs.

Lorsque les œufs ont acquis la couleur grise qui leur est propre quand ils sont fécondés, et que les linges sont bien secs, on doit s'occuper des moyens de les conserver.

On peut laisser quelques jours, là où ils sont, les linges sur lesquels les œufs sont déposés, pourvu que la chambre ne soit qu'à 15 ou 16 degrés.

Si la température de la chambre se trouvait plus chaude, il faudrait placer les linges dans un endroit plus frais.

A l'extrémité des linges qui portent sur les tablettes des chevalets, on trouve des œufs détachés et tombés en remuant les linges. On doit les recueillir avec soin dans une petite boîte de carton : la couche ne doit avoir qu'un demi-travers de doigt d'épaisseur. On en fera de même de tous les œufs qu'on trouvera attachés ailleurs que sur les linges.

Il importerait peu que tous ces œufs ne fussent pas bons. Lorsqu'on voudra les faire éclore, on les pèsera en les mettant dans l'*étuve*. Si on les pèse encore le troisième jour après la naissance des *vers* , on connaîtra quelle était la portion non fécondée. (Chap. V, §. V.)

Si la saison est chaude, on verra que plusieurs *vers*-à-soie naissent dans les premiers 10 ou 15 jours, à compter du jour que la ponte a eu lieu. Certaines années, j'en ai vu naître plusieurs dans ce court délai, et quelquefois je me suis aperçu que ces œufs appartenaient presque tous à une même femelle. Cette précocité n'est d'aucun inconvénient ; elle dépend de la conformation particulière de l'embryon ou de la coque. L'œuf duquel est sorti le *ver* se reconnaît bientôt par sa couleur blanche, et parce qu'il reste attaché au linge.

On trouve sur les linges où sont les œufs, beaucoup de matières excrémentitielles qu'ont déposées les papillons. Ces ordures ne sont pas nuisibles aux œufs, pourvu qu'on ait le soin de ne lever les linges que lorsqu'ils sont parfaitement secs.

La forme des linges sur lesquels on recueille les œufs, est très-commode pour les conserver. Les bandes de toile qu'on lève de dessus les chevalets se plient en huit doubles, qui ne doivent former qu'à peu près un pied de largeur.

Ces linges, ainsi pliés, se mettent dans des endroits frais et assez secs, dont la température, dans l'été, n'outre-passe pas de beaucoup 15 degrés, et qu'elle n'aille pas au-dessous de zéro dans l'hiver.

Si on craint qu'il gèle dans le lieu où on aura placé les œufs, on y met un thermomètre pour s'en assurer, ou un peu d'eau dans un plat. Si l'eau n'y gèle pas, on peut laisser les linges dans ce lieu jusqu'au mois de mars suivant.

Pendant la saison chaude, il faut donner un coup-d'œil aux linges tous les 10 ou 13 jours. Il arrive quelquefois que, lorsque les œufs sont trop amoncelés dans une partie du linge, et que beaucoup d'excrémens s'y trouvent mêlés, il s'y fait une espèce de fermentation qui fait développer des insectes qui gâtent les œufs et s'en nourrissent. Si on a soin, dans l'été, de déplier les linges de temps en temps, on s'en aperçoit de suite. On y remédie et on les replie comme avant. Je n'ai trouvé qu'une seule fois deux de ces insectes dans un de ces linges.

Pour conserver les linges toujours à l'air frais, on les place sur un châssis de corde *(fig. 29)*, qu'on attache à la voûte ou au plancher d'un lieu frais et sec. De cette manière les linges ont de l'air de tous côtés; les souris ne peuvent pas les atteindre, et ils se conservent très-bien. On doit les visiter à peu près tous les mois.

Les œufs s'altèrent dans un lieu humide, et les *vers-à-soie* qu'ils produisent ne sont pas vigoureux. (Chap. XII.)

Lorsqu'on a eu perdu des couvées entières, et qu'on est remonté à l'origine du mal , on a facilement découvert que les œufs avaient été tenus dans un lieu humide, qu'on n'avait pas imaginé pouvoir être la cause de cette perte.

Si on soupçonne que le lieu où on met les œufs n'est pas sec, on peut le vérifier avec le baromètre.

CHAPITRE XL

Observations sur les variétés des Vers-à-soie, *et sur la différence essentielle qu'il y a entre la feuille du mûrier greffé et celle du mûrier sauvage donnée aux* vers - à - soie , *de la même qualité.*

J'ai dit précédemment (Chap. III.) , qu'outre la substance sucrée de la feuille qui nourrit les *vers-à-soie* , ces insectes s'en approprient aussi, d'après leur organisation particulière , la substance résineuse qui s'épure et est reçue graduellement dans les réservoirs soyeux pour être ensuite filée par les *vers* en forme de cocons. Ces insectes ne sont donc , sous cet aspect , quelle que soit leur variété , qu'une machine propre à extraire la susdite substance soyeuse de la feuille du mûrier. Ils ne peuvent donc en retirer que la quantité qu'elle contient.

La chose étant ainsi, on pourrait dire que toutes les variétés des *vers*-à-soie sont également bonnes , et qu'il est en conséquence inutile d'examiner le plus ou moins d'avantage , et peut-être même la perte qui peut avoir lieu en élevant telle ou telle espèce de *vers*-à-soie.

Cependant, comme la durée de la vie des diverses espèces de *vers* - à - soie n'est pas la même, et que d'ailleurs les différens *vers*-à-soie donnent, selon leur organisation , des soies d'un prix différent , il est essentiel de donner des explications sur cela pour l'importance des conséquences qui en résultent , d'autant plus que l'expérience prouve qu'il y a une différence notable entre la quantité de substance résineuse que contient la feuille du mûrier greffé et celle du mûrier sauvage. Pour m'expliquer avec clarté sur ce sujet , je parlerai :

1.º Des petits *vers*-à-soie de trois mues ;

2.º Des gros *vers*-à-soie de quatre mues ;

3.º Des *vers*-à-soie communs blancs de quatre mues ;

4.º Des *vers*-à-soie communs jaunâtres de quatre mues ;

5.º De la feuille du mûrier greffé comparée à celle du mûrier sauvage.

§. I.er

Des Vers-à-soie de trois mues.

Je me suis occupé d'élever, dans un endroit à part, beaucoup de ces *vers* dont on trouve les œufs dans plusieurs endroits de la Lombardie, et tout près du lieu que j'habite.

Les œufs de cette espèce ne pèsent qu'un onzième de moins que les communs, puisque 39,168 de ces derniers font une once, tandis que, pour faire ce même poids, il faut 42,620 des premiers ; les *vers*-à-soie de trois mues et leurs cocons sont plus petits de deux cinquièmes que les communs.

Mon expérience me prouve que cette variété de *vers*-à-soie consomme, pour produire une livre de cocons, une quantité de feuille presque égale à celle des *vers* - à - soie communs ; et quoique plus petits, lorsqu'ils sont à leur plus haut degré d'accroissement, ils dévorent plus de brins de feuille que ces derniers ; ainsi on perd un peu moins de feuille et de brins en élevant les *vers*-à-soie communs.

Les cocons des petits *vers*-à-soie ont une soie plus belle et plus fine que ceux des communs (Chap. XIV) ; cependant ils ne se vendent pas plus que ces derniers.

Il paraît donc que, dans cette variété, les filières des premiers sont plus fines.

Les cocons de cette variété semblent même
mieux construits; et c'est à cette bonne construction qu'est due la quantité de soie qu'à égal
poids on retire de plus que des cocons communs.
(Chap. XIV.)

Tout ce que je viens de dire indique que les
vers-à-soie de trois mues méritent d'être élevés
en plus grand nombre qu'on ne le fait ; mais
ceux qui font filer la soie, connaissant le plus
de valeur de cette qualité, devraient la payer
plus que les autres ; de cette manière, servant
mieux aux objets de commerce, cela encoura-
gerait l'industrie des propriétaires, qui sont
naturellement lents à introduire des découvertes
nouvelles ou qui ne sont pas encore généralement adoptées.

Outre les avantages sus-indiqués, il y en a
d'autres non moins importans :

1.º Ils exigent à peu près quatre jours de
moins de soins que les *vers*-à-soie ordinaires ;

2.º On peut, par conséquent, effeuiller plutôt
les mûriers ; ils repoussent plus vite et résistent davantage à la saison froide ;

3.º On fait économie de temps, de bras et
d'argent ;

4.º Cette espèce se trouve exposée moins
long-temps à des causes nuisibles, puisque sa
vie est plus courte.

Plusieurs personnes prétendent qu'elle est

plus délicate ; elle me semble très-vigoureuse,
d'après d'ailleurs ce que j'ai dit plus haut.

Comme il faut 600 cocons de cette espèce
pour faire une livre et demie , tandis que 360
des communs font le même poids , on croit que
les *vers* qui produisent les 600 cocons, mangent
plus que ceux dont les 360 cocons donnent le
même poids ; mais l'expérience prouve qu'on
se trompe.

§. I I.

Des gros Vers-à-soie *de quatre mues.*

J'ai élevé beaucoup de *vers*-à-soie d'une qualité très-grosse, dans un endroit séparé ; les
œufs venaient du Frioul. Quoique ces œufs produisent de plus gros *vers* et de plus gros
cocons que ceux des *vers*-à-soie ordinaires ,
ils ne sont cependant guère plus gros ni plus
pesans ; ils n'ont qu'un 50.e de plus : 37,440 œufs
du Frioul font une once, tandis qu'il en faut,
pour ce même poids , 39,168 des *vers*-à-soie
ordinaires.

Les *vers*-à-soie qui naissent des œufs du
Frioul pèsent, à leur plus haut degré d'accroissement, presque deux fois et demie autant que
les *vers*-à-soie ordinaires. Les cocons suivent la
même proportion : 150 de la grosse espèce
pèsent une livre et demie, tandis qu'il en faut

18

360 de l'espèce commune pour faire le même poids.

Le seul avantage qu'ils offrent, est qu'à peu près 18 livres 3/4 de feuille produisent une livre et demie de cocons, tandis qu'il faut 20 livres et 3/4 de feuille pour le même poids de cocons ordinaires. Cet avantage est même moindre et presque nul dans le climat de la Lombardie; parce que,

1.º La soie que ces cocons produisent est moins fine et moins pure (Chap. XIV.) : ceci expliquerait la raison pour laquelle ces *vers* consomment un peu moins de feuille ;

2.º Ces *vers* emploient quatre ou six jours de plus que les *vers-à-soie* ordinaires, pour arriver à leur dernier degré de perfection et pour monter ;

3.º L'*éducateur* est exposé à faire effeuiller les mûriers plus tard, ce qui est toujours nuisible à ces arbres ;

4.º Il faut occuper plus long-temps les ouvriers, ce qui entraîne à plus de dépense;

5.º Ces insectes se trouvent exposés à d'autant plus de dangers, que leur vie est plus longue.

En conséquence, cette variété de *vers-à-soie* ne peut convenir dans les lieux et dans les climats analogues à ceux que j'habite. Il est possible qu'on les élève avec plus d'avantage, dans des climats plus chauds.

§. I I I.

Des Vers-à-soie qui produisent de la soie blanche.

J'ai élevé en grand cette qualité de *vers* dans un lieu séparé; je les ai trouvés égaux en tout aux autres *vers* ordinaires de quatre mues.

Mais les cocons blancs qu'ils produisent devraient être payés plus que les autres, parce qu'il est certain que leur soie a plus de prix que la soie jaune.

On devrait donc s'occuper de choisir les cocons les plus blancs, afin d'obtenir des œufs qui ne dégénérassent pas.

L'art de faire produire les cocons étant généralement séparé de celui de filer la soie, il en résulte, entre les personnes qui s'occupent de chacune de ces deux branches de l'art, une espèce d'isolement qui nuit à toutes deux ; aussi on ne voit presque personne qui s'occupe d'élever particulièrement les *vers*-à-soie de trois mues, ni les blancs, quoique ces deux variétés présentent de l'avantage sur les autres.

Non-seulement on ne paie pas davantage les cocons blancs, mais l'opinion générale est que les *vers* qui les produisent sont plus délicats que les autres, ce qui est absolument faux.

Les *vers*-à-soie à cocon blanc méritent l'attention de l'*éducateur*. Si je m'adonnais à faire filer la soie, je n'éléverais que des *vers*-à-soie de trois mues, et de ceux à cocon blanc. J'aurais grand soin, tous les ans, de choisir les cocons les plus blancs pour la graine, afin qu'ils ne s'abâtardissent pas.

§. IV.

Des Vers-*à-soie ordinaires de quatre mues.*

C'est l'espèce qu'on élève généralement, et dont traite principalement cet ouvrage; on considère comme la meilleure, celle qui produit des cocons couleur de paille ou jaune pâle, comparée à celle que produisent les cocons de couleur proprement jaune.

Pour obtenir une livre et demie de ces cocons, il faut à peu près 20 livres 3/4 de feuille de mûrier (Chap. XIV), comme nous le verrons dans peu.

L'*éducateur* préfère cette espèce, parce qu'il en a l'habitude ; elle est généralement adoptée, et je n'ai rien à ajouter à tout ce que j'ai déjà dit à ce sujet.

§. V.

Comparaison de la feuille du mûrier greffé avec celle du mûrier sauvage données aux Vers-à-soie de la même qualité.

J'ai alimenté, quoique avec difficulté, une quantité de *vers - à -* soie seulement avec de la feuille de mûrier sauvage. Cette feuille est rare parmi nous, parce qu'on greffe même les mûriers qui sont destinés à former des haies.

L'agriculteur, voyant que le mûrier greffé donne plus de feuille que l'autre, s'empresse de faire cette opération. Cela m'a empêché de faire une expérience en grand ; il est cependant de fait :

1.º **Que**, d'après mes expériences, il résulte qu'avec à peu près 14 liv. et 1/2 de feuille de mûrier sauvage, pesée au moment où elle venait d'être cueillie, on obtient une livre et demie de cocons ; tandis que, comme je l'ai dit plus haut, il faut à peu près 20 livres 3/4 de feuille de mûrier greffé, pour obtenir la même quantité de cocons (Chap. XIV) ;

2.º Que sept livres et demie de cocons, provenant de *vers* alimentés par la feuille de mûrier sauvage, donnent à peu près 14 onces de soie très-fine, tandis qu'en général le même poids de

cocons, dérivant de la même quantité de *vers*
soignés de la même manière, mais alimentés
avec la feuille de mûrier greffé, ne donne
qu'à peu près 11 ou 12 onces de soie ;

3.º Que les *vers* nourris avec la feuille sauvage sont toujours vigoureux et de bon appétit.

Ces faits démontrent donc que la feuille de
mûrier sauvage, comparée à celle du mûrier
greffé, fournit, à égal poids, une plus grande
quantité de substance alimentaire et résineuse,
et moins de parenchymateuse.

J'ai dit plus haut que je parlais de la feuille
venant d'être cueillie et non mondée, parce
qu'on doit faire le compte sur le poids total
de la feuille qu'on retire de l'arbre, d'autant
qu'elle s'achète au poids qu'elle a eu venant
de l'arbre, et non mondée. (Chap. XIV.)

Le fruit du mûrier sauvage, à circonstances
égales, pèse beaucoup moins que celui du
mûrier greffé, sur-tout si ce dernier est vieux
et que la feuille soit mûre.

Sur 100 parties de feuille tirée d'un vieux
mûrier greffé, et payées pour 150 livres de
poids, je séparai moi-même 28 portions de
mûres, 32 de brins, et 40 de pure feuille. Voilà
comme ce grand poids de la feuille de mûrier
greffé, tirée des arbres lorsque la saison est
avancée, disparaît en bonne partie, si on exa-
mine tout avec détail ; et voilà le motif pour

lequel, pendant le cinquième âge, la proportion de la litière qu'on lève de dessus les claies
est si grande, comparée à la quantité de feuille
qu'on y met, et eu égard à la quantité tirée
depuis les premiers âges (Chap. XIV), ainsi
qu'en comparaison de la quantité qu'on en tire,
en nourrissant les *vers* avec la feuille de mûrier
sauvage.

Il résulte de ceci que si, entre deux mûriers
du même âge et de même vigueur, celui qui
est greffé donne 5o livres de feuille et le sauvage
3o seulement, qu'on fasse bien le compte, et on
verra que le poids de la substance alimentaire
que mangent les *vers* sera presque égal pour
les deux diverses qualités de mûriers, et que les
vers auront l'avantage, avec le mûrier sauvage,
de se nourrir d'une meilleure feuille ; ce qui
produira aussi plus de soie.

Il paraîtrait, d'après ce que je viens de dire,
que je devrais me décider pour la culture des
mûriers sauvages; cependant, pour prononcer,
il faudrait que beaucoup de propriétaires eussent
fait attention à ce qui suit :

1.º Dans la grande famille des mûriers sauvages, il y a des variétés de très-mauvaise qualité, qui donnent peu de feuille, qui est d'ailleurs très-découpée, et dont les rameaux sont
pleins d'épines. *(Voyez la note* 1.re *)*

2.º Il y en a qui donnent beaucoup de feuille

belle et si peu découpée, qu'on la distingue à peine de celle du mûrier greffé.

3.º Les mûriers sauvages de mauvaise qualité peuvent être greffés avec des mûriers sauvages de la meilleure qualité.

4.º Comme il est dans la nature du mûrier sauvage de pousser beaucoup de petits rameaux qui garnissent trop l'arbre, ils doivent être élagués ; cela le rend d'ailleurs plus vigoureux.

5.º Les haies de mûriers sauvages devraient être toutes greffées avec les meilleurs mûriers sauvages, et on devrait en planter par-tout où elles ne nuiraient pas aux autres productions.

Si on veut augmenter la production des cocons, il est nécessaire de tenter de toutes les manières, pour multiplier la production de la feuille de mûrier, soit greffé, soit sauvage. En agissant comme je l'indique, on pourrait avec le temps en retirer de grands avantages.

Beaucoup d'*éducateurs* nourrissent leurs *vers* jusqu'à la troisième mue, et quelques-uns jusqu'à la quatrième, avec la seule feuille des haies de mûriers sauvages, et ces petits insectes la mangent plus volontiers que celle du mûrier greffé ; d'ailleurs elle donne une odeur plus suave à la chambre où on élève les *vers*.

Les haies de mûriers greffés donnent cependant une plus grande quantité de feuille que celles de mûriers sauvages.

La quantité de cocons dépend principalement de la quantité de la feuille. Nous verrons dans peu qu'on peut compter d'obtenir 15 livres de cocons par 202 livres à peu près de feuille greffée. (Chap. XV.) Que le cultivateur soit donc attentif à augmenter la plantation des mûriers, soit à plein vent, soit en forme de haies, sans cependant nuire aux autres productions de ses biens.

Il y a plus de 20 ans qu'on a introduit, dans divers endroits, l'usage de destiner de grands terrains à la plantation des mûriers à petite distance l'un de l'autre, afin de former de petits bois, les coupant de temps en temps presque au pied pour former des troncs gros et courts. Pour que ces espèces de bois soient belles, on engraisse bien la terre et on la remue souvent. Pour moi, je n'ai pas encore fait l'expérience si ce genre de culture est plus avantageux que la culture ordinaire.

Beaucoup de personnes disent que cette culture trompe, qu'elle ne peut convenir que lorsqu'on n'a pas beaucoup de terrain, qu'elle ne tend qu'à faire d'un grand et bel arbre un petit tronc monstrueux qui donne peu de feuille, etc.

Si, dans ce que je viens de dire, il y avait de l'erreur, comme il arrive quelquefois sur d'autres points d'agriculture, l'agriculteur en serait la seule cause, parce qu'il ne fait que très-rarement l'application du calcul aux nouvelles opérations qu'il entreprend.

Quant aux haies de petits mûriers qu'on forme dans des terrains qui ne produisent presque rien, si elles sont cultivées par une main intelligente, elles sont d'un avantage réel.

Je répète ici ce que j'ai dit et fait imprimer, en Dalmatie, il y a neuf ans.

« Vous aurez beaucoup de feuille si vous
« plantez des mûriers à des distances données,
« sur les bords de vos possessions, des chemins
« et au milieu des fonds. Vous en aurez encore
« davantage, si vous plantez des haies de mû-
« riers par-tout, pourvu qu'elles ne nuisent
« pas à vos autres productions. Obtenant ainsi
« une grande quantité de feuille, vous obtien-
« drez bientôt une grande quantité de cocons. »

J'en ai dit peut-être plus qu'il n'en fallait sur cet objet, et je conclus qu'avant de se décider définitivement pour la culture des mûriers sauvages, il faut faire, pendant plusieurs années, des expériences comparatives, d'après lesquelles seulement on pourra faire des calculs exacts. Cet objet me paraît de la plus grande importance, et je ne cesserai toutes les années de faire des expériences avec exactitude (1).

_____

(1) L'auteur a eu la complaisance de me faire visiter, à Varèse, le vaste local où est établi son atelier de

CHAPITRE XII.

Des Maladies des Vers-à-soie dans leurs différens âges , des causes qui les produisent , et des moyens de les prévenir.

Il était conforme aux besoins et à l'intelligence de l'homme, de se créer une médecine pour s'en appliquer les préceptes et les remèdes ; il lui était aussi naturel d'en créer une autre pour être utile aux précieux animaux domestiques qui contribuent à son bien-être.

Le *ver*-à-soie étant un animal très-robuste , soit par sa nature, soit par la simplicité de son organisation , qui n'est que de peu de jours, étant soigné par l'homme, il paraît impossible qu'on ait pu composer des centaines d'ouvrages sur les maladies qui l'atteignent.

Si nous voulons expliquer pourquoi on a tant écrit sur cette matière , nous verrons à l'évidence que cela tient à ce qu'on a attribué les maladies de ces insectes à leur constitution , et

---

vers-à-soie , et où il a fait planter une grande quantité de mûriers. D'après ce que j'ai observé , les expériences qu'il fait avec la plus grande sagacité sur la culture des mûriers, auront , dans quelques années , des résultats très-avantageux. Si, comme il me l'a fait espérer , il publie un ouvrage à ce sujet , je m'empresserai de le traduire.   *Le Traducteur.*

qu'on n'a pas vu qu'elles sont toutes l'effet de la mauvaise éducation qu'on leur donne.

Les *vers*-à-soie étant réduits dans nos climats à l'état de domesticité, nous n'avons, pour en retirer beaucoup d'avantages, qu'à contrarier le moins possible leur nature ; nous serons alors certains de ne les voir jamais atteints de maladie dans les 35 jours à peu près qu'il leur faut pour arriver à verser le précieux produit qui enrichit notre patrie.

D'après cela, ce que j'ai dit dans le cours de cet ouvrage devrait suffire pour apprendre à préserver les *vers*-à-soie de toutes les maladies auxquelles ils sont sujets. Cette considération m'a laissé un moment indécis, si je traiterais des maladies de ces insectes, d'autant plus que, dans aucun de mes établissemens, je n'en ai pas vu ; et si j'ai voulu connaître des *vers*-à-soie malades, j'ai été obligé de visiter les établissemens qui étaient soignés suivant l'ancien usage.

Je me suis cependant décidé à faire un chapitre sur cette matière, par la raison sur-tout qu'on verra se confirmer la vérité et l'utilité de la méthode que j'ai déjà indiquée. Je répéterai ici, que toutes les fois qu'on l'emploîra, on ne verra pas de maladies aux *vers*-à-soie, et qu'on en verra toutes les fois qu'on élevera ces insectes par les méthodes ordinaires.

Je parlerai donc dans ce chapitre :

1.º Des maladies des *vers*-à-soie qui dérivent de l'imperfection des œufs, et du défaut de soins apportés à leur conservation ;

2.º Des maladies qui les atteignent lorsqu'on n'a pas rempli exactement les conditions que j'ai indiquées pour les faire bien éclore, quoique les œufs fussent bons et bien conservés ;

3.º Des maladies occasionées à ces insectes par la mauvaise manière de les élever pendant les quatre premiers âges ;

4.º Des maladies graves qu'occasionne aussi la mauvaise éducation dans le 5.ᵉ âge de ces insectes.

§. I.ᵉʳ

Maladies qui dérivent de l'imperfection des œufs, et du défaut de soins apportés à leur conservation.

Ces maladies, qui sont en plus ou moins grand nombre et plus ou moins mortelles, selon la force de la cause qui les produit, surviennent aux *vers*-à-soie :

1.º Lorsque la chambre destinée à la naissance des papillons, à leur accouplement et à la ponte, est trop froide. L'humeur fécondante ne se perfectionne pas, ou n'est qu'en petite quantité à une température de 10 à 12 degrés, et par conséquent n'agit pas assez sur les œufs pour qu'ils acquièrent tous la couleur cendrée vive qui seule indique, après 15 ou 20 jours, leur parfaite fécondation. Les œufs non fécondés ne produisent pas des *vers*-à-soie, et ceux qui le sont mal portent avec eux le germe des maladies qui font succomber ces insectes dans l'un ou l'autre âge.

2.º Lorsque la température de la chambre susdite est trop chaude (20, 22 degrés). A cette température, si le mâle tarde à s'accoupler, il perd inutilement beaucoup de son humeur fécondante. Si on l'unit à la femelle lorsqu'ils sont l'un et l'autre à peine sortis du cocon, la femelle n'a pas, en général, le temps d'évacuer la substance liquide mêlée à la matière terreuse qu'elle a en surabondance. Il en résulte qu'il s'établit du désordre dans la constitution de la femelle, et que l'humeur fécondante du mâle se trouve affaiblie par son mélange avec cette surabondance d'humeurs dans la femelle, ce qui la rend moins propre à féconder les œufs; cela produit les mêmes conséquences que lorsque les œufs ne sont pas tous bien fécondés.

3.º Lorsque les lieux où on fait éclore les œufs sont trop humides, ils ne peuvent pas bien sécher; l'évaporation de leur humidité ne pouvant pas se faire librement.

La stagnation de cette humidité altère plus ou moins l'embryon , et engendre dans la suite des maladies analogues à celles dont j'ai parlé plus haut.

4.º Lorsque le lieu où l'on conserve les œufs est aussi trop humide. L'embryon souffre toujours , lorsqu'il est forcé de rester au milieu de corps qui ne permettent pas à l'humeur contenue dans la coque une lente et insensible transpiration , pour se mettre par degrés à l'état que la nature lui a assigné.

5.º Lorsqu'on garde les œufs trop entassés. Dans ce cas, quoique le lieu soit sec , la transpiration uniforme des œufs se trouve empêchée, ainsi que le contact égal de l'air ; d'ailleurs, lorsque les œufs sont entassés , ils peuvent s'échauffer et s'altérer même à une basse température : l'embryon peut donc se détériorer par ces diverses causes.

Aucune maladie n'a lieu :

1.º Lorsque la température des lieux où on tient les papillons est maintenue entre le 16.ᵉ et le 19.ᵉ degré ;

2.º Lorsque le local est assez sec ;

3.º Lorsqu'on a soin de tenir les œufs sur les linges où ils ont été déposés , en raison d'une once sur à peu près trois pieds carrés de surface ;

4.º Lorsqu'on ne tient pas trop pliés les uns

sur les autres, et seulement à six ou huit doubles, les linges sur lesquels sont les œufs, et qu'on les met sur le châssis à corde dont j'ai parlé.

§. II.

Maladies qui atteignent les Vers-à-soie lorsqu'on n'a pas rempli exactement les conditions que j'ai indiquées pour les faire bien éclore , quoique les œufs fussent bons et bien conservés.

Ces maladies , assez nombreuses et mortelles, ont lieu :

1.º Lorsque, malgré une température modérée, l'embryon, prêt à devenir *ver*, est tout-à-coup exposé à une température beaucoup plus élevée. Alors son développement se trouve sensiblement plus avancé ; les parties qui le composent s'altèrent, et la couleur du *ver* venant de naître , qui aurait été châtain foncé , se trouve plus ou moins rouge ; ce qui est un signe certain d'altération et de maladies futures.

2.º Lorsque l'embryon est au moment de devenir *ver*-à-soie , et qu'il est exposé à une température plus basse. Dans ce cas le développement se retarde, et les organes délicats de ces insectes restent dans une humidité froide qui les fait beaucoup souffrir. Le dommage est alors relatif à la durée de cet état de l'embryon ; il est extrême s'il dure plusieurs heures.

3.º Lorsque les *vers-à-soie* venant de naître sont exposés à une température qui a quelques degrés de chaleur de plus que celle de la chambre où ils sont nés. La superficie de ces insectes est très-grande relativement à leur poids, de la même manière que la superficie de six barils d'un quintal est plus grande que celle d'une barrique de six quintaux. La forte évaporation que la chaleur provoque altère leurs organes délicats, sur-tout lorsqu'ils n'ont pas encore mangé.

4.º Lorsque, *vice versâ*, les *vers-à-soie* venant de naître sont exposés pendant long-temps à une température beaucoup plus froide que celle où ils étaient. Si cet état ne dure que quelques heures, il n'y a pas beaucoup de danger ; mais s'il continue un jour ou plus, ces insectes s'affaiblissent, mangent peu et ont de la peine à se rétablir. Ceux qui font éclore les œufs pour les autres, et qui n'ont pas des endroits chauds pour placer les *vers* à mesure qu'ils naissent, risquent souvent, si le printemps est froid, de faire beaucoup de mal à des couvées entières ; ce dont je me suis convaincu dans le printemps froid de 1814.

J'observe que, chez les *vers-à-soie* qui, par les causes que j'ai fait connaître plus haut, sont sujets à des maladies dans leurs premiers âges, les organes qui sont les premiers altérés

19

et qui éprouvent le plus de ravages, sont les réservoirs soyeux. Si ces organes sont profondément altérés, le *ver* se trouve condamné à vivre valétudinaire et à mourir avant d'accomplir le période de sa vie.

Les altérations ni les maladies dont je viens de parler n'ont pas lieu,

1.º Lorsque, dès le commencement, les œufs ont été exposés, dans l'*étuve*, à une température de 14 ou 15 degrés, qu'on élève d'à peu près un degré tous les jours, jusqu'à ce que les *vers* naissent (Chap. IV , §. IV.);

2.º Lorsqu'on tient ces insectes à une température d'à peu près 19 degrés ;

3.º Lorsqu'en transportant les *vers* ailleurs, on a soin de les préserver de l'air, s'il est plus froid de plusieurs degrés, et de l'impression des vents, particulièrement s'ils sont froids et secs.

§. III.

Des Maladies auxquelles sont sujets les Vers-à-soie dans les quatre premiers âges, par la mauvaise manière de les élever.

On suppose que le germe des maladies qui peuvent produire les causes indiquées dans le chapitre précédent, n'existe pas, parce que, s'il existait, il est évident que, pour si bien qu'on élevât les *vers-à-soie* dans le cours de leur vie, on verrait toujours paraître les maladies produites par la mauvaise qualité des œufs, ou par les erreurs commises en les faisant éclore ; maladies qui se prolongeraient dans tous les âges, et détruiraient les *vers* sans que l'*éducateur* pût y porter remède.

Si on suppose qu'on se soit conformé à tout ce qui a été prescrit, il n'y a plus qu'à indiquer que les *vers* ne seront pas atteints de maladies, même dans les quatre premiers âges.

Les maladies des *vers-à-soie*, dans les quatre premiers âges, ont lieu :

1.º Lorsqu'ils sont si épais sur les claies, qu'ils ne peuvent pas manger commodément selon leur besoin. Lorsque, par exemple, sur un espace où 10,000 *vers-à-soie* seulement pourraient être à leur aise, on voudrait y en mettre des milliers de plus, il est évident que beaucoup de ces insectes mangeraient mal ou peu ; il en résulterait une différence notable dans leur développement, et on en verrait de gros et en bonne santé, mêlés avec de petits et souffrans. Cette différence, qui devient d'autant plus grande que la cause se prolonge, engendre plus ou moins de maladies, et produit la mort de beaucoup d'entre eux.

2.º Lorsque l'usage de tenir les *vers-à-soie* trop épais est plus ou moins général dans un établissement. Alors il en résulte non-seulement de l'inégalité dans la nutrition, mais même dans le temps de leur assoupissement. On voit en même temps des *vers* qui dorment, d'autres qui sont éveillés, et d'autres qui ont encore besoin de manger avant de s'endormir.

Ce grand désordre fait périr même les plus forts ; j'appelle plus forts, ceux qui, dans leurs différens âges, et particulièrement dans les deux premiers, desquels j'entends parler spécialement dans ce moment, ont mangé plus que les autres, et se sont assoupis les premiers. Pour faire manger ceux qui ne sont pas encore assoupis, on continue à répandre de la feuille sur une litière déjà humide. Les premiers assoupis se trouvent alors ensevelis entre la vieille litière et la nouvelle ; ils restent constamment entre des corps humides, et se couvrent d'excrémens.

Cet état altère beaucoup leurs organes, surtout si la litière est très-humide et chaude. Les degrés d'altération de ces insectes peuvent varier beaucoup, selon l'intensité des causes qui les produisent. Une grande partie de ces insectes peut pourrir ou cesser de manger, et mourir après quelques jours ; d'autres peuvent continuer à manger, et donner ensuite des signes de faiblesse et d'amaigrissement ; d'autres, encore, peuvent se rétablir un peu et passer le reste de leur vie souffrans, sans cependant mourir. J'ai dit que les organes qui

sont les premiers à être lésés et détruits, même
dans les premiers âges de la vie, sont constamment ceux destinés à contenir la soie. Lorsqu'ils sont profondément altérés, la constitution du *ver* se trouve changée, et les sécrétions ne peuvent plus se faire. Cet insecte n'est
plus alors un *ver*-à-soie, mais seulement un
animal dégradé qui ne peut plus remplir le but
que la nature lui a assigné.

3.º Lorsque l'air de l'atelier n'est pas renouvelé et que l'humidité y séjourne, il en résulte
deux grands maux. Le premier est de diminuer
la transpiration; le second, que la litière fermente facilement, ce qui augmente la chaleur,
l'humidité, et corrompt même l'air ; les *vers*-
à-soie s'affaiblissent, et je dirai même qu'ils se
consument. Ces maux s'aggravent si l'air extérieur se trouve calme et humide.

4.º Lorsqu'il se joint aux causes sus-indiquées
une saison pluvieuse qui mouille la feuille. Si
on la met sur les claies sans être bien séchée,
elle peut, dans tous les susdits âges, activer
la fermentation de la litière et augmenter l'humidité de l'atelier. Si dans cet état il ne soufflait
pas des vents du nord secs qui expulsassent
l'humidité, la constitution des *vers* s'altérerait
dans peu de temps, comme je l'ai observé en
1814, année dans laquelle les *vers*-à-soie de
plusieurs ateliers périrent presque tous.

Les pertes auxquelles on est exposé n'ont
jamais lieu,

1.º Lorsqu'on a soin de distribuer les *vers-
à-soie* sur des espaces proportionnés à leur
quantité, ainsi que je l'ai dit plusieurs fois
dans le cours de cet ouvrage (Chap. XIV.);

2.º Lorsqu'on renouvelle l'air des ateliers et
qu'on les tient secs en n'employant que les
moyens que j'ai déjà indiqués;

3.º Lorsqu'on a soin de cueillir la feuille
quelque temps avant qu'elle soit nécessaire;
et, dans le cas qu'elle fût mouillée, si on l'a
bien séchée par les moyens que j'ai prescrits.

J'aurais pu indiquer comme cause prochaine
de maladies dans le premier, et peut-être
même dans le second âge, la feuille qui a souffert
et est devenue jaunâtre par l'effet de la mauvaise saison; mais ces cas sont très-rares, sur-
tout si on a le soin de ne faire naître les *vers*
que quand la saison paraît bonne, et lorsque
les germes des mûriers sont bien développés.
Si, malgré toutes ces précautions, la saison était
devenue très-mauvaise, et que la feuille ne fût
pas de bonne qualité, il faudrait, pendant deux ou
trois jours, abaisser la température de l'atelier
à 16 ou 15 degrés au plus, afin que les *vers*
mangeassent moins et prolongeassent, pour
quelques jours, leurs premiers âges. De cette
manière on obtient des changemens avantageux,

Il est alors également utile de laisser flétrir
un peu la feuille, afin qu'elle contienne moins
de substance aqueuse.

Dans l'année 1814, plusieurs personnes se
sont trouvées dans ce cas ; et n'ayant pas eu
les soins que j'ai indiqués, elles perdirent une
quantité immense de *vers*-à-soie. Mes ateliers,
au contraire, produisirent autant que les autres
années, parce que je ne cessai d'employer tous
les moyens nécessaires. Le second tableau, placé
à la fin de cet ouvrage, montre comment j'éle-
vais les *vers*-à-soie dans ces circonstances.

Rarement on voit une saison aussi mauvaise
que celle de 1814, même dans les climats froids
et inconstans comme celui que j'habite. Dans
les climats chauds, ces variations surprenantes
sont presque inconnues.

§. IV.

Maladies graves qu'occasionne aussi la mau-
vaise éducation dans le cinquième âge de
ces insectes.

Dans le cinquième âge, les *vers*-à-soie sont
plus exposés à des maladies graves, presque
toutes différentes de celles des autres âges. Ces
insectes étant alors déjà gros, *l'éducateur*
s'afflige, à juste raison, de les voir périr, puisque son espoir était grand, et que ses pertes

sont plus fortes. Nous verrons bientôt que ce n'est aussi que la mauvaise méthode généralement adoptée qui cause ces maladies.

Pour démontrer cette vérité, je suis obligé d'entrer dans quelques détails sur des objets qui, peut-être, paraîtront outre-passer l'intelligence ordinaire des *éducateurs*. Je ferai, cependant, en sorte de m'expliquer avec assez de clarté pour les instruire et les convaincre ; ce qui me paraît être bien nécessaire. Si je n'avais pas l'avantage d'être entendu en parlant de l'origine de ces maladies, il suffira du moins que je le sois relativement aux moyens à employer pour s'en préserver.

Le *ver*-à-soie mange, en proportion du poids qu'il acquiert, une quantité de substance végétale fraîche, qu'on peut dire énorme, comparée à celle que mangent les autres animaux domestiques. (Chap. XIV.)

Tout animal qui se nourrit particulièrement de végétaux non desséchés, introduit nécessairement dans son corps beaucoup d'eau avec l'aliment, ainsi que des substances alcalines, acides, terreuses et autres contenues plus ou moins dans tous les végétaux. Ces substances sont, en général, étrangères aux besoins de son économie ; de manière que si la nature ne lui avait pas donné le moyen de s'en délivrer journellement en les expulsant de son corps,

il tomberait bientôt malade et finirait par
perdre la vie.

La nature lui a fourni pour cela trois moyens :
la transpiration cutanée, la transpiration pul-
monaire, et l'urine. Je fais ici abstraction des
substances solides et excrémentitielles qui sortent
par le tube intestinal.

Il arrive souvent qu'un de ces moyens sup-
plée à l'autre, comme nous l'observons chez
l'homme, par exemple, qui, dans certains cas,
transpire beaucoup et urine peu.

Il faut encore noter deux choses, c'est-à-
dire que la transpiration ne peut avoir lieu
sans le contact de l'air, et qu'il y a une grande
analogie entre les principes constituans de
l'urine, et ceux de l'humeur de la transpiration.

D'après cela on doit conclure que, comme
pour la santé des animaux, il est nécessaire
qu'ils expulsent de leur corps, par les organes
excrétoires, la quantité excédante d'eau et de
substances étrangères qui s'est introduite dans
leur organisation par la nutrition. Si les excré-
tions sont arrêtées, l'animal sera atteint de
maladies très-dangereuses, comme on voit que
cela a lieu chez les hommes.

Le *ver - à - soie* croissant en proportion du
poids qu'il acquiert, mange une quantité de
substance végétale fraîche qui, comme je l'ai
déjà dit, contient beaucoup d'eau excédante

et des matières étrangères dont il a besoin de se débarrásser. Voici ce qui arrive :

Cet insecte n'a proprement ni poumon ni organes urinaires. Le seul moyen qui lui reste après le tube intestinal, est celui de la transpiration cutanée. Il peut bien évacuer , par ce moyen , l'eau et les substances acides et alcalines qu'elle tient en dissolution ; mais n'ayant pas la faculté d'uriner , comme font les animaux domestiques herbivores , il reste dans son corps une partie des substances terreuses qu'il a prises par les alimens, et qui s'y accumulent insensiblement, ce dont nous avons la preuve , puisqu'il les évacue mêlées à des substances acides et alcalines , lorsqu'il est devenu papillon. Il résulte de ceci que lorsque, par manque de soins, la transpiration de cet insecte s'arrête, les matières qui devaient sortir restent, et on observe que , selon qu'elles s'accumulent , il se fait certaines attractions chimiques qui ne sont pas encore bien connues ; et c'est tout juste à ces attractions qu'on doit attribuer les diverses maladies du 5.ᵉ âge, et qu'on nomme vulgairement les maladies du *signe* (segno) , de la *calcination* (calcinaccio), du *noir* (negrone) , et autres semblables qui ne sont produites que par des modifications de la cause générale que je viens de faire connaître.

La maladie appelée le *signe* est celle qui résulte du plus grand degré d'attraction chimique que peut éprouver le *ver*-à-soie ; elle équivaut , si je puis m'exprimer ainsi , à une affection pétéchiale, et tend manifestement à décomposer l'animal primitif pour en composer un autre d'une nature absolument différente. En effet , lorsque les substances acides , alcalines et terreuses sont arrivées à une telle quantité et à un tel rapprochement, qu'elles ont pu exercer cette affinité que les chimistes appellent réciproque, la substance organique du *ver*-à-soie s'altère bientôt et se désorganise. On a des preuves claires de cette désorganisation par les taches ou pétéchies noires, rouges, ou d'autres couleurs qu'on aperçoit sur le corps de l'insecte, et qui sont le présage de sa prochaine transformation en un composé chimique solide , et alors le *ver* meurt endurci. Cette maladie ou décomposition n'est jamais de nature contagieuse.

Comme la rentrée de la transpiration et l'accumulation des substances sus-indiquées ont lieu plus communément vers les pattes ou vers les parties inférieures que vers les supérieures, puisque les premières sont plus privées du contact de l'air lorsque les *vers*-à soie sont trop épais , c'est aussi d'abord à ces parties que commencent à paraître les signes de cette maladie.

Il faut ajouter à la cause de la transpiration
arrêtée la plus ou moins grande diminution
de la respiration qui aggrave aussi l'état des
vers - à-soie.

Lorsque les substances sus-indiquées s'accumulent en petite quantité, et que les forces
vitales se soutiennent, les vers peuvent avoir
le temps de verser la soie, qui est la substance la moins susceptible d'être altérée et cor-
rompue ; mais dans le temps que cet insecte
verse la soie, ou tout de suite après qu'il l'a
versée, les substances hétérogènes se trouvent
plus en contact entr'elles ; la vitalité diminue,
ce qui facilite l'action chimique de ces mêmes
substances. Le ver - à - soie ou la chrysalide se
trouve alors réduit en peu de temps à l'état
de momie. Il se forme quelquefois autour de
cette momie une efflorescence de substances
salines, terreuses et alcalines qui ont agi les
unes sur les autres (19).

_____

(19) Dès que j'ai connu la maladie dite du *signe*, et
que j'ai sur-tout observé le *ver* et la chrysalide calcinés,
je n'ai pas hésité à décider que cela devait dépendre
d'attractions et de combinaisons chimiques, comme je
l'ai déjà dit.

On ne peut guère se tromper en voyant le tissu
animal altéré de cette manière, et converti en substance plus ou moins dure et incorruptible.

J'ai levé avec soin la substance blanche et saline qui

Si la substance saline qui enveloppe le *ver*
ou la chrysalide a pu se former sans beaucoup

---

formait l'enveloppe des *vers* calcinés, je l'ai analysée; et,
non content de cela, je me suis adressé à mon ami M.
Brugnatelli, professeur de chimie à Pavie. Cette analyse,
ainsi que celle de la substance terreuse que déposent les
papillons venant de naître, devaient, à mon avis, révéler
des faits très-importans, et je ne me suis pas trompé.

L'espèce de calcination qui couvre la momie du *ver-
à-soie* ou de la chrysalide dans le cocon même, est principalement composée de terre appelée magnésie, d'acide
phosphorique et d'ammoniac ou alcali volatil.

On ne trouve pas dans cette composition l'acide bom-
bique qui est propre à la chrysalide saine. Il paraît donc
que cet acide ne s'est pas formé ou qu'il a subi une
décomposition, cédant aux attractions et aux affinités
plus grandes des autres substances, qui ensuite, com-
binées entre elles, ont formé le composé salin sus-indiqué
que les chimistes appellent *phosphate ammoniaco-
magnésien*.

Ce grand changement dans le *ver-à-soie*, qui fait voir
que, par mauvaise éducation, il s'est accumulé dans
son corps une grande quantité de matière hétérogène
à laquelle il a résisté jusqu'à la fin du 5.e âge ou au
commencement du 6 e, offre une idée de la force pro-
digieuse de son organisation. Il a non - seulement pu
résister à une si grande altération, mais encore il a
eu la force de verser toute la soie qu'il contenait, avant
que les affinités chimiques pussent s'exercer sur lui
pour détruire son tissu, et former un composé nouveau
d'une nature entièrement différente de la substance
animale.

d'humidité, ou si l'humidité de cette substance
s'est promptement évaporée à travers le cocon,
le *ver* n'a pas gâté le cocon , qui se conserve
long - temps très - sain. Si, au contraire, cette
substance saline s'est conservée humide , ou
s'il est sorti beaucoup d'humidité du *ver* devenu
momie, et que cette humidité, mêlée de substances salines , soit restée en contact avec les
parois intérieures du cocon, il en reste taché
et gâté; ce qui le rend moins bon à être filé
ou pas du tout. Dans les deux suppositions ci-
dessus, le *ver* est toujours couvert d'une enveloppe blanche et saline.

Il arrive cependant quelquefois que les proportions dans les matières hétérogènes étant
différentes, l'action chimique ne produit pas
la susdite substance blanche et saline , mais
que le *ver* est réduit à l'état de simple momie.
Dans ce cas, le cocon est ordinairement plus
ou moins bon , selon que son tissu a été plus
ou moins altéré. Cette altération est généralement appelée *noir foncé* (negrone.)

On observe une autre maladie appelée aussi
noir foncé (negrone), qui est produite par une
autre décomposition du *ver*. Les matières hétérogènes agissant les unes sur les autres, forment, de la substance animale , un composé
mou , ressemblant à du savon , et qui prend
une très-mauvaise odeur. Si les cocons qui ont

le *ver* ainsi altéré sont promptement filés , ils peuvent être assez bons ; mais si on attend quelque temps , la chaleur de la saison fait développer, de cette matière salino-saponneuse, une grande quantité d'insectes hérissés et dé-goûtans qui percent ou gâtent le cocon , et qui, dans peu de temps , changent de peau et meurent.

J'observe ici qu'on trouve presque toujours des cocons qui ont la chrysalide saine avec ceux où elle est altérée, et que l'on voit souvent , sur les tables, des *vers* atteints de la maladie dite du *signe* (segno) , lorsque la majeure partie est parfaitement saine.

Les cocons qui ont la chrysalide calcinée , et ceux qui l'ont atteinte de *noir foncé* (negrone), pèsent sensiblement moins que ceux qui con-tiennent la chrysalide saine. Les altérations chi-miques qu'éprouvent le *ver* et la chrysalide leur font perdre beaucoup de leur poids , comme nous l'expliquerons dans la suite. (Chap. XIV.)

La répercussion de la transpiration , soit générale, soit partielle, peut avoir lieu de plu-sieurs manières , ainsi que l'accumulation des matières altérantes.

1.º Si on laisse les *vers* trop épais. La trans-piration ne peut alors se faire librement aux parties qui se touchent.

2.º Si les chambres où on élève les *vers*

ne sont pas assez aérées. A mesure que l'air qui est en contact avec le *ver* se charge d'humidité , il devient moins propre à être respiré par cet insecte , ce qui arrête sa transpiration.

3.º Par les grandes variations de l'atmosphère. Une grande chaleur sèche provoque une transpiration abondante ; le froid, quoique sec, endurcit le *ver* : dans le premier cas, il transpire beaucoup dans les parties qui sont en contact avec l'air , et très-peu ou pas du tout dans celles qui se trouvent en contact immédiat avec d'autres *vers* ; dans le second cas, l'endurcissement causé par le froid arrête à l'instant la transpiration , diminue la force de la vitalité , et dispose les matières acides, alcalines et terreuses, qui sont dans le corps de l'insecte, à réagir les unes sur les autres.

4.º En gênant la respiration. Les *vers*-à-soie n'ayant pas de poumons, respirent , ainsi que je l'ai dit ailleurs (Chap. II), par plusieurs trous qui sont près de leurs pattes ; lorsqu'ils sont trop épais, ils respirent difficilement, parce que leurs organes se trouvent plus ou moins bouchés par les autres *vers* ; il y a alors, en même temps , suppression de transpiration et manque d'exhalation d'air fixe (acide carbonique) qui se dégage toujours de l'insecte, lorsqu'il peut inspirer et expirer.

Les inconvéniens dont je viens de parler ,

qu'on doit attribuer aux mauvais soins donnés
principalement dans le cinquième âge, quoiqu'on puisse les rencontrer dans les âges anté-
rieurs, causent le séjour dans l'animal d'une
quantité de substances nuisibles qui contribuent
à engendrer et décider les maladies dont nous
avons parlé jusqu'à présent.

On élève généralement les *vers*-à-soie d'une
manière telle que, malgré leur grande force
naturelle, il faut souvent qu'ils succombent.

Il y a encore d'autres maladies qui sont *la
jaunisse* (il giallume), *les harpions ou passés*
(il riccione), et *les morts blancs ou tripés*
(il soffocamento). Les deux premières sont des
modifications des sus-nommées, elles ne diffèrent
que par leur degré de force ou par les circonstances qui les ont produites; cependant, dans
ces maladies, la substance soyeuse se trouve
rarement altérée (1).

---

(1) J'ai ouvert beaucoup de gros *vers*-à-soie malades,
qui auraient certainement péri; j'ai trouvé la substance
soyeuse intacte dans les deux réservoirs, sans aucun
indice qu'il y en eût moins que dans les *vers* très-
sains. Les ayant ensuite lavés dans l'eau pure, il s'est
déposé une matière pulvérulente, analogue à celle que
verse le papillon lorsqu'il est sorti du cocon.

La connaissance de ce qui se passait dans le corps
du *ver*-à-soie dans de telles circonstances, et l'analyse
de la substance saline qui forme l'enveloppe du *ver*

20

Pour prouver , par exemple, que la maladie
des *harpions ou passés* (Riccioni) provient

___

momie, appelé *calciné*, devaient me conduire à des
découvertes importantes.

J'ai recueilli avec soin, sur les toiles où on place les
papillons , une quantité de cette substance terreuse ,
mêlée de substance liquide, qu'ils répandent ; elle est
de couleur roussâtre ; elle a tout-à-fait l'apparence de
terre ; elle n'a aucun goût prononcé, quoique cependant on ne puisse pas dire qu'elle est insipide ; elle a
une odeur particulière qui approche de celle des cocons.

Je consultai **M.** le professeur Brugnatelli sur la nature
de cette substance ; l'analyse qu'il en fit donne des
résultats auxquels on ne se serait pas attendu.

Elle est un composé de beaucoup d'acide urique. Cet
acide est combiné avec l'ammoniac ; il y a aussi de
l'acide phosphorique combiné avec la chaux et la
magnésie, ce qui forme ce que les chimistes appellent
phosphate de chaux et de magnésie; il y entre aussi
du carbonate de chaux : un peu de substance animale
se trouve unie à toutes ces matières.

Ce que cette analyse démontre d'extraordinaire est
l'acide urique, qu'on n'avait cru jusqu'à présent exister
que dans l'urée humaine, dont il prit son nom , dans
l'urine de l'homme qui contient de l'urée , et dans les
calculs urinaires.

Ayant rencontré cet acide dans les papillons des *vers-
à-soie*, il pourrait bien se faire qu'on le trouvât dans
divers autres insectes.

On pourrait peut-être ensuite trouver la solution du
problème suivant : Comment cet acide particulier se
trouve-t-il formé en quantité dans le *guano*, substance
terreuse qui existe dans divers lieux et sur différentes

réellement d'un dérangement dans les fonctions
de la peau, remédiable dans beaucoup de cas,
il suffit d'en enfermer plusieurs séparément dans
de petits rouleaux de papier sans colle, qui
doivent être un peu plus grands que le *ver-à-
soie*. Si on met ensuite ces petits rouleaux dans
un lieu où la température s'élève à huit ou dix
degrés au-dessus de celle que j'ai prescrit ailleurs,
beaucoup de ces *vers* y fileront leur cocon, et
il s'y formera une chrysalide parfaite. Par ce
moyen, j'ai obtenu beaucoup de bons cocons et
de médiocres. Il fallait donc, pour rendre sain

---

côtes du Pérou, et qui, depuis très-long-temps, sert
de fumier aux habitans de ce pays?

On découvrirait alors que le *guano* est produit par
la dégénération d'une quantité immense d'insectes, ou
de substance déposée pendant une longue série de siècles
par des insectes, d'autant plus qu'on sait que le *guano*
ne forme qu'une couche placée sur du granit qui est
aussi ancien que la création du monde. Les autres
substances qui composent le *guano* sont tout-à-fait
analogues à celles que contient la substance terreuse
déposée par les papillons des *vers*-à-soie.

Revenant maintenant à notre sujet, on voit distinctement démontré ce que nous avons annoncé ailleurs,
qu'il s'arrête toujours dans le corps de l'animal, quoique
sain, plus ou moins de substances terreuses, acides et
alcalines, qui, lorsqu'elles augmentent par le mauvais
soin, doivent produire, dans le corps du *ver-à-soie*,
cette série d'attractions chimiques dont nous avons
parlé plus haut.

le *ver*-à-soie, qu'il fût à l'abri de l'agitation de l'air, qu'il fût réchauffé et placé dans un air sec, pour perdre l'excessive humidité qui le pénétrait.

L'humidité, la chaleur, l'air vicié, la litière en fermentation et la stagnation de l'air, se trouvant réunis dans l'atelier, il est certain que, d'un moment à l'autre, il peut s'opérer une suffocation qui détruise promptement la vitalité du *ver*-à-soie.

Je puis assurer, par ma propre expérience à cet égard, qu'il y a plus à craindre un effet promptement mortel de l'air humide, chaud et stagnant, que de ce même air stagnant mais sec, et à température rgléée (1).

----

(1) Les expériences que j'ai faites m'ont démontré que, les *vers*-à-soie étant des animaux qui n'ont le sang ni rouge ni chaud, l'air tout-à-fait vicié et méphitique leur est moins immédiatement fatal que l'air très-humide et chaud.

Si on met un *ver*-à-soie dans une bouteille pleine d'air tout-à-fait vicié, où on ait mis du fumier des *vers*-à-soie, et dans laquelle une bougie s'éteint et un oiseau meurt, il y vit pendant dix, quinze et vingt minutes. Il est vrai que, après quelques minutes, on s'aperçoit qu'il souffre ; mais aussi on ne verrait aucun autre animal à sang chaud y résister si long-temps. Si, après quelques minutes seulement, on retire l'insecte de cet air méphitique, il ne donne aucun signe d'avoir souffert, et paraît sain ; il faut donc qu'il ait tiré quelque peu d'air vital de cet air vicié pour pouvoir respirer.

On ne verra jamais paraître ce grand nombre
de maladies,

Le *ver-à-soie* aspire aussi les plus petites particules
d'air vital que l'eau peut contenir, et vit même quelques
minutes plongé dans ce liquide, sur-tout quand il est
petit ; et, quoiqu'il paraisse mort, en le retirant de l'eau
il se rétablit.

Si cependant il ne peut trouver aucune particule
d'air vital, il périt presque de suite. En effet, si, au
lieu de plonger un *ver*-à-soie dans l'air méphitique ou
dans l'eau, on lui bouche, avec un corps gras, les dix-
huit ouvertures des vaisseaux respiratoires, il périt
presque immédiatement.

Si ensuite on met un de ces insectes sain dans un
vase plein d'air bon, mais chargé d'humidité, et à une
température de 25 à 30 degrés, il devient de suite
flasque, il ne mange pas, et périt peu de temps après.

L'animal à sang chaud, l'oiseau, par exemple, vit
au contraire très-bien à 25 ou 30 degrés de température, et pour si grande que soit l'humidité, pourvu
qu'il ait assez d'air vital.

Ceci prouve combien est différente l'organisation de
ces deux classes d'animaux ; les fonctions de la vie se
font bien chez l'animal à sang chaud, lorsqu'il a une
quantité suffisante d'air vital ; ses organes ne sont
pas susceptibles de devenir flasques, au point que les
fonctions de la nutrition et des sécrétions en soient
troublées.

Pour les *vers*-à-soie, au contraire, si l'air est humide
et chaud, quoiqu'il y en ait en quantité, la peau se
ramollit ainsi que leurs organes musculaires ; la contraction cesse, et par suite la transpiration ; les sécrétions
indispensables à la vie, qui, dans cet insecte, se font

1.º Lorsque les *vers*-à-soie seront tenus clair-semés sur les claies, de manière à ce qu'ils puissent tous bien respirer et transpirer;

2.º Lorsque l'air intérieur de l'atelier est toujours au degré que j'ai déjà déterminé;

3.º Lorsqu'on ne laisse jamais l'air stagnant dans l'atelier, et qu'au contraire on l'y maintient continuellement dans une douce et lente agitation;

4.º Si on a soin de faire de la flamme à propos, lorsque l'air extérieur est humide et stagnant, et que l'évaporation de l'intérieur de l'atelier est abondante;

5.º Lorsqu'on a soin de tenir l'atelier toujours bien éclairé, la lumière étant le plus précieux excitant de la nature vivante;

6.º Lorsqu'on ne laisse jamais les litières sur les claies, plus long-temps que je ne l'ai prescrit pour éviter la fermentation;

7.º Lorsqu'on a le soin de ne distribuer que de la feuille bien séchée, quand bien même les pluies dureraient long-temps;

---

presque toutes à force de contractions, n'ont plus lieu.

La peau qui recouvre le *ver* est tellement susceptible de contraction, que, si on la coupe, elle se retire comme si on l'eût tirée beaucoup et qu'elle fût très-élastique.

Les réflexions que je viens de faire montrent combien il est essentiel de renouveler l'air pour dissiper l'humidité, qui est le plus grand fléau des *vers*-à-soie.

8.° Lorsqu'on emploie à propos la *bouteille qui purifie l'air*, et dont les vapeurs détruisent les mauvaises émanations animales, et qui est utile de plusieurs manières dans l'atelier, comme je l'ai dit ailleurs. (Chap. VII.)

Ce que je viens de dire suffit pour prévenir toutes ces maladies (1).

---

(1) L'auteur, convaincu par l'expérience que les *vers-à-soie* ne seront jamais atteints de maladies, s'ils sont élevés de la manière qu'il l'enseigne, n'a pas sans doute cru devoir entrer dans des détails sur les caractères de chaque maladie. Il a bien parlé des causes qui les produisent, et des phénomènes physiques et chimiques qui en sont les résultats, mais il ne s'est presque pas occupé de la description des symptômes qui les font reconnaître et distinguer entre elles ; objet qui me paraît le plus intéressant pour l'*éducateur*. Il semblerait même, par le silence que l'auteur a gardé sur certaines maladies observées en France, qu'il ne les connaissait pas. D'ailleurs, les noms qu'on donne en Lombardie à celles qu'on y observe, expriment la plupart un sens différent de ceux qu'on voit dans le cours d'agriculture de M. l'abbé Rozier, dont l'article sur les *vers-à-soie* n'est qu'une compilation de tout ce que les auteurs français ont écrit à ce sujet. D'après tout cela, j'ai cru bien faire de rapporter la description des maladies que j'ai trouvées dans cet ouvrage.

De la Rouge.

« Cette maladie est ainsi dénommée de la couleur
« rouge plus ou moins foncée qu'offre à l'œil la peau
« du *ver*, au moment ou peu de temps après qu'il

CHAPITRE XIII.

*Des Locaux et des Ustensiles nécessaires à
l'art de bien élever les Vers-à-soie.*

On a de la peine à concevoir comment ,
pendant plusieurs siècles , l'exercice de l'art, si

« est sorti de sa coque. Les *vers* attaqués de cette
« maladie paraissent engourdis et comme asphyxiés ; leurs
« anneaux se dessèchent peu à peu , et ils ressemblent
« à de véritables momies ; leur couleur rouge devient
« blanche.

« Cette maladie ne fait pas toujours mourir les *vers*
« qui en sont attaqués à la première mue, ni même
« aux suivantes ; quelquefois ils ne meurent qu'après
« la quatrième mue , lorsqu'ils ont consommé la feuille
« inutilement. Si leur existence se prolonge jusqu'à cette
« époque, ils ne conservent pas leur couleur rouge ; il
« serait facile de les reconnaître et de les séparer des
« autres : ils prennent une teinte beaucoup plus claire,
« qui les rend méconnaissables à l'œil le plus habitué
« à observer; quelquefois ils vont jusqu'à la montée ,
« et ils font des cocons de nulle valeur, qu'on nomme
« vulgairement *cafignons*, parce qu'ils sont mous et
« mal tissus. »

Des Vaches , ou gras , ou jaunes.

« Quelques auteurs divisent cette maladie en trois
« classes , mais les caractères spécifiques qu'ils en don-
« nent ne me paraissent point assez prononcés pour
« être de leur sentiment ; il se peut faire que la variété
« des noms, pour la même maladie, suivant les diffé-
« rens cantons , soit la cause de cette distinction en

utile et si précieux, d'élever les *vers-à-soie*, ait resté entre les mains de gens généralement ignorans.

« trois classes. J'avoue que, dans un pays, elle peut
« présenter des circonstances qu'on n'apercevra pas dans
« un autre ; malgré cela, je persiste à croire que cette
« maladie est la même, à quelques modifications près
« insuffisantes pour lui donner un caractère qui la diffé-
« rencie essentiellement.

« Voici quels sont les véritables caractères de cette
« maladie : 1.º la tête du *ver* est enflée ; 2.º la peau qui
« recouvre ses anneaux a le luisant d'un vernis ; 3.º les
« anneaux sont gonflés ; 4.º la circonférence de l'ouver-
« ture des stigmates est d'un jaune plus ou moins
« foncé ; 5.º le *ver* donne une eau jaune, qui paraît
« telle sur la feuille.

« Cette maladie se manifeste communément à la
« seconde mue ; elle est rare aux autres, et plus encore
« à la quatrième.

« M. Constant du Castelet, un des premiers et des
« meilleurs écrivains sur l'éducation des *vers-à-soie*,
« dit que cette maladie est occasionée par une eau
« visqueuse et acide, qui pénètre les deux ampoules
« ou sacs que les *vers* ont aux flancs, et qui, étant
« mêlée avec la gomme dont ils doivent former leur
« fil, s'oppose à la perfection de la cuite de cette
« même gomme, et cause à toutes les parties de l'in-
« secte une tension générale qui lui fait allonger les
« pieds ; bientôt après il devient mou, ensuite il se
« raccourcit, et crève sur la litière. L'humeur âcre qui
« en sort tue tout autant de *vers* qu'elle en touche :
« c'est ce que semblent prévoir ceux qui sont attaqués
« de cette peste, car ils fuient les autres et se retirent

Tandis qu'il est de fait que l'abondance et la
certitude du produit annuel des cocons repose

« aux bords des tablettes ; s'ils n'ont pas le temps ou la
« force d'y arriver, ils crèvent au milieu de leur litière;
« ceux qui se portent bien les fuient aussi , et se reti-
« rent à l'écart.

« Dès qu'on s'aperçoit que quelques *vers* sont atta-
« qués de cette maladie, on doit craindre qu'elle ne se
« communique aux autres ; il faut donc les examiner
« avec attention , et , sur le moindre doute, enlever ceux
« qu'on croit attaqués et les transporter dans l'infirmerie;
« où le seul changement d'air peut les remettre, si la
« maladie a fait peu de progrès. Quant à ceux qui sont
« reconnus pour avoir réellement cette maladie, il n'y
« a d'autre expédient à prendre que de les jeter dans
« le fumier et de les y enterrer, afin que les poules ne
« les mangent pas, ce qui pourrait les empoisonner. »

Des Morts blancs ou tripés.

« M. Rigaud de Lisle , habitant à Crest, est, je
« crois , le premier qui ait distingué cette maladie
« des autres. Le *ver*, dit-il, étant mort, conserve son
« air de fraîcheur et de santé ; il faut le toucher pour
« reconnaître qu'il est mort. Alors on ne peut mieux
« le comparer qu'à une tripe. »

Des Harpions ou passés.

« Ces dénominations vulgaires ont passé des provinces
« méridionales dans celles du nord, lorsque l'éducation
« des *vers-à-soie* y a été connue. *Harpion* dérive du
« mot *griffe* ou *serre* , *passés* de *soiffrir*.

« Cette maladie n'est pas réellement distincte de la
« *rouge*; elle n'en est qu'une modification. Elle se ma-
« nifeste, dès les premiers jours de la naissance du *ver*,

uniquement sur la bonne éducation des *vers*-
à-soie, pendant tout le cours de leur vie; tandis

« par une couleur jaune ; celle des *passés* est un peu
« plus foncée. Il faut voir ce qui a été dit sur la rouge.
« Ces deux dernières maladies, c'est-à-dire les *vers*
« qu'on nomme *harpions*, *passés*, deviennent tels par
« les mêmes causes qui donnent la maladie qu'on ap-
« pelle *la rouge*. On reconnaît les *vers* malades, 1.º à
« leur couleur tirant sur le jaune ; 2.º ils sont effilés,
« leur peau est ridée, et ils sont plus courts que ceux
« du même âge ; 3.º ils allongent leurs pattes grêles et
« crochues ; 4.º ils mangent peu, languissent, et sont
« dans un état de marasme.

« Lorsque les *passés* sont rares après la première mue,
« on peut essayer de les soigner à l'infirmerie ; mais
« comme je suis persuadé qu'ils ne feront jamais bien,
« il vaut mieux les jeter ; et si, avant la première
« mue, on s'aperçoit que la couvée en est entièrement
« infectée, pourlors j'insiste pour qu'on ait recours
« à de la nouvelle graine. »

De la Luzette, ou luisette, ou clairette.

« Le nombre des *vers* attaqués de cette maladie est
« communément peu considérable ; elle se manifeste
« après les mues, mais plus ordinairement après la qua-
« trième ; elle ne provient pas d'un défaut dans la couvée,
« comme quelques-uns le prétendent, il faut plutôt en
« attribuer la cause à quelque défectuosité dans l'ac-
« couplement et dans la ponte. Les *vers* attaqués de
« cette maladie mangent comme les autres, et font les
« mêmes progrès en longueur et non pas en grosseur.
« Cette maladie se manifeste par la couleur du *ver* qui
« devient d'un rouge clair, et ensuite d'un blanc sale.

que tout le monde sait que ces insectes ne sont
pas des animaux qui appartiennent à nos cli-

« En l'observant avec attention, on s'apercevra qu'il laisse
« tomber, par les filières, une goutte d'eau visqueuse,
« et que son corps est transparent ; ce qui l'a fait
« nommer *luzette*, nom vulgairement donné à ces in-
« sectes qui répandent de la lumière pendant la nuit.
« Dès qu'on découvre des *luzettes* sur les tables, il
« faut les jeter ; ces *vers* mangent la feuille sans qu'on
« puisse attendre qu'ils feront un cocon.

« Après la quatrième mue, on trouve quelquefois des
« *luzettes* disposées à faire un cocon ; elles se donnent
« beaucoup de mouvement, et vont de côté et d'autre
« pour trouver à se placer. Il ne faut pas attendre qu'elles
« s'épuisent par leurs courses et qu'elles perdent toute
« leur soie ; puisqu'elles sont arrivées à ce point, il
« faut en profiter : pour cet effet, on les place dans des
« paniers où il y a des branchages secs. »

Des Dragées.

« Ce n'est point une maladie du *ver-à-soie*, puisque
« son cocon est fait lorsqu'on le nomme dragée. Un
« cocon dragée ne renferme pas une chrysalide, mais
« un *ver* raccourci et blanc comme une dragée : voilà
« d'où provient cette dénomination. Si le *ver*, après
« avoir fait son cocon, n'a pas pu se transformer en
« chrysalide, c'est une preuve qu'il a souffert. Mais
« quelle est cette espèce de maladie ? Personne n'a
« pu encore la désigner. On trouve des éducations en-
« tières dont tous les cocons sont dragées en très-grande
« partie. Au surplus, il ne faut pas s'en affliger ; la
« soie de ces cocons est d'une aussi bonne qualité que
« celle des autres ; on n'éprouvera de la perte qu'en

mats, et qu'ils ne vivent parmi nous que par les soins que nous avons pris pour les rendre domestiques, on ne croirait pas qu'il manque encore des règles sûres pour leur donner une habitation propre à leurs besoins, et qui leur soit utilement adaptée dans leurs différens âges.

L'expérience prouve que les hommes et les animaux tombent malades, et meurent même dans des habitations trop étroites, où ils ne peuvent pas respirer et transpirer librement, et même dans les grandes habitations, si l'air ne peut s'y renouveler facilement.

On dirait que, pour les *vers-à-soie*, les lois de l'art de conserver la santé doivent être violées ou négligées.

On ne pensait peut-être pas que le nombre de ces insectes, provenant, par exemple, de quatre ou cinq onces d'œufs devait être de

---

« vendant les cocons, parce qu'ils sont très-légers ; mais « si on les fait filer à son profit, on sera au pair. On « connaît un cocon dragée en l'agitant. Le *ver* desséché « et renfermé fait un bruit sec, que les autres cocons « ne rendent pas. »

Le rédacteur des descriptions que je viens de transcrire parle aussi des maladies occasionées par la qualité de la feuille et particulièrement du *miellat* qui est une sécrétion gommeuse, dit-il, qui se fait sur le mûrier ; mais j'ai cru inutile de transcrire ce qu'il en dit, parce que M. le Comte Dandolo en traite lui-même avec plus de détail.   *Le Traducteur.*

150,000 ou 200,000 , qui tous devaient respirer librement et constamment un air pur , et faire les sécrétions nécessaires à leur vie.

Un local sagement construit, selon les principes invariables de l'art , où l'air puisse se renouveler en tout temps et dans tous les cas , et conserver sa siccité , doit seul contribuer puissamment à la santé et à la prospérité constante de l'animal, et par suite à la production d'une grande quantité de cocons de très-belle qualité.

Lorsqu'on a bien préparé l'habitation des vers-à-soie , on a déjà obtenu le plus grand des avantages , et tout alors marche , pour ainsi dire, de lui-même.

Comme nous devons supposer que beaucoup de propriétaires feront construire des ateliers, pour s'assurer un bon revenu en cocons, je vais donner ici une idée de leur construction , et j'indiquerai , en même temps, les petites réformes indispensables qu'on doit faire aux ateliers des fermiers. Les réformes que je propose n'ont pour but que l'avantage des propriétaires et des fermiers.

En parlant des deux espèces d'ateliers , je dois traiter aussi de l'un de leurs accessoires principaux, qui est le lieu destiné à conserver la feuille fraîche et saine, même pendant trois jours. De cette manière, il est presque certain qu'on évite les pertes auxquelles on serait exposé en employant la feuille mouillée, ou flétrie, ou fermentée.

Si la construction du local, que les *vers-à-soie* doivent occuper toute leur vie, est une chose très-importante, il est aussi très-avantageux de faire connaître les formes et l'usage de certains petits ustensiles propres à faciliter toutes les opérations nécessaires.

Nous parlerons donc dans ce chapitre :

1.º De l'atelier du propriétaire ;

2.º De l'atelier du fermier ;

3.º Des lieux propres à conserver la feuille fraîche et saine ;

4.º Des ustensiles.

§. I.er

De l'Atelier du propriétaire.

Il est chose certaine que l'homme n'emploie presque jamais ses capitaux que pour en retirer une rente ou un intérêt en argent , que l'usage ou les circonstances des lieux ont déterminé, excepté les dépenses de pur agrément.

Si un propriétaire achète, par exemple, quinze ou vingt arpens de terre , qui lui coûtent 3 ou 4,000 fr., il n'a alors en vue que d'en retirer 150 ou 200 fr. net de rente.

Cela posé , il est clair que , s'il reconnaissait qu'en employant un capital de 3,000 francs à construire un atelier de *vers*-à-soie, il pouvait en retirer plus de 5 pour %, on ne doit pas douter qu'il ne s'empressât de le faire.

Pour pouvoir dire qu'on gagnerait à faire construire un atelier de *vers*-à-soie, je ne me permettrai qu'une seule réflexion, qui est que, pour retirer 150 fr. de 3,000 fr. dépensés pour l'atelier, il suffirait que le propriétaire retirât 90 livres de cocons de plus que ce qu'il obtient tous les ans.

N'y a-t-il pas d'ailleurs beaucoup de propriétaires qui peuvent, avec très-peu de dépense, arranger pour cela des greniers, des galetas et autres locaux semblables ?

Que le propriétaire de bonne foi, qui a pris connaissance des perfectionnemens que j'ai introduits dans l'art d'élever les *vers*-à-soie, dise s'il ne croit pas que, seulement avec dix onces d'œufs bien soignés dans un grand atelier, on puisse retirer facilement 150 et même jusqu'à 300 livres de cocons, de plus qu'on n'obtient ordinairement.

Ce revenu, qu'on retire d'un tel capital, est encore bien peu de chose en comparaison de tant d'autres avantages que produit la construction de l'atelier du propriétaire. Pour s'en convaincre il suffit de réfléchir :

1.º Que l'établissement des ateliers contribue à augmenter la valeur des propriétés où ils sont établis, et d'où on retire la feuille, parce qu'ils donnent un produit plus grand en cocons; de même qu'un terrain, qui, travaillé avec soin, rendrait huit pour un, vaudrait plus qu'un autre qui ne donnerait toujours que six;

2.º Qu'en réunissant dans le même local toutes les opérations qui regardent les *vers - à - soie*, on épargne beaucoup en feuille, en combustibles et en travail;

3.º Que les fermiers se mettent bientôt au fait, en voyant les heureux effets que produisent les préceptes que j'ai indiqués, et parce qu'ils se trouvent forcés d'agir, dirigés par des personnes éclairées qui sont à la tête de toutes les opérations;

4.º Qu'on voit disparaître l'inégalité entre les avantages qu'obtiennent certains fermiers, plutôt que certains autres; avantages qu'on a coutume d'appeler bonheur dans la réussite des *vers - à - soie*, ayant tous fait également leur possible pour réussir;

5.º Que le propriétaire et le fermier, assurés du succès, ne négligeront pas la culture des mûriers, ou ne les détruiront pas, comme on le fait particulièrement dans les lieux où le propriétaire vend la feuille, dans la persuasion qu'il y a en cela plus d'avantage que de l'employer lui-même;

6.º Qu'on évite le vol qui a lieu lorsque le

propriétaire fait élever les *vers*-à-soie dans plusieurs maisons de fermiers;

7.º Enfin, que les locaux où on élève les *vers* sont plutôt libres, et peuvent servir à d'autres usages domestiques.

Ce que je viens de dire démontre l'avantage des grands ateliers de propriétaire (22).

Voici comment est construit le mien, qui pourrait servir pour 20 onces d'œufs, c'est-à-dire, qui pourrait donner 24 quintaux à peu près de cocons, et dont on trouvera la gravure à la fin de cet ouvrage, avec celle des autres dont j'ai parlé.

Il a environ 30 pieds 3 pouces de largeur, 77 de longueur, et à peu près 12 de hauteur, et en considérant la hauteur jusqu'au toît, 21 pieds. (*Tab. I.*)

On peut placer dans la largeur six rangs de

---

(22) Il y a dans ce moment, dans ces contrées, un grand atelier de propriétaire qui peut suffire pour les *vers*-à-soie de 20 onces d'œufs Il donna, en 1813, plus de 120 livres de cocons par once d'œufs. Il est situé à Moraggone, et appartient à un très-bon agriculteur qui a réuni, comme à un point central, le travail de tous ses fermiers.

Il ne lui a pas fallu de grandes dépenses pour ériger cet atelier; il ne s'est servi que d'un grenier qu'il a fait adapter, et pour lequel il a fait faire tous les ustensiles nécessaires. Ce local sert pendant un mois pour les *vers*-à-soie, et redevient grenier tout le reste de l'année.

tables ou claies d'à peu près 2 pieds 6 pouces
de largeur chacune. Comme ces claies doivent
être placées de deux en deux, il paraît n'y avoir
que trois rangs ; il y a donc entr'elles quatre
passages, deux du côté des deux murs, et deux
entre les claies. Les passages ont à peu près
3 pieds de largeur ; ils servent pour agir sur les
claies et pour placer les échelles et les planches.

Il y a des pieux entre les deux claies, qui,
comme je l'ai dit, forment une file en longueur.
Ces pieux, sur lesquels sont fixées de petites
barres de bois transversales , soutiennent ces
claies; il y a entre les deux claies un vide d'à peu
près 5 pouces et demi pour servir de passage à
l'air. Cet espace correspond à la grosseur du
pieu placé verticalement.

Il y a, dans ce local, treize fenêtres avec
des jalousies au-dehors, et des châssis couverts
de papier en dedans. Il y a, sous chaque fenêtre, et près du pavé, des soupiraux ou trous
carrés d'à peu près 13 pouces, bouchés par une
planche mobile qui s'y enchâsse bien, afin de
pouvoir, à volonté, faire entrer ou sortir la
quantité d'air nécessaire, lequel , en entrant
ou sortant, rase le pavé même.

Lorsque l'air de la fenêtre n'est pas nécessaire, on tient les châssis de papier fermés.
Les jalousies s'ouvrent ou restent fermées selon
les circonstances. Lorsque le mouvement de

l'air est lent, et que les températures intérieure
et extérieure sont presque égales, on peut
ouvrir tous les châssis, tenant toutes les jalousies fermées, ou au moins une bonne partie.

J'ai fait établir huit soupiraux en deux lignes
au plancher ou plafond de la chambre; ils
correspondent perpendiculairement au milieu
des passages pratiqués entre les claies. Ces soupiraux se bouchent avec un vitrage pour avoir
de la lumière par le haut, et, en cas de besoin,
ils se bouchent aussi avec des châssis recou-
verts en toile blanche. On doit pouvoir les ouvrir ou les fermer selon les circonstances.

Comme l'air des soupiraux du pavé doit
monter, et celui des soupiraux du plafond
descendre, selon l'état des différentes températures, il doit nécessairement passer à travers les trois rangs de claies.

J'ai fait faire aussi six soupiraux sur le pavé
même, pour communiquer avec les chambres
qui sont dessous.

Tous ces soupiraux doivent s'ouvrir lorsqu'il
le faut ; ils pourraient seuls maintenir un
mouvement constant de l'air extérieur, sans
qu'il fût nécessaire de jamais ouvrir les châssis
couverts de papier qui sont devant les jalousies.

Trois des treize fenêtres sont placées à une
extrémité de l'atelier, et, à l'autre extrémité,
il y a trois portes construites de manière à

donner aussi à volonté plus ou moins d'air. De ces portes on va à une autre salle d'à peu près 36 pieds 8 pouces de longueur, et 30 pieds 3 pouces de largeur, qui fait la continuation du grand atelier, et qui contient aussi des claies assez élevées au-dessus du pavé, afin qu'on puisse librement faire le service de l'atelier. Il y a dans cette salle six fenêtres, et six soupiraux à leurs pieds et au niveau du pavé, ainsi que quatre soupiraux au plancher ou plafond.

Il y a six cheminées dans le grand atelier, une à chaque angle, et une au milieu de chaque grand côté.

J'ai fait placer un grand poêle rond, d'environ 3 pieds 8 pouces de largeur, sur 9 pieds 2 pouces de hauteur, au milieu de l'atelier (table I.); il partage en deux le grand rang du milieu des claies.

Je me sers de petits quinquets qui ne donnent pas de la fumée, pour éclairer la nuit. Le pavé de l'atelier est le seul qui soit fait de ciment (ghiarone); celui de la salle ou vestibule est en brique, afin qu'au besoin il puisse servir pour sécher la feuille que la pluie aurait mouillée.

Entre le grand atelier et le vestibule il y a une petite chambre placée au milieu, ayant deux grandes portes, une pour communiquer avec l'atelier, et l'autre avec le vestibule. Au milieu du pavé de cette petite chambre est une grande ouverture qui communique avec le dessus de l'atelier ; cette ouverture se ferme avec deux battans en planches qui sont mouvans ; elle sert pour jeter la litière et les ordures de l'atelier ; elle est aussi utile pour monter facilement la feuille par le moyen d'une poulie.

Ce même grand trou tient en mouvement une grande colonne d'air lorsque les trois châssis de l'extrémité de l'atelier sont ouverts.

J'ai fait placer une sonnette au haut du mur et à l'extérieur, afin de faire exécuter les ordres promptement.

Voilà la construction de mon grand atelier dans lequel je ne mets les *vers*-à-soie qu'après la quatrième mue.

Il est impossible que l'air y reste stagnant, ni qu'il puisse jamais se charger de trop d'humidité. Comme ce bâtiment est isolé de trois côtés, il arrive difficilement que, d'après les différentes expositions des soupiraux, l'air extérieur ne tende pas à s'y équilibrer, et à y maintenir une douce température. S'il arrivait qu'il y eût une parfaite stagnation de l'air, et que la température fût partout en équilibre, on provoquerait de suite le mouvement des grandes colonnes d'air, en faisant de la flamme dans les six cheminées.

Lorsqu'on n'a pas besoin d'allumer du feu dans les cheminées, et qu'elles ne sont pas nécessaires comme soupiraux, on les bouche avec des planches faites exprès.

En fermant avec de petites planches les soupiraux qui sont au niveau du plancher, lorsqu'il y a un grand courant d'air, on peut le régler comme on veut. On en fait autant des soupiraux supérieurs, avec cet avantage, qu'ayant un vitrage et un châssis, on peut ouvrir et fermer l'un et l'autre selon le besoin.

On n'emploie le poêle que lorsqu'il faut échauffer l'air de l'atelier.

Dans ce cas, pendant que le poêle chauffe l'atelier, une colonne d'air extérieur entre continuellement dans une portion du corps du poêle qui est comme détachée du lieu où on fait feu et d'où sort la fumée. Cet air s'échauffe, sort par plusieurs trous dans l'atelier, et en augmente par conséquent l'air et la chaleur.

J'ai fait placer dans divers points de la salle quatre baromètres, six thermomètres, et deux thermométrographes pour indiquer ce qu'il convient de faire dans le cas d'accumulation d'humidité, et d'augmentation ou de diminution de température dans l'atelier.

Examinons maintenant un atelier de moyenne grandeur, propre à contenir seulement les *vers-à-soie* de cinq onces d'œufs.

L'atelier moyen (*table I.*), qui produit à peu près 6 quintaux de cocons, a 40 pieds 4 pouces de longueur, 18 pieds 4 pouces de largeur, et 12 pieds 10 pouces de hauteur. On y place six claies l'une sur l'autre.

A chaque côté, et dans la longueur, il y a un rang de claies à peu près à deux pouces du mur, pour laisser circuler l'air. Ces claies ont environ 30 pouces de largeur.

Au milieu de l'atelier il y a deux rangs de claies de plus de 33 pouces de largeur chacune; il y a une distance d'un pied 10 pouces d'un rang à l'autre. Cette distance suffit pour qu'on puisse passer et y monter, parce que les morceaux de bois placés perpendiculairement, et ceux mis en travers pour soutenir le double rang de claies, forment une espèce d'échelle par laquelle on monte commodément jusqu'au plancher, et on donne aisément à manger aux *vers* de la moitié à peu près des claies, l'autre moitié étant servie par des échelles.

Il n'y a que deux passages dans cet atelier, si ce n'est l'étroite séparation qu'il y a entre les morceaux de bois au milieu des claies.

Il y a quatre soupiraux au plancher, qui correspondent aux passages formés entre les claies, afin que l'air extérieur ne frappe pas directement sur les claies. Il y a huit soupiraux à la partie du mur qui est au niveau du pavé,

placés à des distances proportionnées, une cheminée aux quatre angles de l'atelier, un poîle
au milieu dont les tuyaux longent le mur de
chaque côté, et un autre au fond de la chambre
en face de la porte.

Il y a dans l'atelier deux baromètres et quatre
thermomètres. Dans la nuit, il est éclairé par
deux quinquets.

Cet atelier est comme le grand, isolé de
trois côtés ; il a quatre fenêtres sans jalousies,
parce que tout le mouvement de l'air se fait
de haut en bas et de bas en haut. Il n'est
pas nécessaire qu'il y ait au pavé des soupiraux
qui correspondent avec le dessus.

Pour si calme que soit l'air, on l'agite autant qu'on veut en faisant de la flamme, et
en ouvrant plus ou moins les soupiraux.

J'ai aussi de petits ateliers qui ne contiennent qu'à peu près 367 pieds carrés de claies,
et qui, par conséquent, ne peuvent donner
qu'environ 240 livres de cocons. (*Table II.*) Ce
ne sont que de petites chambres basses, d'un
carré long, qui ne contiennent dans le milieu
que quatre rangs doubles de claies, placées l'une
sur l'autre, et d'à peu près 30 pouces de largeur.

Il y a quatre soupiraux au plancher, deux
cheminées placées aux deux angles, qui se correspondent en ligne diagonale, et trois soupiraux
au mur et au niveau du pavé.

Chaque petit atelier a son baromètre et deux thermomètres. Je n'ai pas parlé de l'exposition de mes ateliers, parce que toutes les expositions sont bonnes, pourvu qu'on puisse y faire communiquer librement l'air par-tout, et qu'on puisse fermer les ouvertures du côté du soleil. J'en ai dans toutes les expositions.

La propreté de mes ateliers est extrême ; on n'y sent jamais aucune mauvaise odeur, et on n'y a jamais besoin de parfums. Le meilleur est l'odeur naturelle de la feuille, tant que les *vers*-à-soie vivent, et ensuite celle des cocons, lorsqu'ils se forment ou lorsqu'ils sont formés.

Dans le cas que la saison devienne froide, comme il est arrivé en 1813 et 1814, les cheminées peuvent servir non-seulement pour renouveler l'air, mais aussi pour le réchauffer, ayant soin de ne pas brûler des copeaux ni de la paille, mais bien du gros bois qui conserve le feu long-temps.

Les poêles sont cependant plus propres à réchauffer l'air intérieur.

Quelle des trois manières ci-dessus qu'on ait employé pour construire un atelier, on pourra, d'après ce que marqueront le thermomètre et le baromètre, neutraliser ou détruire l'influence du froid, du chaud, du vent, de l'air stagnant, humide et vicié, et on pourra même retarder ou empêcher la fermentation de la litière.

§. I I.

Des Ateliers des fermiers.

En général, les ateliers des fermiers se présentent à l'œil de l'observateur comme des espèces de catacombes. Je dis en général, parce qu'il y en a quelques-uns qui, sans avoir tout ce qu'il faut pour bien élever les *vers*-à-soie, en ont cependant assez pour leur éviter des maladies graves.

J'ai trouvé le plus souvent, en entrant dans les chambres où on élevait ces insectes, qu'elles étaient humides, constamment éclairées par la flamme d'une huile puante ; que l'air était stagnant et vicié, au point de gêner la respiration ; qu'on sentait des odeurs désagréables masquées par celle de quelque aromate ; que les claies étaient trop rapprochées, couvertes de litière en fermentation, sur laquelle languissaient les *vers*. L'air ne s'y renouvelait que par les ouvertures que le temps avait faites aux portes et aux fenêtres. Ce qui me rendait l'aspect de ces lieux plus triste, c'est que je remarquais que la personne qui prenait soin des *vers*, quelque bien portante qu'elle fût avant, avait la voix rauque, la figure pâle, l'air valétudinaire comme si elle sortait d'un sépulcre, ou si elle se relevait d'une maladie très-grave.

Tous les locaux sont bons pour élever les *vers-à-soie*, pourvu qu'en proportion de leur grandeur il y ait une ou deux petites cheminées, deux ou plusieurs soupiraux au plafond, autant au mur et au niveau du pavé, et une ou plusieurs fenêtres ou ouvertures par lesquelles la lumière entre constamment, mais non les rayons solaires.

Mes ateliers de fermiers, qui contiennent les *vers* de quatre onces d'œufs, ont deux petites cheminées, placées dans les angles, qui sont en ligne diagonale, un poîle, quatre soupiraux au plafond, et trois au niveau du pavé. J'ai des ateliers qui contiennent les *vers* de trois onces d'œufs, et qui ont deux petites cheminées, trois soupiraux supérieurs et deux inférieurs. J'en ai aussi qui ne sont que pour deux onces d'œufs, et qui ont deux petites cheminées, deux soupiraux supérieurs et deux inférieurs.

Dans chacun de ces ateliers il y a une grande porte, dans laquelle on en a pratiqué une petite et deux fenêtres ou ouvertures, pour faire entrer la lumière. Lorsque le soleil bat contre l'une ou l'autre, on ferme les volets intérieurs.

J'observe que ces légères réformes à faire dans les chambres, et qui sont très-importantes, coûtent peu, tandis que le bon effet qu'elles font est très-avantageux.

Lorsque la chambre est propre à contenir les

vers de quatre onces d'œufs, il y faut nécessairement un poêle en brique ; il réchauffe beaucoup plus que les cheminées, et il faut moins de bois. Les cheminées ne servent, en général, que pour des feux de flamme, et on n'y allume du bois que lorsque la température de l'air extérieur se maintient trop long-temps froide.

Les cheminées doivent être bouchées dans tous les cas où elles ne servent pas.

Dès qu'on a arrangé le local, ainsi que je l'ai indiqué, on ne doit plus permettre au fermier de tenir les petits *vers*-à-soie dans la cuisine ni ailleurs ; il doit les tenir constamment dans l'atelier, bien étendus sur les claies. Ceux qui n'agiront pas ainsi, seront exposés à voir les *vers* en grande partie malades ou morts, avant de parvenir à l'âge adulte.

Les malheurs auxquels se trouvent exposés les fermiers, dépendent le plus souvent de ce qu'ils font passer les *vers* encore jeunes à des températures brusques, et qu'ils les tiennent trop à l'étroit. (Chap. XII.)

Pour si serrés que soient les *vers*, lorsque le fermier voit qu'ils se meuvent et qu'ils mangent, cela lui suffit pour être persuadé qu'ils vont bien ; il ne distingue pas que ceux qui se trouvent comprimés par les autres, ne peuvent pas bien manger, et périssent tôt ou tard sous la litière qui les recouvre.

Il faut, dans chaque atelier de fermier, un ou deux bons thermomètres, qu'on doit laisser constamment suspendus dans l'atelier.

Il est bon de rappeler ici qu'il sera toujours très-avantageux que, si, au moment où les *vers* montent, il s'en trouve de tardifs, on doit les transporter ailleurs (Chap. VIII. §. V.)

Le propriétaire qui achètera un thermomètre et un baromètre, rendra sensible au fermier l'état d'humidité de l'air intérieur ; il lui sera facile de lui faire comprendre ce qu'il aura vu, et de lui faire employer le feu de flamme. Ceux qui donneront aussi au fermier la *bouteille qui purifie l'air*, comme je le fais, en retireront de l'avantage. Quoiqu'elle ne soit pas absolument nécessaire, comme dans certains momens les exhalaisons animales laissent une mauvaise odeur, la vapeur qui s'en dégage est d'un très-grand avantage pour la corriger.

Quant à l'exposition des ateliers de fermier, il n'y a pas de doute que la meilleure est au froid et à l'air agité, et qu'ils sont mieux à un premier étage qu'au rez-de-chaussée ; mais cependant, pourvu qu'on fasse les réformes que j'ai indiquées, on peut se servir des locaux qu'on a, et être sûr qu'il n'y aura jamais d'air stagnant, humide ou méphitique.

On dirait que ce qui a dû contribuer à perpétuer l'usage des plus mauvais locaux pour placer

les *vers-à-soie*, a été particulièrement parce
qu'on a vu qu'on obtenait de temps à autre de
très-bonnes récoltes de cocons.

On ne pensait pas que c'était le pur effet du
hasard, ou pour mieux dire des diverses variations du temps. Une année, par exemple, dans
laquelle la saison avait été belle et sur-tout
sèche, parce qu'il avait soufflé des vents du
nord, il n'était pas étonnant que les *vers* réussissent, quoique mal élevés.

Nous avons un exemple des avantages de l'air
constamment sec et agité, dans les barraques
des pays montagneux où on élève les *vers*. Ils y
réussissent toujours mieux que dans les plaines.

Aujourd'hui nous devons vouloir que, quelles
que soient les influences météorologiques, les
bonnes récoltes de cocons ne manquent jamais,
et que le fermier obtienne du profit, non par
l'effet d'un heureux hasard, mais bien par des
calculs certains.

Au reste, un atelier de fermier produira
toujours d'autant plus, qu'il se rapprochera
davantage des ateliers de propriétaire, quant
à la propreté et aux soins.

§. I I I.

*Des Locaux destinés à conserver saine et fraîche
la feuille de mûrier.*

Selon moi, on n'a pas encore assez calculé

les avantages ou les dommages que peut produire la feuille, selon le local où on la met avant
de la distribuer aux *vers.*

Elle doit être au rez - de - chaussée ou dans
des lieux souterrains, légèrement humides, et
qu'on puisse fermer, de manière qu'il n'y entre
que la lumière suffisante pour y voir à l'y
mettre, la remuer et la monder. Ces qualités
sont indispensables :

1.º Parce que, dans les chambres basses, il
y a toujours plus de fraîcheur que dans les
hautes, et que l'air y est plus calme ;

2.º Parce que, dans les locaux humides, la
feuille n'éprouvant pas d'évaporation, ne s'altère
ni ne se flétrit pas ;

3.º Parce que, dans les lieux où ne peuvent
guère pénétrer l'air extérieur et la lumière, le
contact de l'air avec la feuille a moins souvent
lieu, et il y entre moins de chaleur, y entrant
moins de lumière ; si, au contraire, l'air et la
lumière y avaient beaucoup d'accès, la feuille
perdrait trop de son humidité et se flétrirait.

Je l'ai tenue pendant trois jours dans des
locaux tels que je les ai décrits, elle a très-peu
diminué de poids, et ne s'est pas flétrie.

Lorsqu'elle est encore bien grasse (*voyez la
note* 1), on doit la placer par couches de trois
ou quatre pouces seulement, pour qu'elle ne
s'altère pas. Ensuite lorsqu'elle est mûre, elle

se conserve très-bien plusieurs jours dans le lieu destiné pour cela, quoique les couches soient de près d'un pied, pourvu qu'elle ait été cueillie sèche. On doit cependant avoir soin de la remuer tous les jours, afin qu'elle reçoive bien le contact de l'air intérieur, et qu'elle ne s'affaisse pas trop.

Si, dans le local où on place les *vers*, l'air doit être constamment sec, dans celui où est la feuille, il doit être frais et humide sans être agité. Ce serait un grand dommage que l'air enlevât à la feuille trop de son humidité naturelle, non pas tant parce qu'elle se flétrirait, que parce que je crois cette humidité naturelle un véhicule nécessaire pour que les différentes séparations et sécrétions qu'exige la santé de l'animal s'opèrent bien, et pour la déposition de la soie dans ses réservoirs.

D'ailleurs, la nature a donné beaucoup moins de substance aqueuse à la feuille mûre du mûrier, qu'à aucune autre feuille des arbres que nous avons sur notre sol.

Si le local était très-humide, cela ne nuirait pas à la feuille, pourvu qu'il fût frais et tenu bien fermé, pour que l'air chaud n'y entre pas. La chaleur, le trop d'humidité et l'amoncellement de la feuille, sont les causes qui la gâtent.

On doit faire en sorte que ces locaux soient sous les ateliers ou bien près. On aura alors le grand avantage d'avoir toujours une provision de bonne feuille , sur-tout dans le temps de la *grande frèze* ou *brife* au cinquième âge. On sentira cet avantage sur-tout s'il vient alors à pleuvoir pendant quelques jours , ou si la saison est pluvieuse.

Lorsque le propriétaire reconnaîtra , comme moyen de faire prospérer sa maison , l'exacte pratique de l'art d'élever les *vers-*à-soie , il ne trouvera plus ni embarras , ni grande dépense pour préparer tout ce qui est nécessaire.

§. I V.

Des Ustensiles qui servent à l'exercice de l'art d'élever les Vers-à-soie.

Faire mieux qu'on n'a fait , en dépensant moins , les différentes opérations dont se compose un art , est un des premiers buts auxquels doivent tendre tous ceux qui l'exercent.

Partant de ce principe, j'ai cru utile de faire faire une petite collection d'ustensiles de peu de dépense , et tous nécessaires pour exécuter les opérations qu'exige l'éducation des *vers-*à-soie.

Cet art n'avait pas eu jusqu'à présent d'ustensiles particuliers; chacun employait, à son choix, tel ou tel ustensile différent pour la même opération , et on découvrait souvent , dans l'usage qu'en faisait le fermier , l'état de barbarie dans lequel était encore cet art précieux , par le mal

qu'il faisait aux *vers-à-soie*, et par le temps
plus long qu'il employait. Je donne ici une
explication de ces ustensiles : on en verra la
gravure à la fin de cet ouvrage.

USTENSILES.

Le grattoir. Il sert pour détacher les œufs
des linges mouillés. Il est facile de le tenir dans
la main : on introduit le côté du fil entre les
œufs et le linge, et on parvient à en détacher
beaucoup dans peu de temps. *(Fig. 3.)*

Le thermomètre. J'en ai fait connaître l'usage
dans un paragraphe qui en traite exclusivement.
(Chap. IV. §. II.)

Le poîle. Il est destiné à rechauffer l'atelier.
Il le fait beaucoup mieux s'il est construit de
manière à recevoir l'air extérieur qui entre dans
l'atelier après s'être échauffé dans le poîle. L'air
raréfié qui entre chaud chasse l'air intérieur.
Si on veut, on peut boucher les trous qui
servent de passage à l'air raréfié, lorsqu'il y a
du feu dans le poîle ; ces mêmes trous peuvent
servir pour introduire de l'air froid, lorsque le
feu du poîle est éteint. (*Fig*. 5.)

Petites boîtes pour faire éclore les œufs. Il
doit y en avoir de plusieurs grandeurs, afin
que chaque once d'œuf ait un espace d'à peu
près 7 pouces 4 lignes carrés. Elles doivent
être de carton si elles sont petites, et de

planche mince si elles sont grandes , c'est-à-
dire propres à contenir 10 à 20 onces d'œufs ,
ou d'un espace de 73 à 146 pouces carrés. Elles
doivent être toutes distinguées par des chiffres
arabes bien visibles placés sur tous les côtés.
(*Fig.* 6.)

Claies ou tables. Elles servent , couvertes
de papier , pour placer les *vers-à-soie.* Les
miennes ont le fond de canne. On peut les
faire de toutes sortes de branches d'arbres. Il
suffira que, dans aucun cas , il ne soit pas
d'un tissu trop serré , afin que le papier reçoive
par - dessous le contact de l'air qui le sèche
insensiblement.

La largeur des claies doit être de 29 à 37
pouces ; leur longueur peut être de plusieurs
toises. On doit les placer les unes sur les autres,
sans qu'elles dépassent par aucun côté , pour
ne pas gêner le mouvement des paniers carrés,
comme on le verra par la *figure* 30.

On peut écrire sur une ou plusieurs claies
réunies , avec un pinceau , au bord extérieur ,
de combien de pieds carrés est la superficie
de la claie. Si , supposons , la claie a 20 pieds
de longueur et trois de largeur , on écrira 30
pieds carrés , etc. *(Fig.* 7.*)*

Cuillère. Elle est faite de manière à pouvoir
la manier avec beaucoup de facilité pour remuer les œufs,

Petites tables de transport. Ce sont des planches minces d'à peu près un pied de largeur,
et assez longues. Elles doivent être appuyées
sur les côtés de la largeur des claies. Elles ont
un manche au milieu qui sert à les transporter
facilement. Elles doivent être très-unies, afin
que les *vers-à-soie* y montent sans aucun obstacle. Il y a un bord d'à peu près un demi-
pouce sur trois côtés. (*Fig.* 9.)

Soupiraux. Ils doivent tous s'élever et s'a-
baisser à volonté, moyennant deux rénures
dans lesquelles la planche monte et descend.
Il faut pouvoir les fixer à la hauteur qu'on
veut, s'ils sont au pavé, et les faire glisser
plus ou moins, s'ils sont au plafond ou plancher.
(*Fig.* 10.)

Perçoir. Ce fer, percé à l'extrémité, est fait
de manière qu'à chaque coup qu'on donne à
sa partie supérieure, avec un marteau, il
perce plusieurs doubles de papier qu'on a placés
sur une espèce de piédestal fait exprès. On perce
beaucoup de feuilles de papier dans très-peu
de temps. Ces feuilles servent ensuite à couvrir
les petites boîtes d'œufs, lorsque les *vers-à-soie*
commencent à naître. Beaucoup de personnes
emploient, au lieu de papier percé, un voile
clair, et obtiennent le même effet. On peut,
sur cela, faire comme on veut. (*Fig.* 11.)

Petit crochet. Ce petit instrument de fer

recourbé sert très-bien pour lever promptement
des petites boîtes les petits rameaux chargés
de *vers-à-soie*, et les placer sur les feuilles
de papier préparées dans le petit atelier. Avec
cet instrument on évite de les prendre avec
la main, et, par conséquent, on n'est pas
exposé à en écraser. (*Fig.* 12.)

Caisse de transport. Avec cette caisse on
transporte les *vers* éclos de 20 onces d'œufs:
elle pèse à peu près 75 livres.

Lorsqu'on transporte moins de *vers*, on ôte
en proportion des petites planches de la caisse.
Chaque petite planche contient une feuille de
papier couverte de *vers* provenant d'une once
d'œufs. Il n'y a rien de plus commode et de plus
utile pour le transport de ces insectes. (*Fig.* 13.)

Couteau. Il est fait de manière à couper la
feuille facilement et menu. (*Fig.* 14.)

Double tranchant. Lorsque la feuille est
coupée avec le couteau, on y repasse avec ce
tranchant courbe, afin de multiplier les morceaux, et par conséquent faire une plus grande
quantité de bords. On n'emploie ce tranchant
que dans le premier et le second âge. (*Fig.* 15.)

Grand tranchant. Il est fait à peu près
comme celui avec lequel on coupe la paille à
petits morceaux. Il sert à couper grossièrement
beaucoup de feuilles en peu de temps. On ne
l'emploie que les trois premiers jours après la
troisième mue (*Fig.* 16.)

Petit balai de millet. Ce petit balai s'emploie pour bien distribuer la feuille sur les claies. (*Fig.* 17.)

Petite porte pratiquée dans les grandes. Au bas des grandes portes il y en a une petite qui s'élève et s'abaisse à volonté, et sert comme un soupirail. (*Fig.* 18.)

Paniers carrés. Ils sont larges et peu profonds. Ils ont un crochet au milieu du manche qui sert à les faire glisser commodément le long des claies, et à les faire mouvoir dans tous les sens entre les claies, sans heurter leurs bords inférieurs. (*Fig.* 19.)

Planches ou bancs. Ils sont faits de manière à pouvoir donner commodément à manger aux seconds rangs des claies et à ne pas se renverser. (*Fig.* 20.)

Petites échelles. Elles sont un peu plus larges et plus commodes que celles dont on se sert ordinairement, et d'une hauteur suffisante pour pouvoir les appuyer aux bords des claies. (*Fig.* 21.)

Baromètre. J'en ai expliqué l'usage dans un paragraphe exprès. (*Fig.* 22.) (Chap. VII, §. I.)

Appareil pour purifier l'air. Le vase de verre doit être très-large à son ouverture, comparé aux bouteilles dont j'ai parlé (Chap. VII, §. II); et au lieu d'être bouché avec du liége, il l'est avec du verre poli avec l'émeri. Il doit boucher hermétiquement, et il se serre par le moyen d'une petite vis. Ce vase, ainsi construit, est plus commode et plus utile que tout autre. (*Fig.* 23.)

Hotte. Elle n'est qu'un peu plus large en bas que les hottes ordinaires, d'un tissu bien serré, afin que le fumier qu'on y met n'en tombe pas. (*Fig.* 24.)

Ustensiles pour les immondices. Lorsqu'on a nettoyé les claies, le peu de fumier qui y reste se jette dans cet ustensile avec un petit balai ; sans cela, on ne peut nettoyer facilement les papiers qui sont sur les claies dans le cinquième âge. (*Fig.* 25.)

Châssis pour placer les papillons. Ils sont couverts de toile qui se lève facilement, et à laquelle on peut en substituer d'autres lorsqu'elle est sale. Ces châssis servent ensuite pour transporter ce qu'on veut. Ils ont un manche comme les tablettes de transport. (*Fig.* 26.)

Boîte pour conserver les papillons. Cette légère boîte ou petite caisse percée à ses côtés est très-bonne pour priver les papillons de la lumière, sans pour cela qu'ils en souffrent et sans que les mâles se débattent. (*Fig.* 27.)

Chevalet pour les œufs. Cet ustensile est plus commode que tous ceux que je connais pour recueillir les œufs ; lorsqu'on l'a employé, il se ferme et occupe peu d'espace là où on le place pour servir l'année d'après. (*Fig.* 28.)

Châssis à corde. Il n'y a rien de meilleur que cet ustensile pour y placer les œufs ; ils reçoivent l'air de tous côtés , et les œufs s'y conservent frais et secs. (*Fig.* 29.)

Claies une après l'autre , et une sur l'autre. Elles sont placées dans mon atelier l'une sur l'autre, à une distance de 22 pouces. (*Fig.* 30.)

CHAPITRE XIV.

Rapprochement de tous les faits exposés dans cet ouvrage, qui ont un rapport immédiat avec l'art d'élever les Vers-à-soie.

Lorsqu'il s'agit d'un art aussi directement lié avec l'intérêt des nations et des familles, un auteur ne saurait trop , selon moi, prendre soin de rendre familière la connaissance des faits qui sont relatifs à cet art.

Si celui qui élève les *vers-à-soie* a lu seulement une fois cet ouvrage , les observations que je vais faire lui épargneront la peine de relire certains chapitres ; les faits rapprochés feront d'ailleurs beaucoup plus d'impression que lorsqu'on les a lus épars et isolés.

Je ne dissimule pas que quelques lecteurs trouveront inutiles beaucoup de choses que je vais dire, parce qu'elles ne sont d'aucune utilité pour l'intérêt pécuniaire, qui est le premier objet auquel tend l'art d'élever les *vers-à-soie.*

J'espère, cependant, que ceux qui voudront bien porter leur attention sur la série des faits que j'expose, trouveront qu'ils ont des rapports plus ou moins directs avec les résultats que se propose d'obtenir l'*éducateur* des *vers-à-soie*.

Je ne dissimulerai pas non plus que quelqu'un pourra aussi trouver étrange de voir que je fais l'application du calcul à cet art, avec la même exactitude qu'on n'emploîrait que pour des objets d'une nature invariable, tandis qu'il est connu que les choses dont nous parlons sont susceptibles de varier par l'influence de beaucoup de causes.

Mais j'ai cru devoir faire correspondre la précision des calculs aux expériences que j'ai répétées pendant plusieurs années avec la plus grande exactitude, afin que ce que j'expose pût fournir des données sûres pour diriger les *éducateurs* des *vers-à-soie*.

Ce chapitre sera divisé en sept paragraphes:

1.º Faits relatifs aux œufs des *vers-à-soie* et à leur éclosion;

2.º Faits relatifs à l'espace que doivent occuper ces insectes dans leurs différens âges;

3.º Faits relatifs à la consommation de la feuille que font les *vers* dans leurs différens âges: observations à ce sujet;

4.º Faits relatifs à l'augmentation et à la diminution des *vers* en poids et en grandeur;

5.º Faits relatifs aux cocons contenant la chrysalide saine, ou morte, ou altérée;

6.º Faits relatifs à la production des œufs;

7.º Faits relatifs aux locaux et aux ustensiles.

§. I.

Faits relatifs aux œufs des Vers-à-soie *et à leur éclosion.*

Pour faire une once d'œufs de *vers*-à-soie, de la race la plus grosse de quatre mues, il en faut 37,440 (1).

Si tous ces œufs fournissaient le *ver*, et que tous les *vers* se conservassent sains, on retirerait de cette once d'œufs à peu près 373 livres de cocons, parce que 150 cocons pèsent à peu près une livre et demie.

Pour faire une once d'œufs de *vers*-à-soie communs de quatre mues, il en faut 39,168.

Si tous ces œufs produisaient le *ver*, et que tous ces derniers se conservassent sains, on retirerait de cette once d'œufs à peu près 162

---

(1) J'observe que l'once dont parle l'auteur, est un peu plus petite que l'once française. D'après les informations que j'ai prises, la livre de 28 onces de la Lombardie, équivaut à peu près à 25 onces de France. C'est d'après ce rapport que j'ai fait la réduction en poids français. Mes calculs peuvent n'être pas bien justes, mais il n'y a pas cependant de grandes erreurs. *Le Traducteur.*

liv. de cocons, parce que 360 cocons pèsent à peu près une livre et demie.

Pour former une once d'œufs de *vers-à-soie* de trois mues, il en faut 42,200.

Si tous ces œufs donnaient le *ver*, et que tous ces insectes se conservassent sains, on retirerait de cette once d'œufs à peu près 105 liv. de cocons, parce que 600 cocons pèsent à peu près une livre et demie.

D'après ces faits positifs, on jugera facilement, par la quantité de cocons qu'on retire, combien il y a eu d'œufs qui n'ont pas produit le *ver*, et combien il en est mort dans les différens âges. Cela servira ensuite pour fixer son opinion sur la bonté des diverses méthodes employées pour élever les *vers*-à-soie.

Depuis l'époque de la ponte jusqu'au moment qu'on ôte les œufs du linge, c'est-à-dire dans l'espace d'à peu près neuf mois, ils ne perdent qu'environ un 100.ᵉ de leur poids.

Depuis le moment que les œufs des *vers*-à-soie ordinaires de quatre mues se mettent dans l'*étuve*, jusqu'au moment où ils commencent à éclore, ils perdent, pour terme moyen, 47 grains par once ; ce qui équivaut à un 12.ᵉ de leur poids total.

Le poids des coques des œufs, après la naissance des *vers*, équivaut à 116 grains par once ; ce qui est à peu près le 5.ᵉ du poids total.

En conséquence, déduction faite de la diminution des œufs dans l'*étuve*, et du poids des coques, 54,625 *vers*-à-soie, venant de naître, font une once, tandis que, pour faire ce poids, 39,168 œufs suffisaient.

A peu près 39,000 *vers*-à-soie, provenant d'une once d'œufs, peuvent tous manger le premier jour, et être commodément sur un espace d'environ vingt pouces carrés.

§. I I.

Faits relatifs aux espaces nécessaires aux Vers-à-soie dans leurs différens âges.

Les *vers*-à-soie d'une once d'œufs occupent :

Dans le premier âge, un espace d'à peu près 7 pieds 4 pouces carrés ;

Dans le second âge, 14 pieds 8 pouc. carrés ;

Dans le troisième âge, 34 pieds 10 pouces carrés ;

Dans le quatrième âge, 82 pieds 6 pouces carrés ;

Dans le cinquième âge, 183 pieds 4 pouces carrés.

Comme le *ver*-à-soie monte dans le cinquième âge, j'aurais bien voulu indiquer ici le poids des matériaux qu'il faut pour former les haies et les cabanes pour une once d'œufs, c'est-à-dire 120 liv. de cocons, mais je n'ai pu établir

de base fixe , attendu que les végétaux employés varient beaucoup en poids , selon leur
nature. Par exemple, 15o liv. de paille de colza
équivalent à plus de 45o livres de bruyère , et
celle-ci à plus de 75o livres de gênets , etc.

§. I I I.

*Faits relatifs à la consommation de la feuille
que font les Vers-à-soie dans les différens
âges : observations à ce sujet.*

Il résulte des comptes faits avec la plus grande
exactitude, que la quantité de feuille tirée de
l'arbre qu'on a consommée pour chaque once
d'œufs, monte à 1,6o9 liv. 8 onc. , partagées
comme suit :

	liv.	l. on.
Premier âge , feuille mondée.	6	
Second âge . . . *idem* . . .	18	
Troisième âge . . *idem* . . .	6o	1,362 »
Quatrième âge . . *idem* . . .	18o	
Cinquième âge . . *idem* . . .	1,o98	

Par once d'œufs, feuille mondée (1). 1,362 *l.*

----

(1) J'ai donné quelques idées, dans le courant de cet
ouvrage, sur ce qu'on entend par feuille mondée. Je
vais mieux m'expliquer.

On met plus de soin à monder la feuille dans les
premiers âges ; alors on tire tous les petits rameaux et
les queues des feuilles , afin qu'elles soient dépouillées
le plus possible de ce qui est inutile. Cette opération

$$\text{l. } \text{on.}$$

D'autre part. . . . . . 1,362 »

Mais cette feuille a perdu
de son poids en la mondant.

Voici les proportions :

Épluchures de feuille.

	liv. onc.	
Dans le premier âge.	1 8	
Dans le second âge.	3	
Dans le troisième.	9	142 8
Dans le quatrième.	27	
Dans le cinquième.	102	

$$\text{l. } \text{on.}$$

Épluchures par once d'œufs. 142 8

$$\text{l. } \text{on.}$$

En tout. 1,504 8

Pendant tout le temps de l'éducation
des *vers*, les 1,609 liv. 8 onc. de feuille
tirée de l'arbre ont perdu, par l'évaporation et autres causes, outre l'épluchement sus-indiqué. . . . . 105 »

$$\text{l. } \text{on.}$$

En totalité. 1,609 8

est aussi utile dans les deux premiers âges, parce
qu'alors on doit couper la feuille très-menu, et qu'elle
doit toute servir.

Dans le troisième âge, l'épluchement se fait avec
moins de soin, et encore moins dans le quatrième et
le cinquième.

L'épluchement, considéré sous un seul aspect, est
très-utile, c'est-à-dire, qu'on met sur les claies quinze
et même vingt pour cent de moins de matière que les
vers-à-soie ne peuvent manger ; cette matière aug-

On a vu que la feuille distribuée sur les claies pour une once d'œufs, a été de. . . . 1,362 liv.

---

menterait la litière et l'humidité sans besoin ni motif. Dans les climats où les *vers* sont élevés en plein air, il serait tout-à-fait inutile de monder la feuille.

Dans le cinquième âge et même dans le quatrième, si la saison est bonne, on met sur les claies la feuille mêlée d'une grande quantité de mûres, de rameaux et de queues, quoiqu'on sache que les *vers* ne les mangent pas. Il faudrait, à cette époque, trop de temps et de travail pour monder la feuille avec soin, et on n'en aurait peut-être même pas le motif. Ces matières alors grosses, dures, ligneuses ne fermentent pas facilement, quoiqu'elles augmentent beaucoup la litière. Si les ateliers sont constamment aérés et secs, ces substances, non-seulement ne nuisent pas, mais même elles tiennent la litière un peu gonflée, et facilitent l'introduction de l'air pour la sécher.

Lorsque les *vers-*à-soie trouvent quelque feuille qui ne leur plaît pas, ils ne la mangent pas. Il y a quelquefois des feuilles de couleur châtain, qui ont souffert quelque degré de fermentation; si elles ne sont pas tout-à-fait gâtées, les *vers* les mangent comme si elles étaient saines, et je ne me suis jamais aperçu qu'elles leur eussent nui. Il paraît donc que ce commencement d'altération n'avait porté aucune atteinte à la substance saccharine et résineuse.

Il est indifférent qu'on ôte ou qu'on laisse les bourgeons; j'ai nourri avec eux des *vers-*à-soie pendant tout le troisième âge, aucun n'est mort; cependant la durée de cet âge et la mue furent plus longues; les *vers* étaient moins gros que ceux nourris avec la feuille. Si on laisse les bourgeons dans le quatrième âge, les

Durant la vie des *vers* on tire des claies, en fumier :

Dans le premier âge.	1 liv.	8 onc.
Dans le second âge.	4	8
Dans le troisième âge.	19	8
Dans le quatrième âge.	60	»
Dans le cinquième âge.	660	»

TOTAL. . . . . . . 745 liv. 8 onc.

Les simples matières stercoreuses qu'on trouve dans la litière ou dans les résidus non mangés qu'on ôte des claies, recueillies avec soin, pèsent à peu près :

Celles du premier âge. . . .	» liv.	1 onc.	4 gr.
Celles du second âge.	1	3	»
Celles du troisième âge. . .	3	9	4
Celles du quatrième âge. . .	18	9	4
Celles du cinquième âge. . .	132	»	»

TOTAL. . . . 155 liv. 7 onc. 4 gr.

vers ne les mangent pas, parce qu'ils ont de la peine, avec leurs scies déjà dures, à déchirer les feuilles molles, de la même manière qu'on aurait de la peine à couper du papier mouillé avec des ciseaux.

Ce que les *vers-à-soie* mangent toujours avec peine, et qu'ils ne mangent même pas quand ils sont gros, c'est la feuille flétrie, et cela par la même raison qu'ils ne mangent pas les feuilles des bourgeons.

Je conclus donc que si l'épluchement soigné est très-utile dans les deux premiers âges, il l'est peu à mesure que les *vers-à-soie* grossissent.

23

Distraisant 155 liv. 7 onc. 4 gr. des 745 liv. 8 onc., il reste 590 liv. 4 gr. de substance végétale, y compris les queues, les mûres, les brins de feuille, etc., que les *vers* n'ont pas mangés. Si l'on défalque les 590 liv. 4 gr. de feuille des 1,362 liv. qu'on avait mises sur les claies, les *vers* n'auront effectivement mangé que 771 liv. 7 onc. 4 gr. de feuille pure.

Il suit des faits ci-dessus exposés :

1.º Que, pour obtenir une livre et demie de cocons, il faut à peu près 20 liv. 4 onc. de feuille, telle qu'on la cueille sur l'arbre, et qu'il en faut 1,609 liv. 8 onc. pour obtenir 120 liv. de cocons que doit produire une once d'œufs ;

2.º Que de cette quantité de feuille cueillie sur l'arbre, déduisant les 142 liv. 8 onc. d'épluchures et les 105 liv. de diminution, effet de l'évaporation de l'humidité de la feuille, il ne faut qu'à peu près 16 liv. 8 onc. de feuille par livre de cocons, c'est-à-dire 1,362 liv. par 120 liv. de cocons ;

3.º Que des 1,362 liv. devant déduire les 590 liv. 4 gros de résidu, c'est-à-dire, de petits rameaux, de queues, de mûres, etc., non mangés, et qu'on a ôtés des claies avec la litière, 9 liv. 3/4 à peu près de feuille ont suffi pour obtenir 1 liv. 1/2 de cocons, et par conséquent 771 liv. de feuille, effectivement mangée, ont suffi pour obtenir 120 liv. de cocons ;

4.º Que les 1,362 liv. de feuille mises sur les

claies n'ayant fourni que 745 liv. 12 onces de fumier, y compris les purs excrémens, et 120 liv. de cocons, ce qui fait en tout 865 liv. 12 onc.; il s'est perdu dans l'atelier, en gaz et vapeurs aqueuses, un poids de matière de 496 liv. 4 onc.;

5.° Que les trois quarts à peu près des 496 liv. 4 onc. de matière s'étant dégagés, comme on l'a vu (Chap. VIII.), pendant les derniers six jours du cinquième âge, il s'ensuit que, dans ces jours, les susdites substances dégagées étaient du poids de 30, 40 et 50 liv. par jour ;

6.° Que, pour un atelier contenant les *vers* de 5 onc. d'œufs, comme est celui dont nous avons parlé, il doit s'être dégagé, chacun des susdits jours, de 300 à 450 liv. de substances gazeuses et vaporeuses, sous forme invisible.

Ces derniers faits, que j'ai cités ailleurs, et qui paraîtraient incroyables s'ils n'eussent été démontrés par des calculs rigoureux rapprochés de cette manière, montrent à l'évidence combien sont formidables les ennemis qu'on doit combattre dans l'atelier.

On ne connaît point ces ennemis dans les climats chauds ou originaires des *vers*-à-soie, parce que ceux-ci sont toujours en contact avec l'air extérieur qui circule librement partout, et en éloigne les gaz et vapeurs méphitiques.

Quoique les *éducateurs*, parmi nous, ne connaissent pas la force de la cause matérielle qui tue les *vers*-à-soie, il savent cependant que, dans le dernier âge, il faut tout ouvrir dans l'atelier. Mais souvent aussi, pour éviter un mal, ils s'exposent à d'autres, c'est-à-dire, aux mauvais effets du froid et du vent, qui peuvent endurcir les *vers*, et les faire tomber au moment qu'ils se disposent à faire le cocon. Il n'y a que la douce et continuelle agitation de l'air intérieur qui soit utile, et qui rapproche les *vers-à-soie* de leur climat originaire.

On est étonné d'apprendre qu'un seul *ver-à-soie* qui, venant de naître, comme je l'ai dit plus haut, ne pèse qu'un centième de grain, puisse consommer à peu près, en 30 jours, plus d'une once de feuille, c'est-à-dire, qu'il détruise en substance végétale à peu près 60,000 fois son poids primitif.

Il résulte de mes expériences que, dans les climats plus chauds que le nôtre, les *vers*-à-soie consomment un peu moins de feuille que ce que je viens d'indiquer, parce qu'elle est plus nutritive.

Sur le sol fortuné de la Dalmatie, j'obtins, en 1807, une livre et demie de cocons par 15 l. de feuille, et je retirai, de 15 liv. de cocons, une livre et demie de soie, moins fine cependant que la nôtre. Malgré la richesse de produit de cette Province, pour laquelle la nature a tant fait, il y a pourtant, dans ce moment, très-peu de mûriers.

§. I V.

*Faits relatifs à l'augmentation et à la diminu-
tion des* Vers-à-soie *en poids et grandeur.*

Augmentation progressive.

Cent *vers*-à-soie venant de naître, pèsent à peu
près. . . . . 1 grains.

Après la 1.re mue ils pèsent à peu près.   15

Après la 2.e mue, à peu près. . . .   94

Après la 3.e mue, à peu près. . . .   400

Après la 4.e mue, à peu près. . . . 1,628

Arrivés à leur plus grand volume, à

peu près. 9,500

Dans 30 jours à peu près les *vers* ont donc
augmenté de 9,500 fois leur poids.

Le *ver*-à-soie venant de naître est long d'à peu
près. . . . . 1 lignes.

Après le 1.er âge il est long d'à peu près.   4

Après le 2.e âge, d'à peu près. . . .   6

Après le 3.e âge, d'à peu près. . . .   12

Après le 4.e âge, d'à peu près. . . .   20

Dans le 5.e une grande quantité devient

longue d'à peu près. 40

Cet insecte a donc augmenté sa longueur de
40 fois dans 28 jours.

Diminution progressive.

Cent *vers*-à-soie arrivés à leur maturité pèsent à
peu près. . . . . 7,760 grains.

Cent chrysalides pèsent. 3,900

Cent papillons femelles. . . . . 2,990 grains.

Cent papillons mâles. 1,700

Cent femelles ayant déposé leurs œufs. 980

Cent femelles mortes naturellement,
  ayant déposé les œufs , et presque tout-à-fait sèches. . . . 350

Dans l'espace d'à peu près autres 28 jours , le *ver*-à-soie a diminué de 30 fois son poids.

Sa longueur , depuis son plus grand accroissement jusqu'au moment qu'il se change en chrysalide , a diminué d'à peu près trois cinquièmes.

Pendant et immédiatement après l'accouplement , il semble que le papillon a augmenté en poids : cent papillons qui, avant l'accouplement, pesaient à peu près 2,990 grains , en pèsent, immédiatement après , 3,200. La cause en est l'humeur injectée par le mâle , qui a été d'un plus grand poids que tout ce qu'a perdu naturellement la femelle dans le même temps.

Le *ver*-à-soie diminuant progressivement de poids dans les derniers 28 jours de sa vie , c'est-à-dire , depuis le moment qu'il est arrivé à sa perfection comme *ver* , jusqu'au moment qu'il meurt sous la forme de papillon , ne mange rien , se soutient avec sa propre substance , et cependant il accomplit les plus importantes fonctions et opérations de sa vie.

Les faits que j'ai exposés démontrent combien

est grande la force de vitalité du *ver-à-soie*, et combien d'efforts et d'erreurs il faut pour le rendre malade et le faire périr.

§. V.

Faits relatifs aux Cocons qui contiennent la chrysalide vivante, ou morte, ou altérée.

Lorsque les cocons sont parfaitement formés, ils diminuent, dans les premiers quatre jours, à peu près de trois quarts pour cent de poids chaque jour ; les autres jours ils diminuent encore un peu.

Mille onces de cocons parfaits sont composées :

De chrysalides vivantes.. . . . . 842 onces.

De dépouilles laissées par les *vers*, lorsqu'ils deviennent chrysalide. . 4 1/2

De cocons purs. 153 1/2

Total. . . . . 1,000 onces.

Chaque cocon sain, provenant d'un bon atelier, contient donc la septième partie et même deux treizièmes de pur cocon, comparé au poids du cocon contenant la chrysalide.

Malgré cela, le fait est qu'on n'obtient des cocons, pour terme moyen, avec les moulins à soie, que la douzième partie en soie filée ; c'est-à-dire, que, de 140 onces de cocons avec la chrysalide saine, qui contiennent à peu près

21 onces de cocons purs, on n'obtient en général que 12 onces de soie.

Rapprochons maintenant tous les faits que j'ai exposés relativement à cet objet.

Il résulte qu'un peu plus de 97 liv. 8 onc. de feuille donnent 7 liv. et demie de cocons; que 7 liv. et demie de cocons avec la chrysalide saine, donnent à peu près 18 onces de cocons purs ; que ces 18 onces de cocons ne donnent qu'à peu près 8 onces de soie filée.

Le rapport entre le poids de la feuille et celui du cocon pur, est donc à peu près comme 87 à un, et le rapport de la feuille avec la soie filée, comme à peu près 152 à 1.

Lorsque le propriétaire a obtenu des mûriers 228 liv. de feuille, il a donc contribué à la production d'une livre et demie de soie, et à quelques onces de bourre de soie, comme nous le verrons plus bas.

Les proportions entre la soie filée qu'on retire des cocons, et les cocons même, peuvent varier plus ou moins, selon que les *vers* ont été bien ou mal élevés.

Dans l'année 1814, qui fut très-mauvaise, mes cocons m'ont donné près de 15 onces de soie très-fine par 7 livres et demie de cocons. Les cocons même de rebut m'en ont donné à peu près 13 onces par 7 livres et demie.

Le rapport entre le poids des cocons con-

tenant la chrysalide saine qu'on fait filer, **et**
celui de la bourre qu'on ne peut pas filer de
la même manière, est, pour terme moyen,
de 19 à 1, c'est-à-dire qu'il y a une livre de
bourre par 19 liv. de cocons qu'on file.

Ce que j'ai dit plus haut démontre que le
poids de la soie, des étoupes et de la chrysalide provenant d'une quantité donnée de cocons, n'équivaut pas au poids des cocons mêmes.
La raison en est qu'il se trouve dans les cocons
deux autres substances : une, que les fileurs
profitent et vendent à bas prix ; et une autre,
qui, étant de nature gommeuse, se dissout et
se perd dans la chaudière.

Le rapport entre la quantité de la soie filée
qu'on obtient des cocons, et celle des étoupes
susdites, est comme 110 à 40, ou 11 à 4, c'est-
à-dire qu'il y a 4 onces d'étoupes par 11 onces
de soie.

En général, dans 150 livres de cocons, on
trouve à peu près une livre et demie de cocons
doubles, c'est-à-dire formés par deux *vers*, et
qui valent moins que la moitié des cocons
simples.

A peu près 506 pieds de bave filée, extraite
de cocons de trois mues, pèsent un grain.

Ledit cocon de trois mues donne deux grains
et $^{304}/_{1000}$.^{es} de soie, si on fait le calcul que, pour
terme moyen, on extrait à peu près 11 onces

de soie de 3000 cocons qui pèsent 7 livres 1/2.

Ledit cocon donne donc à peu près 1166 pieds de bave. On trouve dans une once de cette bave filée, environ 291,456 pieds.

458 pieds 4 pouces de bave filée, extraite d'un cocon commun de quatre mues, pèsent un grain.

Ledit cocon donne 3 grains et $^{84}|_{100}{}^{es}$ de soie, parce que, pour terme moyen, on tire à peu près 11 onces de soie filée de 1800 cocons qui pèsent 7 livres et demie. Ce cocon donne 1760 pieds de bave filée. L'once de cette bave filée a 264,000 pieds.

421 pieds 8 pouces de bave filée, tirée du gros cocon de quatre mues, pèsent un grain.

Ce même cocon donne 9 grains et $^{216}|_{1000}{}^{es}$ de soie filée, parce que, pour terme moyen, on obtient à peu près 11 onces de soie par 750 cocons, qui pèsent 7 livres et demie. Ce cocon donne par conséquent à peu près 3,885 pieds de bave filée. Une once de cette bave fait 242,880 pieds.

Il paraît surprenant que le *ver*-à-soie, dans trois jours à peu près de travail qu'il met à faire le cocon, produise une si grande longueur de bave de soie. On voit que je ne compte pas ici la bave qu'on tire du cocon avant de le filer, ni celle qui sert pour étoupes.

On peut conclure que, pour terme moyen, le *ver*-à-soie, en formant le cocon, fait un fil

de soie qui a un sixième de lieue. N'est ce pas
un fait merveilleux (1) !

Les proportions entre les bons cocons percés
qui ont servi pour la production des œufs et
les dépouilles qu'ils renferment, varient un peu.
Ces cocons ne peuvent pas se filer, parce que
la continuité de la bave a été rompue par le
papillon. Les cocons vides et percés sont toujours sales dedans et dehors ; et lors même
qu'ils sont parfaitement secs, ils retiennent
quelque peu de matière. Ils ne sont, d'ailleurs,
jamais aussi propres que ceux qui ont été coupés
avec la chrysalide en vie; en conséquence ils
pèsent davantage.

Pour ne rien láisser de caché à ceux qui
élèvent les *vers-à-soie*, je leur fais connaître
ci-dessous les proportions différentes qu'offrent
les cocons percés dont sont sortis les papillons :

Mille onces de ces cocons ne pèsent plus qu'à
peu près. . . . . 170 onc.

Les dépouilles des *vers-à-soie*
devenus chrysalides pèsent. . .   5   3⁄4

Les dépouilles de la chrysalide
que laisse le papillon en sortant
du cocon, pèsent.   7   1⁄4

183 onc.

(1) On trouve dans le cours d'agriculture de l'abbé
Rozier, qu'on estime que le seul brin de soie qui a
formé un cocon ordinaire, occuperait plus d'une lieue
de longueur.   *Le Traducteur.*

Les 1000 onces de cocons choisis pour les œufs ont donc donné un peu plus de la sixième partie du poids du cocon devenu vide; il pèse 170 onces, lorsque les 1000 onces de cocons avec la chrysalide vide n'ont donné de cocon pur que 153 onces.

Avant de finir de parler des cocons à chrysalide saine, je veux citer un fait qui pourra surprendre: il faut 12,860 cocons pour former un poids de 1000 onc. On a vu que les dépouilles de cette même quantité de *vers* qui ont fait leur cinquième mue dans le cocon pèsent 4 onc. et 1/2. Supposons que le *ver*-à-soie, à son plus haut degré d'accroissement, n'aie pour terme moyen que trois pouces de longueur et neuf lignes de circonférence; la peau a donc deux pouces et un quart carrés de superficie. Les 12,860 peaux avaient donc une superficie de 28,935 pouces carrés. Cette superficie équivaut à 110 pieds, et ne pèse, comme on l'a vu, que 4 onc. et 1/2.

Connaissant de cette manière les différentes proportions des cocons qui ont la chrysalide saine, nous verrons que celles du cocon dont la chrysalide est calcinée ou gangrenée sont bien différentes.

Ces proportions méritent d'être connues, parce qu'elles ont des rapports intimes avec l'art d'élever les *vers*-à-soie au plus grand avantage du propriétaire.

Les idées qu'on a sur les cocons qui ont le *ver* calciné, sont encore généralement confuses. Beaucoup d'*éducateurs* se plaignent des pertes qu'ils éprouvent de vendre à bas prix, à celui qui fait filer la soie, les cocons légers, et celui qui les achète nie qu'il y ait pour lui un grand avantage.

L'acheteur peut bien quelquefois n'avoir pas tort, mais cependant les pertes du vendeur sont réelles et grandes, et on a peine à comprendre comment il a pu, pendant des siècles, se contenter de se plaindre, au lieu de chercher à découvrir et à détruire la cause qui les produisait. (Chap. XII.)

Cocons avec le Ver *calciné et sans taches* (1).

Mille onces de ces cocons contiennent, *vers-à-soie ou chrysalide momie*, et enveloppe de substance saline sèche. . . . . 642 onc.

Cocon pur. 358

TOTAL. . . . . 1,000 onc.

La proportion entre le poids de la momie, et celui du pur cocon vide, est donc comme 18 à 10.

Sept livres et demie, c'est-à-dire 120 onces

---

(1) Je pense que l'auteur entend parler des cocons dragées. *Le Traducteur.*

de ces cocons, contiennent donc à peu près 44 onces de cocon pur.

Comme ces cocons non tachés rendent 12 onces de soie filée par 21 onces de cocon pur, il est évident qu'on tire, des 50 onces de cocon pur, en soie filée, à peu près. . 28 onc. 1⁄2.

Plus, en étoupes et autres substances qui se perdent. . . . . 21 onc. 1⁄2.

TOTAL. . . . . 50 onc.

Si celui qui fait filer n'obtient que 12 onces de soie de 7 livres et demie de cocons ayant la chrysalide saine, tandis qu'il en tire 25 onces d'un même poids de cocons avec la chrysalide calcinée non tachée, en achetant de ceux-ci, il obtient 13 onc. de plus de soie par 7 liv. 1⁄2 de cocon, c'est-à-dire, le double. Par conséquent, si les cocons communs se paient, par exemple, 3 fr. la livre, ceux qui sont calcinés et non tachés devraient se payer 6 fr.

Il faut à peu près 1100 de ces derniers pour faire une livre et demie (24).

_____

(24) J'ai effectivement trouvé presque égal le poids du cocon vide et sain dont j'avais tiré le *ver* calciné, et celui du cocon dont j'avais tiré la chrysalide saine.

Cependant celui qui fait filer trouve bien souvent un obstacle qui l'empêche de tirer, des deux qualités de cocons, la même quantité de soie. Cet obstacle dépend de la légèreté même du cocon qui a le *ver* calciné.

Il est presque indispensable que, lorsqu'on file le

Cocons tachés ayant la chrysalide calcinée.

Mille onces de ces cocons contiennent de chrysalide momie, avec la substance saline, ci. . . . . 600 onc.

De cocons purs. 400

TOTAL. . . . . 1,000 onc.

La proportion entre le poids du cocon plein et celui du cocon vide est donc de 3 à 2.

Sept livres et demie de cocons, c'est-à-dire 120 onces, contiennent à peu près 50 onces de cocons purs ; mais comme, dans presque tous les cocons tachés, la substance même du cocon a été altérée et gâtée, le fileur ne peut pas savoir s'il tirera, de 7 liv. et 1/2 de cocons, la moitié de soie qu'il tire des cocons qui ont la chrysalide saine. Moins de soie il tirera de tels cocons, plus grande sera la proportion en étoupes de soie ; les étoupes valent moins que les cocons dont la chrysalide est saine.

---

cocon, il y ait un corps pesant tel qu'est la chrysalide saine, pour qu'il ne sorte pas de l'eau avec trop de facilité. Si la chrysalide est une momie, elle pèse moins que la saine, et le cocon ne produit pas de l'avantage à celui qui fait filer, parce qu'il échappe aisément hors du bassin, et embarrasse la fileuse qui s'en délivre le plutôt possible.

Cela fait voir combien il est avantageux que la chrysalide soit saine dans tous les cocons ; elle pèse alors six ou sept fois autant que le pur cocon.

Mille de ces cocons pèsent une livre et demie.

Cocons dont la chrysalide est gangrenée, tachés ou non tachés.

En général, on ne peut séparer la momie de ces cocons; le *ver* ou la chrysalide sont devenus en partie un savon animal noir qui reste attaché à l'intérieur du cocon. Quelquefois la momie est très-noire; elle est parfois détachée, mais le plus souvent elle est fixée au cocon.

Une partie de ces cocons se file; la tache n'en altère et n'en gâte pas toujours la soie. Les fileurs ne sont jamais certains de la quantité de soie qu'ils en extrairont; en général, ils ne se soucient point de ces cocons, quoiqu'il y ait des personnes qui supposent qu'on gagne beaucoup à en acheter.

La soie qu'on file des cocons dont la chrysalide est altérée, n'est jamais aussi belle que celle de ceux dont la chrysalide est saine.

Il faut à peu près 860 cocons, ayant la chrysalide noire, pour faire une livre et demie.

L'éducateur perd toujours deux tiers ou trois cinquièmes sur cette qualité de cocons.

Je dois dire ici, en parlant de ces trois espèces de cocons, que je n'ai fait les expériences que sur ceux qui m'ont été remis de divers endroits. Mes calculs pourraient bien ne pas s'accorder avec ceux qu'ont pu faire d'autres observateurs.

Je finirai ce paragraphe par l'observation suivante : L'art de filer la soie est encore généralement entre les mains de gens aussi ignorans que ceux qui élèvent les *vers*-à-soie.

Tout le monde sait que, sur deux fileuses qui filent chacune, supposons, 7 liv. et 1/2 de cocons de la même qualité, une d'elles extraira constamment 8 onces de soie, tandis que l'autre n'en obtiendra que 16 onces et 1/2 et moins encore. Il y a même des fileuses si ignorantes, qu'en donnant trop fréquemment des coups de petit balai, elles détruisent une des quatre, cinq ou six couches de soie qui enveloppent encore le cocon ; d'autres extraient moins de soie que n'en donnerait le cocon , uniquement parce qu'elles filent dans de l'eau trop chaude.

On perd beaucoup tous les ans par la maladresse et la négligence des fileuses.

§. VI.

Faits relatifs à la production des Œufs.

A peu près 360 cocons de la meilleure qualité pèsent 25 onces ; en supposant que la moitié soit de femelles, il y en aura donc 180.

Chacun de ces papillons fécondés pèse à peu

24

près 32 grains , et tous ensemble 5,740 gr. , qui font à peu près 10 onces.

Après trois , quatre , cinq jours , chaque papillon aura versé , pour terme moyen , 510 œufs. Ce nombre d'œufs correspond à 7 gr. et 1/2 , attendu que 68 œufs pèsent un grain.

Les 180 papillons versent en conséquence 91,800 œufs, qui pèsent 1,350 grains , c'est-à-dire , à peu près 2 onces et un tiers.

Cette proportion de 2 onces et un tiers d'œufs par livre de cocons, augmente ou diminue selon que, dans les 360 cocons qui forment la livre et demie, il y a plus de femelles que de mâles, et *vice versá*.

Au bout de quatre jours , les 180 papillons, qui ont vidé leurs œufs , ne pèsent que 1,800 grains. Comme il a été dit que les œufs pèsent 1,350 grains , il est clair que les papillons ont perdu, dans quatre jours, 1,610 grains de substances terreuses , liquides et aériformes.

Si les 91,800 œufs obtenus des 180 papillons, donnaient une égale quantité de *vers* , et que, bien élevés , ils parvinssent à faire chacun leur cocon, on obtiendrait, des œufs de la susdite livre et demie de cocons, 382 liv. 8 onces de cocons qui, l'année d'après, pourraient fournir les œufs pour en faire 97,537 liv. 8 onc.

§. VII.

Faits relatifs aux Locaux et aux Ustensiles.

Pour qu'un atelier rapproche les *vers-à-soie* de leur climat originaire, il faut qu'ils puissent y vivre sans qu'il s'y forme trop d'humidité ; qu'il n'y ait ni trop de froid ni trop de chaleur, et sur-tout qu'on ne passe pas brusquement de l'un à l'autre, et qu'on puisse à volonté y maintenir une circulation d'air douce, lente et constante. Il ne faut pas non plus que, pour éviter la stagnation des substances en vapeur, on soit obligé d'ouvrir les portes, les fenêtres ou autres ouvertures, lorsqu'il fait du vent ou que l'air extérieur est froid.

L'atelier de propriétaire que j'ai décrit est ainsi construit ; ceux des fermiers s'en approchent assez.

Un magasin, une cave ou tout autre lieu bas, est le meilleur endroit pour conserver la feuille deux ou trois jours, pourvu qu'il soit assez frais, légèrement humide, et fermé de manière à ce que la lumière ni l'air n'y puissent pénétrer.

Les ustensiles employés pour élever les *vers-à-soie*, sont faits de manière à épargner du temps et de la dépense, et même pour mieux soigner les œufs et les *vers* dans tous les temps. L'intérêt de l'*éducateur* de ces insectes, ainsi que le perfectionnement de l'art, commandent de préférer les ustensiles que j'ai décrits.

CHAPITRE XV.

Des Avantages qui doivent résulter pour la nation, pour les propriétaires et pour les fermiers, si on réforme la manière d'élever les Vers-à-soie *généralement en usage.*

Le sol européen offre un nombre donné de produits naturels, qui sont partout égaux et indispensables.

Les changemens favorables ou défavorables qui ont lieu annuellement à l'égard de ces produits, font que les nations achètent et vendent alternativement, ainsi que nous le voyons souvent pour les grains. Les calculs de la politique et l'intérêt des finances règlent, dans les divers États, les exportations, les importations et les droits de douane, selon les circonstances.

Mais lorsque la nature, favorisant un sol, l'a mis en état de pouvoir lui seul produire constamment et indéfiniment une denrée excédant ses propres besoins, et nécessaire à ceux des autres peuples ou à leur luxe, les principes de la politique et les calculs financiers doivent devenir immuables et libéraux, comme la nature l'est dans ce cas. Alors la maxime de l'administration doit être exprimée en termes très-simples :

Qu'on encourage la production de la denrée ; qu'on en protège l'exportation , et qu'on fasse en sorte qu'elle puisse circuler librement dans tous les marchés étrangers , pour que la consommation en augmente au-dehors.

De cette manière, la politique des États se met en rapport avec leurs intérêts.

Cette maxime devrait être fondamentale dans l'Italie , quant à la soie , parce que sa valeur annuelle doit être placée immédiatement après nos plus importantes productions ; qui sont les grains et le vin, et elle est même d'une plus grande valeur si on la considère comme produit exportable à l'étranger.

La valeur de la soie , exportable à l'étranger , monte même au double de celle de tous nos autres produits ensemble. De plus, il n'existe sur les marchés d'Europe aucun produit qui, comparé à sa valeur naturelle , offre au producteur un profit net plus grand que celui que présente la soie. Par valeur naturelle, j'entends celle qui résulte de l'union des valeurs, c'est-à-dire , le revenu du fonds que donne le mûrier , le fruit des avances qu'on doit faire pour obtenir de la soie, et le montant de tous les salaires payés.

Malgré tout, il est démontré que la soie est

encore bien loin d'être arrivée à son plus haut degré de valeur, et cela particulièrement par l'effet de l'imperfection de l'art d'élever les *vers-à-soie*, et par les fautes qu'ont constamment commises les différentes administrations italiennes.

Dans ces dernières années, le Gouvernement qui vient de cesser, par un désordre introduit dans toutes les idées d'économie politique, crut bien faire de soumettre la soie à des taxes énormes de douane, à des monopoles, à des systèmes de prohibition, etc., comme s'il voulait, par ce moyen, en diminuer la production, en en rendant l'exportation difficile. Les cris de la raison, les calculs de l'expérience, et les lumières des hommes d'État, n'eurent pas assez de force pour détruire cet inconcevable système.

J'ai eu occasion, en 1812, de manifester, au Conseil général des arts et du commerce, mes idées relatives à l'importance de cette production. Ces idées, qui furent adoptées par mes collègues, ne produisirent aucun avantage, quoiqu'elles eussent été présentées au Gouvernement ; ainsi on voyait que, par de faux calculs, les vues de l'administration se trouvaient en opposition manifeste et directe avec les intérêts les plus chers de l'état.

Il n'y a pas de nation éclairée qui n'emploie

tous les moyens de faire porter aux marchés
étrangers les produits dont elle abonde , et
qu'elle peut avoir tous les ans; et il n'existe pas
d'administration intelligente qui ne la seconde
par de bonnes opérations. En Angleterre, par
exemple , l'administration des finances restitue
même les droits de douane perçus sur beaucoup de matières premières qu'on tire de l'é-
tranger, aussitôt qu'on les exporte manufacturées. C'est d'après ce principe simple d'économie politique , et d'après d'autres circonstances favorables à l'industrie de cette nation,
qu'elle porte sans cesse des coups mortels à
l'industrie de tous les peuples qui, ne jouissant
pas des mêmes avantages , ne peuvent pas soutenir sur les marchés la concurrence avec elle.

§. I.

*Valeur annuelle du produit des Cocons ou de
la Soie qu'on en retire et qu'on transporte
à l'étranger. Quelques idées sur la valeur
des produits exportables des manufactures
de soie.*

J'offre ici le tableau de la valeur des soies et
des autres produits tirés des cocons qui ont
été exportés à l'étranger, dans les dernières années du royaume d'Italie qui vient de cesser.
J'y ajoute une note des autres objets plus ou

moins manufacturés qu'on retire des cocons
et de la soie même, exportés aussi à l'étranger.
On connaît la quantité juste des exportations
par les registres des douanes, sur lesquels on
voit ce qui a été payé de droit. Quant à leur
valeur, elle se trouve déterminée par la dé-
claration des négocians et des fabricans, d'après
les prix-courans. Il peut, par conséquent, y
avoir des différences en moins à l'égard de la
valeur indiquée, mais non jamais en plus. Et
comme le système des douanes était vexatoire,
aggravant et contraire aux intérêts de la nation et du commerce, la contrebande était fré-
quente, et peut-être même commandée par les
circonstances ; elle se faisait presque sous les
yeux de tout le monde. D'après cela, j'ajoute
à la quantité de soie exportée un 15.e pour 100
en plus pour m'approcher de la valeur effective des exportations.

Il est pénible de devoir comprendre dans ces
calculs les exportations en contrebande, suite
des erreurs de l'administration ; mais ce sera
toujours ainsi tant que les règlemens des douanes ne seront pas d'accord avec les intérêts de
la nation. Lorsqu'ils le sont, les contrebandes
cessent ; chaque branche d'industrie nationale
est guidée et animée par l'intérêt individuel;
les productions et les consommations augmentent ; les fautes et l'immoralité que produit

la contrebande disparaissent , et tout rentre promptement dans l'ordre et la tranquillité.

On ne peut concevoir comment presque partout , sous différens prétextes , on a entravé l'exportation de la soie *grège*. Plusieurs administrations, pour vouloir, par exemple, faire gagner , en salaires et profits , à la nation qui produit la soie , deux francs par livre de filature , ont mis un droit excessif de douane sur l'exportation de cette qualité de soie ; il y en a eu même qui ont été jusqu'à en défendre l'exportation. Il résultait souvent de cela que, pour faire gagner deux francs , on faisait perdre le moyen prompt de vendre la soie 28 ou 30 fr. la livre , et quelquefois on en faisait diminuer notablement la consommation et la concurrence.

On peut concevoir aisément que beaucoup d'acheteurs étrangers doivent souvent préférer de travailler les soies *grèges* à leur manière. N'a-t-on pas vu plusieurs fois, dans nos marchés, qu'ils ont payé plus cher la soie *grège* que celle qui était filée ?

Il est utile de mettre de grands droits d'exportation sur des matières premières, servant aux manufactures, lorsque, ayant été toutes travaillées chez la nation où elles ont été produites, elles peuvent obtenir la préférence dans les marchés étrangers ; mais ces droits sont funestes aux intérêts de cette nation , lorsqu'ils diminuent la consommation à l'extérieur. Malheureusement, presque partout il a été plus facile en économie politique d'adopter les erreurs que de les éteindre ; aussi on a vu assez souvent qu'elles ont usurpé la place que devaient occuper les vérités fécondatrices de l'industrie rurale, manufacturière et commerciale. Il faut espérer qu'un jour elles disparaîtront, du moins en partie.

Dans l'état actuel même des choses, la valeur des exportations à l'extérieur des soies *grèges* et manufacturées, surprendrait le lecteur.

Si le royaume d'Italie qui vient de cesser, exportait, année commune, des soies pour plus de 83 millions en argent, et si, pendant quelques années, comme nous le verrons, la valeur de l'exportation dépassait 110 millions, il est indubitable qu'elle pourrait augmenter beaucoup, seulement par la manière d'élever les *vers*-à-soie telle que je l'indique, et en multipliant la plantation des mûriers, comme je le démontrerai dans peu.

Les tableaux que je présente peuvent au moins faire comprendre de quel prix est la richesse dont la nature a voulu combler l'Italie.

Exportations à l'étranger des Soies et autres matières qui en dépendent.

1807.

	Livres de douze onces de Milan (1), la quantité de.	Livres de Milan (2).
Soie *grège*,	137,518 ℔	2,475,324
Soie filée.	2,038,372	42,805,812

		L. M.
	45,281,136	52,073,306
Augmentation du 15 p. o⁄o.	6,792,170	

Soie teinte.	255,367	7,607,754
Filoselle.	80,100	220,275
Bourre de Filoselle (Rocadino).	74,100	111,150
Strasse (Straccie.).	721,100	273,384
Etoffes de soie.	179,331	12,620,490
Dites mixtes.	1,069	47,180
Dites de Filoselle.	9,961	249,025
Voiles.	30,311	2,727,990
Soie pour coudre (Aguggerie).	5,332	243,094
Rubanerie de soie (Fettuccie) et mixtes.	23,586	909,540
Dites de Filoselle.	7,858	196,450
Autres petits objets.	1,051,612	26,257,944

1808.

Soie *grège*.	233,378 ℔	2,800,536
Soie filée.	2,127,492	31,912,380

	34,712,916	
Augmentation du 15 p. o⁄o.	5,206,937	
TOTAL.	39,919,853	52,011,576

Soie teinte.	244,282	5,200,211
Filoselle.	93,400	186,800
Bourre de Filoselle (Rocadino).	101,400	116,610
Strasse (Straccie).	801,860	235,882
Etoffes de soie.	220,551	1,195,448
Dites mixtes.	2,949	103,120
Dites de Filoselle.	11,588	222,489
Voiles.	29,761	2,053,509
Rubaneries de Soie et mixtes.	21,279	643,580
Dites de Filoselle.	8,349	160,300
Soie pour coudre (Aguggerie).	4,896	150,258
Autres petits objets.		323,699

TOTAL.	10,591,906	13,800,194
		144,143,020

(1) *Ainsi que je l'ai déjà dit, les vingt-huit onces de Milan équivalent à peu près à vingt-cinq onces de France.*

(2) *6 livres 10 sous 3 deniers de Milan, équivalent à 5 francs.*

L. M.

De l'autre part. 144,143,020

1809.

Soie *grège*.	310,358 ℔	3,724,296
Soie filée.	2,810,576	34,658,640

TOTAL. 38,382,936

Augmentation du 15 p. 0/0. 5,757,440

TOTAL. 44,140,376   57,510,495

Soie teinte.	225,800	4,840,162
Filoselle.	62,700	125,400
Bourre de Filoselle (Rocadino).	163,000	187,450
Strasse (Straccie).	765,700	226,374
Etoffes de soie.	179,487	9,725,004
Dites mixtes.	2,061	73,923
Dites de Filoselle.	8,142	156,326
Voiles.	18,609	1,284,021
Rubanerie de Soie et mixtes. .	7,392	216,857
Dites de Filoselle.	9,581	183,955
Soie pour coudre (Aguggerie).	4,013	132,421
Autres petits objets.		306,355

TOTAL. 17,457,248   22,745,048

78,131,250

1810.

Soie *grège, poids nouveau*. .	153,286 ℔	5,763,553
Soie filée.	826,784	46,630,617

52,394,170

Augmentation du 15 p. 0/0. 7,859,125

TOTAL. 60,253,895   78,504,804

Soie teinte , *poids nouveau*. .	113,015	7,943,373
Filoselle.	37,000	341,734
Bourre de Filoselle (Rocadino).	63,800	239,437
Strasse (Straccie).	309,600	188,009
Etoffes de Soie.	70,692	11,739,135
Dites mixtes..	306	33,158
Dites de Filoselle.	3,482	204,765
Voiles.	13,302	2,809,466
Rubanerie de Soie et mixtes.	4,705	405,934
Dites de Filoselle.	2,290	134,681
Soie pour coudre (Aguggerie).	2,149	211,761
Autres petits objets.		390,690

TOTAL. 24,543,143   31,977,261

Dans quatre ans.. 334,880,628

Exportation annuelle pour terme moyen. 83,720,157

D'après tout ce que j'ai dit, je ne me permettrai plus aucune autre observation sur la valeur immense de ces exportations annuelles à l'étranger.

En 1810, la valeur des seules soies *grèges*, filées et teintes, monte à presque 90 millions.

Ce fait seul suffit pour que tout le monde reconnaisse, dans les productions des *vers-à-soie*, une telle source de richesses, que, si elle venait à manquer un an seulement, ce serait une très-grande calamité pour le pays.

§. 1 I.

Profit annuel que les propriétaires et les fermiers peuvent retirer de l'éducation des Vers-*à-soie, dans le cas où, les premiers fournissant la feuille et les autres leurs bras, ils se partagent les cocons qu'ils obtiennent.*

Dans un ouvrage que je publiai en 1806, je parlai de la nécessité de créer parmi nous de nouvelles branches d'industrie. J'indiquai combien était important le produit des cocons, et combien il était nécessaire de l'augmenter.

Je pensais que, la paix générale étant faite, et le commerce maritime étant libre, surtout celui de la Mer-Noire, il nous fût difficile de soutenir, avec avantage, la concurrence sur les grains dans les marchés étrangers :

j'en donnai même les motifs. Cet objet me paraissait digne des recherches du politique et du philosophe.

Je n'avais pas alors beaucoup réfléchi sur la production des cocons, parce que je ne m'en étais pas encore personnellement occupé : cependant mes assertions étaient alors fondées sur une série importante de faits.

Je puis aujourd'hui démontrer en quoi consiste réellement le gain du propriétaire et du fermier, s'ils veillent l'un et l'autre à la bonne culture du mûrier et à l'éducation des *vers-à-soie*.

Il est certain que, si on élève bien les *vers*, 21 livres de feuille suffisent pour obtenir une livre et demie de cocons. (Chapitre XIV.)

21,000 liv. de feuille donneront donc 1500 livres de cocons, 750 desquelles seront pour le propriétaire, et 750 pour le fermier.

Les 750 liv. du propriétaire lui coûtent les revenus du fonds qu'occupent les mûriers qui ont donné la feuille, et l'intérêt du capital ou des avances faites pour avoir ces mûriers.

Les 750 livres du fermier lui coûtent ses salaires ou ses journées de travail, et quelques petites dépenses dont nous parlerons plus bas.

Quant au propriétaire, nous supposerons, d'un côté, qu'il a depuis long-temps assez de mûriers sur ses propres fonds pour obtenir la feuille indiquée, et de l'autre, qu'il n'en a pas assez , et qu'il désire d'en avoir.

Il suffit à un propriétaire, pour obtenir 21,000 liv. de feuille , d'avoir soixante mûriers greffés qui en produisent 7 livres et demie chacun ; soixante qui en produisent 15 livres ; soixante qui en produisent 22 liv. 1/2 ; soixante qui en produisent 30 liv. ; soixante qui en produisent 37 liv. 1/2 ; soixante qui en produisent 45 liv. ; soixante qui en produisent 52 liv. 1/2 ; soixante qui en produisent 60 livres ; soixante qui en produisent 67 liv. 1/2 ; et dix qui en produisent 75 liv. : ce qui ferait en tout 550 mûriers. Et comme on doit supposer , au moins dans nos climats , que la quatrième partie de ces mûriers soit ébranchée chaque année , et par conséquent qu'elle repose un an , au lieu de 550 pieds , il en faudra 732.

Un fonds contenant donc, depuis plusieurs années , 732 pieds de mûriers variant en grosseur , comme je viens de l'expliquer , et dans lequel fonds on en plante de temps en temps quelques-uns pour remplacer ceux qui meurent, donnera 21,000 liv. de feuille par an.

Pour qu'un mûrier puisse prospérer , il faut que, pendant bien des années , on laisse inculte autour de lui un espace de terre d'à peu près 4 pieds carrés, afin que ses racines puissent recevoir l'air extérieur , et absorber les sucs nutritifs que la terre peut leur fournir.

732 mûriers occuperont à peu près 2928 pieds carrés de terrain où l'on ne pourra pas semer.

Si le fonds où sont ces mûriers est de très-bonne qualité, et qu'il puisse produire à peu près un setier de froment, ce serait, année commune, une perte d'à peu près 16 francs.

Si on suppose ensuite que l'achat du mûrier et les frais de plantation montent à 2 francs, 732 mûriers coûteront 1464 fr., qui produiraient à peu près 73 fr. d'intérêt.

Comme on suppose aussi qu'il y a, chaque année, une perte de quatre pour cent sur les mûriers qui périssent, il faut ajouter à peu près 59 fr. dont le propriétaire doit être refait pour le remplacement qu'il en doit faire.

D'après tous ces calculs, le propriétaire doit obtenir chaque année :

Pour le revenu du fonds. . . . . 16 fr. » s.

Pour l'intérêt du capital employé. 73

Pour la perte annuelle de mûriers, ou pour les remplacer. . . . 59

Total. . . . . 148 fr. » s.

Pour la valeur de cette somme, le proprié-taire aura chaque année 750 liv. de cocons.

S'il n'avait pas de mûriers sur son fonds, voici quelle serait sa position en les faisant planter pour obtenir, avec le temps, la feuille nécessaire.

On suppose que le propriétaire fasse planter 1000 pieds de mûriers, et qu'il veuille en conserver toujours ce nombre.

Le fonds qu'ils occuperaient, et qu'on ne pourrait pas employer à cultiver d'autres végétaux, serait d'à peu près 3600 pieds ; ce qui équivaudrait à une perte de revenu, en froment, d'à peu près un setier et demi de 120 ℔. le setier ; ce qui vaudrait 24 fr.

1000 mûriers plantés vaudraient 2000 fr., capital dont l'intérêt serait 100 fr.

La perte annuelle qu'on fait sur les mûriers nouveaux, se calcule à 3 pour %; en conséquence, la valeur de 30 mûriers à remplacer chaque année, monterait 60 fr.

Le propriétaire pourrait donc retirer bientôt :

1.º Le revenu du fonds. . . . . . . 24 fr.

2.º L'intérêt des 2000 fr. pour les mûriers plantés. 100

3.º Les mûriers à remplacer chaque année. 60

Total. . . . . 184 fr.

La culture bonne et vraîment avantageuse des mûriers exige que, lorsqu'ils sont transplantés, on les laisse trois ans sans les effeuiller, et que la quatrième année on ne fasse que les élaguer. De cette manière, la cinquième année ils ont beaucoup de feuille, et on peut alors les effeuiller sans crainte.

25

Il est cependant avantageux de ne les effeuiller que la sixième année. Après ce premier effeuillement, on les cultive d'après les meilleures règles connues.

On voit par ce que je viens de dire, que le propriétaire perdrait pendant quatre ans les 184 fr. qu'il devait retirer chaque année.

A la fin du sixième printemps, 1000 mûriers porteraient chacun, pour terme moyen, au moins 12 livres de feuille. On obtiendrait donc 12,000 liv. de feuille bonne à nourrir les *vers-à-soie*. Ces 12,000 livres de feuille doivent produire 855 livres de cocons, dont 427 liv. 8 onces pour le propriétaire.

On doit réfléchir encore que le revenu augmente chaque année, si on a soin de bien cultiver les mûriers, quoique, sur les 1000, il n'y en ait chaque année que 750 qui soient effeuillés, et que 250 soient ébranchés ou laissés sans culture. Lorsque les 750 mûriers sont devenus assez gros pour produire chacun 30 livres de feuille, on peut en retirer 22,500 livres, qui pourront faire obtenir 1605 liv. de cocons, dont la moitié appartiendra au propriétaire.

Les calculs que je viens de faire suffiront, sans doute, pour faire comprendre aux personnes qui savent bien raisonner leurs intérêts, qu'il n'existe aucune branche d'industrie qui nuise

moins aux autres , et qui donne un plus grand
gain annuel que la culture des mûriers et les
vers-à-soie.

Outre ce que je viens de dire, quatre circonstances concourent en faveur du propriétaire.

1.º Il est de fait que, pour si grandes que
soient les plantations de mûriers sur un fonds
déjà affermé , le propriétaire ne donne , en
général, rien en compensation au fermier pour
le terrain qu'ils occupent.

2.º Nous avons supposé que le propriétaire
achetait toujours les mûriers, et que chaque
pied lui coûtait 2 fr. S'il prend les mûriers dans
ses pépinières , quoiqu'il fasse bien préparer
les fosses, et qu'il y fasse mettre le fumier
nécessaire , chaque pied ne lui reviendra pas
même à un franc.

3.º La quantité de mûriers qu'on a supposé
périr tous les ans , est exagérée.

4.º Si le propriétaire fait de compte à demi
avec le fermier pour élever les *vers*-à-soie, il
obtient directement ou indirectement une bonne
partie des avantages que retire le fermier ,
parce que le produit de la totalité des cocons
finit par aller presque tout dans la poche du
propriétaire. Il est d'ailleurs connu , qu'en général on augmente l'afferme d'un fonds , en
proportion que le fermier en retire un plus
grand revenu.

Voilà le véritable état des choses.

Je laisse bien libre de parler quiconque voudra se déclarer le détracteur de ce bénéfice évident.

Je dirai seulement que, si le propriétaire ne veille pas avec soin à la plantation des mûriers et à leur culture, principalement dans les premières huit ou dix années, il ne retirera de mille mûriers, après ce terme, qu'autant de feuille qu'un habile agriculteur en retirera, après six ans, de 200 seulement.

L'observation que je viens de faire mérite la plus grande attention, parce qu'elle est le premier fondement des avantages durables qu'on peut obtenir de cette précieuse industrie.

Il y a d'autres considérations qui méritent d'être mises sous les yeux des propriétaires.

Supposons que les 732 mûriers dont j'ai parlé, existant sur le fonds (et supposons même qu'il y en ait mille), ainsi que les mille nouveaux dont je viens aussi de parler, soient plantés avec ordre sur une étendue d'à peu près 200 perches de très-bon terrain.

Ce terrain payant, comme je le suppose, trois cartes de froment par perche, donnera 150 setiers de froment au propriétaire. Ces 150 setiers à 16 fr., feront la somme de 2400 fr. Le produit annuel des mûriers, ou celui qu'on pourra obtenir dans peu d'années, équivaudra, comme je l'ai déjà dit, à 750 livres de cocons

au profit du propriétaire. Pour obtenir ces cocons, l'espace de terrain occupé par les mûriers
ne sera que de deux perches et $^1/_5.^e$ La valeur
des cocons, calculée seulement à 2 fr. la livre,
montera à 1500 fr. Il est donc clair que cette
somme équivaut non au revenu de deux perches
et $^1/_5.^e$ de terrain occupées par les mûriers, mais
à celui de 83 perches, qui paient chacune trois
cartes de froment ; ce qui est dire, en d'autres
termes, que le propriétaire obtient, en ajoutant
à l'amélioration de son fonds un capital d'à
peu près 2000 fr., une rente égale à celle que
donnent 83 perches de bon terrain qui coûtent
infiniment plus.

En fixant 200 perches de terrain pour 1000
mûriers, j'ai certainement déterminé un espace
assez grand ; car j'ai un terrain sec, de moins
de 70 perches, dont la plus grande partie est
en pré ; j'y en ai plus de 700 qui ne produisent
aucun dommage sensible ; j'y ai même une
haie de ces arbres qui me produit beaucoup.

Ayant exposé tout ce qui a rapport au propriétaire, parlons maintenant de ce qui regarde
le fermier, qui fait de compte à demi avec lui.

Je commencerai par un fait qui ressemble
à un millier d'autres, et qui seul met tout en
évidence.

Dans cette année 1814, par exemple, dans
laquelle les cocons n'ont pas en général réussi,

un de mes fermiers a retiré pour sa portion
180 livres de cocons, ce qui faisait la moitié de
360 liv. qu'avaient produit quatre onces d'œufs.
Ce fermier n'a que 120 perches de terrain.

Ces cocons de bonne qualité ont été vendus
2 fr. 55 c. la livre. Les 180 liv. ont donc fait
une somme d'à peu près 456 fr.

La propriété que cultive ce fermier est de
bonne qualité ; elle me paie deux cartes de
froment par perche ; et comme j'ai toujours
supposé que le froment vaut 16 fr. le setier,
les 456 fr. en représentent plus de 28 setiers.
Le fermier a donc payé l'afferme de 45 perches
de fonds, avec les 456 fr. Quand bien même
le propriétaire n'aurait pas indemnisé le fermier pour le fonds occupé par les mûriers, ce
dernier, en perdant le revenu d'une perche
de terre, en a acquis un qui équivaut à ce
qu'il paie de 45 perches de terrain cultivé.

Mais, pour que le fermier obtienne plus de
22 setiers de froment qu'il doit payer au propriétaire, il faut :

1.º Qu'il cultive, pour le moins, 20 perches
de fonds ;

2.º Qu'il y emploie tous les ans 40 ou 50
chars de fumier ;

3.º Qu'il y sème, pour le moins, 5 setiers
de froment choisi ;

4.º Qu'il fasse tous les travaux nécessaires
jusqu'à ce que la récolte soit faite ;

5.º Qu'il coure tous les risques des saisons.

Que l'on compare maintenant la valeur des avances que doit faire le fermier en objets et salaires pour obtenir plus de 22 setiers de blé net ; que l'on calcule les dangers auxquels il est toujours exposé avant de recueillir le froment et le rendre propre à la vente, et que l'on mette tout cela en parallèle avec les salaires seulement qu'il avance pour obtenir les 360 livres de cocons, et l'on verra clairement l'avantage que lui portent les *vers*-à-soie.

Le produit des cocons est donc grand pour le fermier, comparé à toutes les autres productions qu'il peut obtenir.

Je ne dois pas taire, cependant, qu'outre les journées de travail ou les salaires que doit fournir le fermier, il éprouve d'autres pertes, et fait quelques autres avances.

1.º Les mûriers occasionnent des dommages en faisant de l'ombre ;

2.º On foule le terrain lorsque l'on cueille la feuille ;

3.º Il consomme du bois, de l'huile, du papier ; il perd aussi l'intérêt du petit capital employé en claies ou tables et autres petits ustensiles.

Ces pertes produisent cependant les avantages suivans :

1.º Il retire beaucoup de bois chaque année

des mûriers , en en ébranchant la quatrième partie ;

2.º Il a le fumier qu'on retire des claies lors de l'éducation des *vers* ;

3.º Il fait manger la feuille aux bœufs lorsqu'elle est près de tomber.

En terminant ce paragraphe, je dois dire encore que les grands bénéfices que peuvent faire le propriétaire et le fermier, sont fondés sur la bonne plantation et culture des mûriers, et sur l'éducation soignée que l'on donne aux *vers*-à-soie ; et que ces profits sont presque tous perdus pour ceux qui plantent ou qui cultivent mal les mûriers, et n'élèvent pas bien les *vers*-à-soie.

§. I I I.

Produit net que peuvent retirer ceux qui élèvent les Vers-à-soie *entièrement pour leur compte, soit en employant la feuille qui leur appartient, soit en l'achetant.*

Les comptes que je vais donner tendent à prouver que l'art d'élever les *vers*-à-soie peut être exécuté par qui que ce soit qui ait une chambre, des œufs de *vers*-à-soie, et de la feuille de mûrier à sa disposition.

Les règles que j'ai établies dans cet ouvrage sont telles que, quoiqu'on ne soit ni propriétaire ni fermier, on peut cependant élever des *vers*-à-soie avec le même avantage qu'eux.

Le tableau de tout ce que j'ai dépensé pour l'éducation des *vers*-à-soie dans ces deux dernières années et de ce que j'en ai retiré, est très-exact.

Ma *magnanière* ou *coconnière* pouvait contenir, depuis la quatrième mue jusqu'à la fin, les *vers* produits par cinq onces d'œufs.

1813. DÉPENSES FAITES :

	liv.	M. sols.
5 onces d'œufs.	15	»
Bois pour les faire éclore (Chap. V).	1	15
82 quint. 50 liv. de feuille, à peu près à 4 liv. 13 s. 6 d. le quintal, prix moyen.	385	»
Dépense pour cueillir la susdite feuille, à raison de 22 s. 8 d. par quintal.	96	5
18 quint. 75 liv. de copeaux, bois gros et menu, à 1 l. 1 s. 4 d. le q.	20	»
Rameaux pour faire monter les *vers*.	18	»
Papier pour mettre sur les claies.	14	»
Huile pour les lampes. . . .	9	»
Bouteille pour purifier l'air. . .	1	10
110 journées d'homme et de femme payées, celles d'homme, à 25 sols, et celles de femme, à 15 sols.		

560 l. 10 s.

De l'autre part. 560 10

Quand les hommes passent quelques heures de la nuit à travailler, on leur donne 10 sols de plus et 5 sols aux femmes ; le tout monte. . . 103 10

Afferme des locaux et intérêt du capital employé pour l'achat des claies et autres petits objets. . . 90 »

	liv.	M.	sols.
TOTAL.	754		»

La plus grande partie du papier et des rameaux sert pour les années suivantes.

On a retiré 613 liv. 8 onc. de cocons qui , vendus à 34 s. 6 d., font à peu près la somme de. . . 1,063 »

Profit pour celui qui a élevé les *vers-à-soie* pour son compte. . . 309 8

1814.   DÉPENSES.

	liv.	M.	sols.
5 onces d'œufs.	15		»
Bois pour les faire éclore. . .	1		15
8250 liv. de feuille à 4 l. 13 s. 6 d. environ les 100 liv.	385		»
Dépenses pour cueillir la feuille.	96		5
Copeaux, bois gros et menu, 15 quint. à 1 liv. 1 s. 4 d. le quint.	16		»

514 l.   »

	liv.	M. sols.
De l'autre part.	514	»
Rameaux pour faire monter les *vers*, en sus de ceux de l'année 1813.	4	10
Papier de plus que celui de 1813.	4	»
Huile pour les lampes.	9	»
Bouteille pour purifier l'air. . .	1	10
Pour journées de travail. . .	109	»
TOTAL.	642	»
Afferme et intérêt du capital. .	90	»

liv. M. sols.

732 »

On a retiré 601 liv. 8 onces de cocons, qui se sont vendus à 52 sols la livre, et ont produit. . . . 1,563 18

liv. M. sols.

Profit net. . . . 831 18

Il résulte de ce compte que le fermier retire toujours un bénéfice sensible pour avoir seulement fourni son travail. Ce bénéfice a été très-grand cette année, pour ceux qui ont bien élevé les *vers*.

Par ce que j'ai dit, on s'aperçoit évidemment que le fermier n'a fourni en journées qu'à peu près 200 liv., et 50 liv. à peu près en avances, y compris la valeur de la moitié des œufs. Si on compare cette dépense avec le gain, il résulte qu'en 1814 il a retiré 781 liv. 19 s., qui sont la moitié des 1563 liv. 18 s., montant total du revenu de cette année. Il me semble que ce bénéfice, obtenu dans peu de jours, est bien grand pour un fermier.

Il est vrai de dire que le haut prix des cocons, en 1814, a beaucoup contribué à augmenter le bénéfice. En 1813, les cocons s'étant
vendus à bas prix, le gain ne fut que de 309 liv.
8 s. Cette somme me paraît cependant assez
forte pour encourager un fermier.

Revenons à l'objet de ce paragraphe, et concluons que, d'après les comptes que j'ai faits
plus haut, il résulte, qu'en supposant que 20
ou 21 liv. de feuille donnent une liv. et demie
de cocons, le gain est grand pour qui que ce
soit qui entreprenne d'élever les *vers*-à-soie;

Que dans 35 jours à peu près, pendant la
plus grande partie desquels il y a bien peu à
faire, un chef de famille peut gagner assez pour
vivre quelques mois;

Qu'une famille un peu nombreuse, s'en
occupant avec soin et assiduité, peut épargner
presque toute la dépense en journées, et gagner par conséquent beaucoup plus que les
personnes qui font tout faire;

Que le particulier qui a à lui un atelier
spacieux et beaucoup de feuille, peut, dans
peu d'années, avec la seule valeur des cocons,
égaler le revenu d'une assez bonne propriété :
je dis assez bonne, parce que j'entends toujours
parler des petits propriétaires qui, par besoin,
sont obligés de bien cultiver leurs fonds. En
général, les propriétaires riches ne s'occupent pas
d'augmenter ou d'améliorer leurs productions.

§. IV.

Augmentation annuelle des richesses que produiraient à la nation les seules premières améliorations générales de l'art d'élever les Vers-à-soie, que j'ai indiquées dans cet ouvrage.

Une nation peut, comme une famille, augmenter ses richesses chaque année, de deux manières :

La première, en augmentant la valeur des productions annuelles, sans augmenter celle des consommations ;

La seconde, en diminuant annuellement les consommations ordinaires, s'il est difficile d'augmenter la valeur des productions annuelles.

On obtient le premier but en perfectionnant l'industrie nationale, et le second, en économisant ou diminuant les consommations inutiles.

Ces deux manières d'augmenter les richesses montrent que la richesse croissante ou décroissante d'une nation et d'une famille dépend, en général, des individus qui la composent, et non de la nature des gouvernemens. Il n'y a que les actes de l'administration qui puissent souvent avoir une part directe à l'augmentation et à la diminution des productions et de leur valeur annuelle, en ce qu'ils peuvent encourager ou diminuer le débit, et conséquemment encourager ou diminuer aussi le zèle et la quantité des bras qu'emploîraient ceux qui font produire ou qui vendent.

Je crois pouvoir démontrer que l'Italie peut produire dans peu d'années pour plus de quarante millions de soie exportable.

Je vais mettre cette vérité sous les yeux de tout le monde. Aujourd'hui la seule quantité de soies *grèges*, filées et teintes, qui passent à l'étranger (ne parlant pas de tout le reste), appartenant aux provinces qui composaient le ci-devant royaume d'Italie, monte à 80 millions, valeur beaucoup moindre que celle à laquelle elles se portèrent en 1810. (§. I.) En voici le compte.

1.° Je suppose qu'on obtienne d'une once d'œufs 90 liv. de cocons au lieu de 45 liv. que, pour terme moyen, on en retire aujourd'hui, on épargnera la moitié des cocons destinés à produire les œufs. (Chap. IX.) Cette moitié de cocons, qui donneront de la soie exportable, a une valeur d'à peu près. . . . . 800,000 liv.

2.° Si on élève les *vers*-à-soie de manière à ce qu'à peu près 21 liv. de feuille produisent une liv. et demie de cocons, tandis que actuellement il faut à peu près 25 liv. de feuille, parce qu'il faut, pour terme moyen, plus de 1050 liv. de feuille pour obtenir 60

800,000 liv.

Ci-contre. . . . . 800,000 liv.

liv. de cocons, on en a alors une quantité qui équivaut à un quart de plus; sa valeur montera donc à peu près à. 20,000,000

3.º Je suppose que, par une bonne éducation, les pertes diminuent seulement d'un dixième par cent; cela produira dans plus ou moins de temps. 8,000,000

4.º Si on admet ensuite qu'on cultivera mieux les mûriers et qu'on en plantera davantage, on peut supposer que, dans dix ans, la production de la feuille ait augmenté seulement d'un 10.ᵉ par cent.

On aura alors une augmentation de production en cocons de. 8,000,000

5.º En supposant l'amélioration dans l'art d'élever les *vers*-à-soie, les cocons qu'on obtiendra, à poids égal à ceux des ateliers mal soignés, donneront pour le moins un 10.ᵉ de plus par cent de soie, comme l'expérience le démontre tous les jours. (Chap. XIV, §. V.)

La valeur de cette amélioration montera au moins à. 6,000,000

La totalité de la production annuelle échangeable pourrait donc aisément se porter à la somme de. 42,800,000 liv.

Ce calcul pourra d'abord paraître exorbitant ; mais si on y veut bien réfléchir, je me plais à croire qu'on le trouvera au contraire modéré.

J'ai dû, dans ce compte, partir de la valeur de la soie exportée, la confondant avec celle de la production des cocons; je ne pouvais pas faire différemment. On exporte les soies et non les cocons.

D'après tout ce que j'ai dit et démontré, on pourrait assurer, qu'en augmentant la production annuelle, et l'exportation de soie seulement pour quarante millions, il y aurait un bénéfice net, pour la nation, de plus des deux tiers, c'est-à-dire, de plus de 26 millions par an.

Comme jusqu'à présent je n'ai considéré la soie que comme une production exportable, on s'aperçoit facilement que sa valeur annuelle devient encore plus gigantesque, si on y joint la quantité qui s'en consomme dans l'intérieur pour nos besoins et nos usages.

Il n'est certainement pas aisé de prévoir jusqu'à quelle somme peut se monter la valeur de la soie exportable, si on suppose que l'art de la faire produire deviendra un art national vers lequel se dirigeront les soins des hommes intelligens, instruits et amis de leur patrie. Jusqu'à présent cet art si précieux n'a présenté qu'un amas de diverses pratiques dont la plupart sont incertaines et souvent absurdes.

La manière de manufacturer la soie pourra bien varier chez les divers peuples policés, selon que la mode variera, mais elle ne cessera d'être avidement recherchée de toutes les nations. Aucun des produits naturels et artificiels que l'homme connaît, n'équivaut à la soie pour la somptuosité et la splendeur. Les cours et les grands chercheraient en vain des ornemens plus magnifiques pour satisfaire leur vanité et leur luxe. Les temples de la religion ne trouveraient rien de plus noble pour les grandes solennités.

Il faut donc penser à avoir de la soie en quantité, soit *grèze*, soit filée, soit manufacturée, afin d'en pourvoir tout le globe.

Les divers comptes et calculs que j'ai faits l'ont été sur des données authentiques prises de l'administration du ci-devant royaume d'Italie; chaque province italienne, qui n'a pas fait partie de ce royaume, pourrait calculer le montant de ses exportations en soie à l'étranger; de cette manière on connaîtrait l'immense valeur de la soie que toute l'Italie exporte.

Heureux, si, ayant examiné dans tout son détail ce grand objet d'industrie nationale, je puis, en inspirant le désir de bien élever les *vers*-à-soie, contribuer à rendre meilleure la condition des familles!

F I N.

DESCRIPTION DES FIGURES.

PLANCHE Ire

FIG. 1. Grand atelier avec une salle antérieure.

    a. Six portes, trois desquelles conduisent à la salle antérieure et trois au grand atelier.

    b. Six fenêtres ayant chacune un soupirail placé au niveau du pavé, et qui s'ouvre à volonté.

    c. Petite chambre où est au milieu une ouverture demi-circulaire qui s'ouvre et se ferme, par où on jette le fumier et on fait monter la feuille.

    d. Six soupiraux au pavé du grand atelier pour faciliter la circulation de l'air.

    e. Fenêtres sous lesquelles il y a des soupiraux comme à la salle antérieure.

    f. Ces figures donnent une idée de la disposition des tables ou claies en trois lignes.

    g. Poile.

    h. Six cheminées.

FIG. 2. Atelier qui donne à peu près 600 liv. de cocons. On y voit quatre cheminées dans les angles, deux poiles dans le milieu, et un autre en face de la porte.

FIG. 3. Petit atelier avec une cheminée à deux angles et un poile.

FIG. 30. On voit que les tables ou claies sont placées l'une après l'autre, de manière que plusieurs qui ont de 15 à 18 pieds de longueur, en peuvent former une seule longue de 55 à 75 pieds de long et même plus.

PLANCHE II.

FIG. 10. On voit que les soupiraux qui sont placés dans les divers points de l'atelier peuvent s'ouvrir plus ou moins à volonté.

FIG. 13. Petite boîte de transport. Chaque planchette, qui se tire et se remet facilement, est assez grande pour y placer une feuille de papier pouvant contenir une once d'œufs. Si on n'a à transporter que peu d'onces de *vers*, on peut ôter toutes les planchettes qu'il y a de trop. On la porte comme une hotte.

FIG. 23. *Bouteille pour purifier l'air.* En ouvrant la vis, on hausse aussi le couvert de la bouteille, qui est une pièce de verre poli à l'émeri, enchâssée dans la bouteille, et qui la bouche hermétiquement. La bouteille a aussi ses bords polis à l'émeri. Lorsqu'elle est ouverte, sortant la tablette sur laquelle elle est appuyée, on la porte où l'on veut.

Toutes les autres figures sont des objets faciles à distinguer, sans qu'il soit nécessaire d'en donner la description. (Chap. XIII, §. 4.)

A MONTPELLIER,

Chez JEAN MARTEL AÎNÉ, Seul Imprimeur de la Faculté de Médecine, près la Préfecture.

ERRATA.

Page 2 , dernière ligne , *supprimez* petites

Page 5 , ligne 25 , *au lieu de* du moins *lisez* au moins

Page 8 , ligne 10 , *au lieu de* ses pertes *lisez* les pertes

Page 34 , lig. 14 , au lieu de *Tartaria* ; lisez *Tataria* ;

Page 54 , ligne 27 , *ajoutez à la fin de la phrase* de largeur.

Page 85 , ligne 13 , *au lieu de* 110 livres *lisez* 165 livres

Page 128 , ligne 11 , *au lieu de* Il est inutile *lisez* Il est avantageux

Page 150 , ligne 32 , *au lieu de* très-électriques. *lisez* désélectrisantes.

Page 151 , ligne 9 , *au lieu de* diminue-t-elle aussi , *lisez* diminue aussi ,

Page 321 , avant-dernière ligne , *lisez* le cocon.

Page 271 , dernière ligne , *lisez* les filières sont plus fines que dans les autres.

Page 277 , lig. 15 , *lisez* pesées venant d'être cueillies,

Tab. I.

Fig. I.

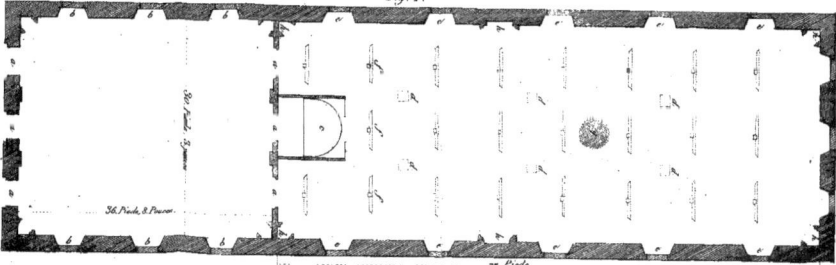

77. Piede.

Fig. III.

Fig. II.

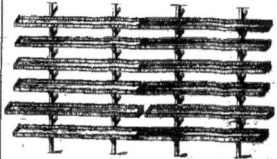

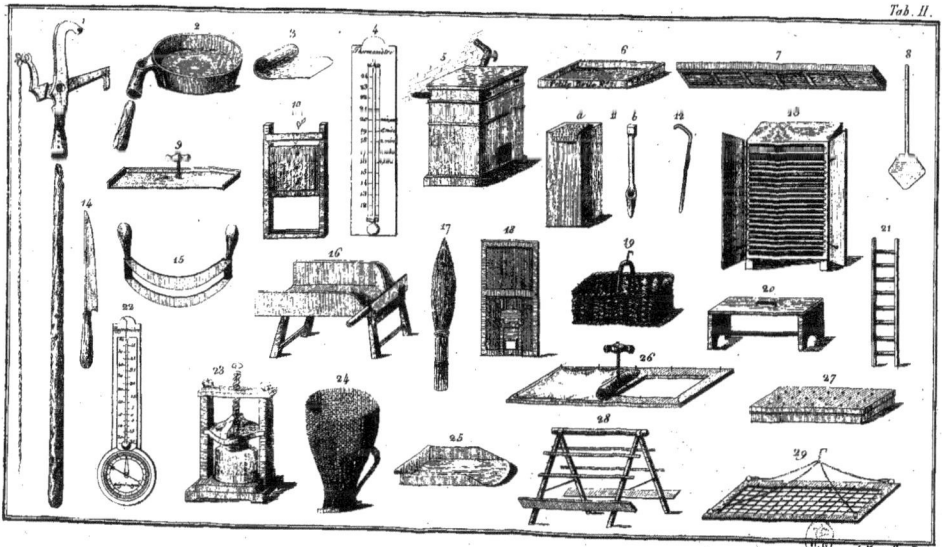

Tab. II.

SECOND TABLEAU.

Éducation des Vers-a-soie provenant de cinq onces d'œufs.

1814. PREMIER AGE. JOURS D'ÉDUCATION.	MOIS.	FEUILLE MONDÉE.	TEMPÉRATURE INTÉRIEURE.	TEMPÉRATURE EXTÉRIEURE à cinq heures du matin, au couchant.	HYGROMÈTRE de Chanoine BELLANI.	TEMPS.	OBSERVATIONS.
Jour I	Mai 23	Livres 2 2 once.	Degrés 18 17	Degrés 9		plein.	Les vers-à-soie de certaines tables se sont éveillés un peu avant les autres. Par l'effet du froid
II	24	3 9	17	7		pluie et orage.	extérieur, la température du petit atelier était, dans certains endroits, à un degré et demi au-dessous
III	25	4	17 16 1/2	6		pluie et soleil.	de certains autres, quoique tout l'atelier fut bien calfeutré. Ce degré de froid était du côté des
IV	26	4	16 1/2	6		nuage et soleil.	ouvertures et des tables basses.
V	27	7 9	17	8		nuage.	
VI	28	7 9	17 1/2	10		pluie.	
		30					
SECOND AGE.		PETITS RAMEAUX ET FEUILLES.					
Jour VII	29	Livres 6 10	17	7	Degrés 68	pluie.	Les vers-à-soie s'assoupissent et s'éveillent avec plus de régularité et à des temps moins éloignés
VIII	30	Feuille 16 8	17	9 1/2	70	brouillard et soleil.	que dans le premier âge.
IX	31	23 6	18	10	65	idem.	
X	Juin 1	22 8	16	11	68	pluie.	
XI	2	10 8	16	14	68	pluie et soleil.	
XII	3	1 8	16 1/2	13	70	nuage.	
		83					
TROISIÈME AGE.		PETITS RAMEAUX ET FEUILLES.					
Jour XIII	4	Livres 21	16 1/2	10	68	pluie et soleil.	Tout s'est fait avec régularité dans le troisième âge.
XIV	5	Feuille 48	16	10	69	idem.	Il s'est consommé 24 livres de feuille mondée de plus qu'en 1813.
XV	6	60	18 1/2	13	70	pluie et soleil.	
XVI	7	90	16 1/2	11	75	idem.	
XVII	8	75	16 1/2	10 1/2	74	pluie.	On a tiré moins d'épluchures de la feuille en 1814 qu'en 1813. En conséquence, la quantité totale
XVIII	9	30	16 1/2	9	79	pluie et soleil.	de feuille a été à peu près la même les deux années.
XIX	10	3	16 1/2	11	78	pluie et soleil.	
		324					
QUATRIÈME AGE.		PETITS RAMEAUX ET FEUILLES.					
Jour XX	11	Livres 150	16 1/2	11	76	pluie et soleil.	On a mis deux jours à nettoyer les tables, parce que les vers-à-soie des tables placées dans le lieu
XXI	12	Feuille 48 8	16 1/2	14	75	idem.	le plus frais de l'atelier, se sont assoupis et éveillés un jour après les autres.
XXII	13	180	16	14 1/2	74	beau temps.	
XXIII	15	195	15 1/2	13	74	nuage et soleil.	
XXIV	15	229	18 1/2	14	75	soleil et pluie.	Il s'est consommé 30 livres de feuille mondée de plus qu'en 1813. Il y a eu moins d'épluchures en
XXV	16	100	16	15	72	idem.	1814. La marche du quatrième âge a été assez régulière.
XXVI	17	7 8	16 1/2	15	70	beau temps.	
		935					
CINQUIÈME AGE.		PETITS RAMEAUX ET FEUILLES.					
Jour XXVII	18	Livres 180	16	12 1/2	73	beau.	Le froid et l'inconstance de la saison rendent mémorables ces derniers onze jours.
XXVIII	19	Feuille 270	16	13	73	pluie et soleil.	Les vers-à-soie prospéraient toujours. Mais comme les nuits étaient très-froides, on n'a jamais pu
XXIX	20	300	16	11	73	idem.	obtenir, dans toutes les parties de l'atelier, une température parfaitement égale. On a été obligé
XXX	21	450	15 1/2	12	75	pluie.	d'allumer les poêles, et de brûler même du gros bois dans les cheminées, pour soutenir constamment
XXXI	22	540	16	11	73	nuage et pluie.	la température nécessaire.
XXXII	23	675	16	9	72	pluie et soleil.	
XXXIII	24	18	16	10	74	idem.	Il a été consommé 84 livres de feuille de plus qu'en 1813.
XXXIV	25	975	16	9 1/2	74	idem.	Les épluchures et le poids du cocon furent en moindre quantité qu'en 1813.
XXXV	26	750	16 1/2	10	73	idem.	Il y avait moins de mûres en 1814, et elles étaient même plus légères que les années antérieures.
XXXVI	27	30	16 1/2	10	73	nuages et pluie.	On a retiré six litres de cocons de plus. Quelques tables ont eu besoin d'un peu de feuille, le 29
XXXVII	28	270	16 1/2	8	72	pluie et soleil.	juin, XXXVIII jour de l'éducation; on s'est servi de celle qui n'avait pas été consommée la veille.

Cinquième âge . . . . . . livres 5,730
Quatrième âge 935
Troisième âge 324
Deuxième âge 83
Premier âge 30

FEUILLE MONDÉE . . . . . livres 7,106

1,606 livres de feuille par once d'œufs.

Les vers-à-soie de cinq onces d'œufs ayant consommé 8,130 livres de feuille, ont produit 601 livres 8 onces de cocons choisis, et 4 livres 8 onces de cocons de rebut. Il a été consommé à peu près vingt livres de feuille par livre de cocons.

PREMIER TABLEAU.

ÉDUCATION DES VERS-A-SOIE provenant de cinq onces d'œufs.

1815. PREMIER AGE. JOURS D'ÉDUCATION.	MOIS.	FEUILLE MONDÉE DONNÉE AUX *VERS*-A-SOIE.	TEMPÉRATURE intérieure.	TEMPÉRATURE extérieure.	OBSERVATIONS.
Jour I	Mai 18	Livres 4 4 onc.	Degrés 19	Degrés 15	Le jour de l'éducation commence après-midi.
II	19	Feuille 6	19	14	Air froid et sec.
III	20	12	19	15	La température extérieure a été du 13.e au 14.e
IV	21	6 4	19	15	degré et demi au couchant, à cinq heures du matin.
V	21	1 8	19	13 1/2	
		Livres 30			
SECOND AGE.		PETITS RAMEAUX ET FEUILLES.			
Jour VI	23	Livres 18	18 1/2	14	Beau temps et air sec.
VII	24	Feuille 30	18 1/2	14	
VIII	25	33	18	14 1/2	
IX	26	9	18	15	
		Livres 90			
TROISIÈME AGE.		PETITS RAMEAUX ET FEUILLES.			
Jour X	27	Livres 30	17 1/2	Peu de variation dans la température extérieure.
XI	28	Feuille 90	17 1/2	Les vents du midi prédominent, pluie, temps pesant.
XII	29	97 8	17	L'air sec qui a prédominé dans le 2.e âge a donné
XIII	30	53 8	17	beaucoup de vigueur aux vers-à-soie.
XIV	31	30	17	
		Livres 300		
QUATRIÈME AGE.		PETITS RAMEAUX ET FEUILLES.		
Jour XV	Juin 1	Livres 2	17	Des vers-à-soie placés dans un air à 14 degrés
XVI	2	Feuille 97 8	17	ont été assoupis pendant cinquante heures.
XVII	3	165	16 1/2	
XVIII	4	225	16 1/2	
XIX	5	255	16 1/2	
XX	6	127 8	16 1/2	
XXI	7	30	16 1/2	
XXII	8	»	16 1/2	
		Livres 900		
CINQUIÈME AGE.		PETITS RAMEAUX ET FEUILLES.		
Jour XXIII	9	Livres 180	16 1/2	La saison a été très-mauvaise depuis le 13 jusqu'au
XXIV	10	Feuille 270	16 1/2	18 juin. Le thermomètre, placé au couchant, n'a
XXV	11	420	16 1/2	marqué, pendant les 15, 16 et 17, que 9 degrés
XXVI	12	540	16	à 5 heures du matin. Pluie froide, presque conti-
XXVII	13	810	16	nuelle. Le baromètre n'indiquait cependant pas un
XXVIII	14	975	16	air très-humide.
XXIX	15	990	16	
XXX	16	660	16 1/2	
XXXI	17	495	16 1/2	
XXXII	18	240	16 1/2	

Poids de la feuille par once d'œufs. . . . 1609 liv. 8 onc.

Les *Vers*-à-soie provenant de cinq onces d'œufs, qui ont consommé, par conséquent, 8,047 liv. 8 onc.
de feuille, ont produit 607 liv. 8 onc. net de cocons et six livres de filoselle.

Il s'est consommé à peu près 20 liv. 1 onc. de feuille par livre de cocons.

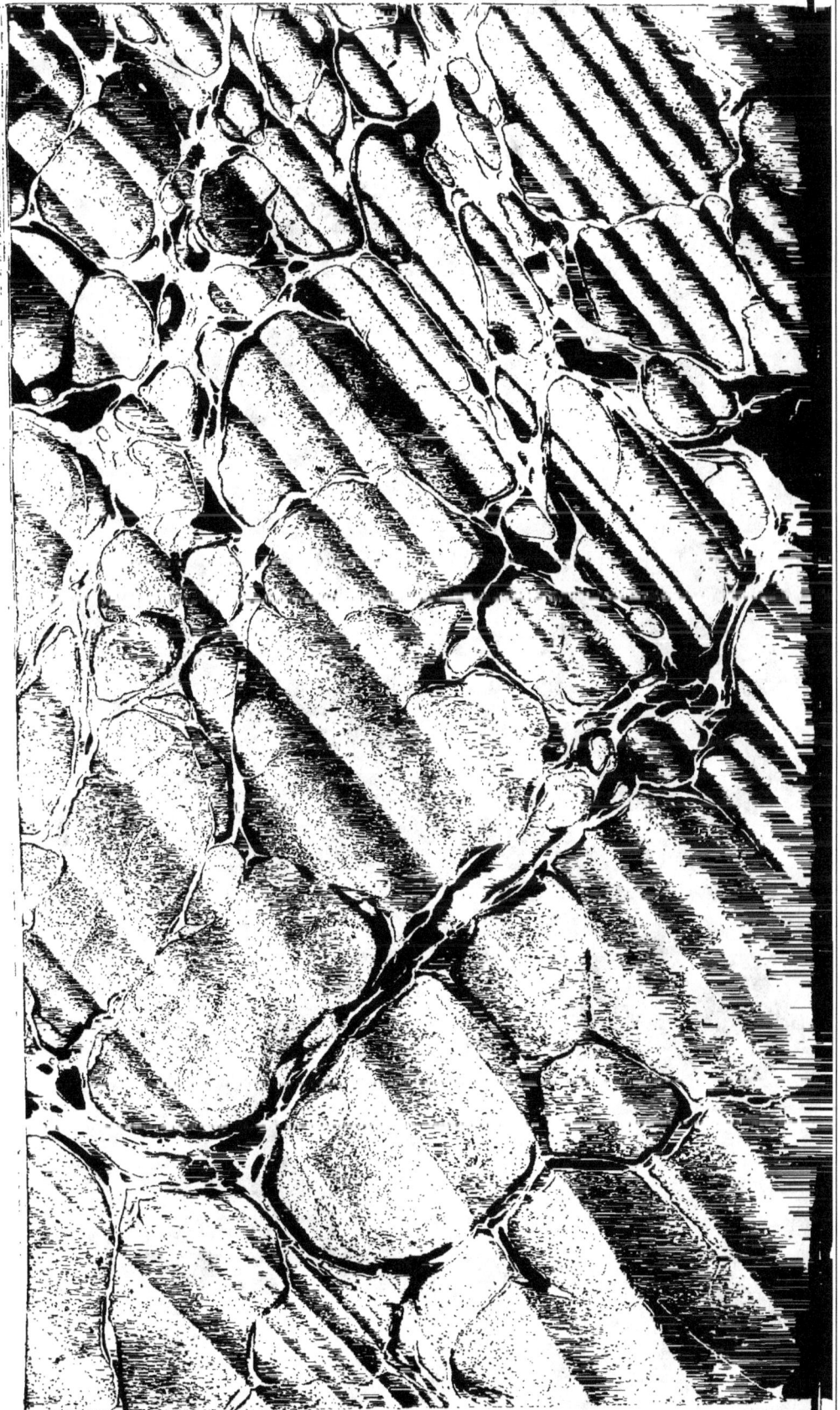

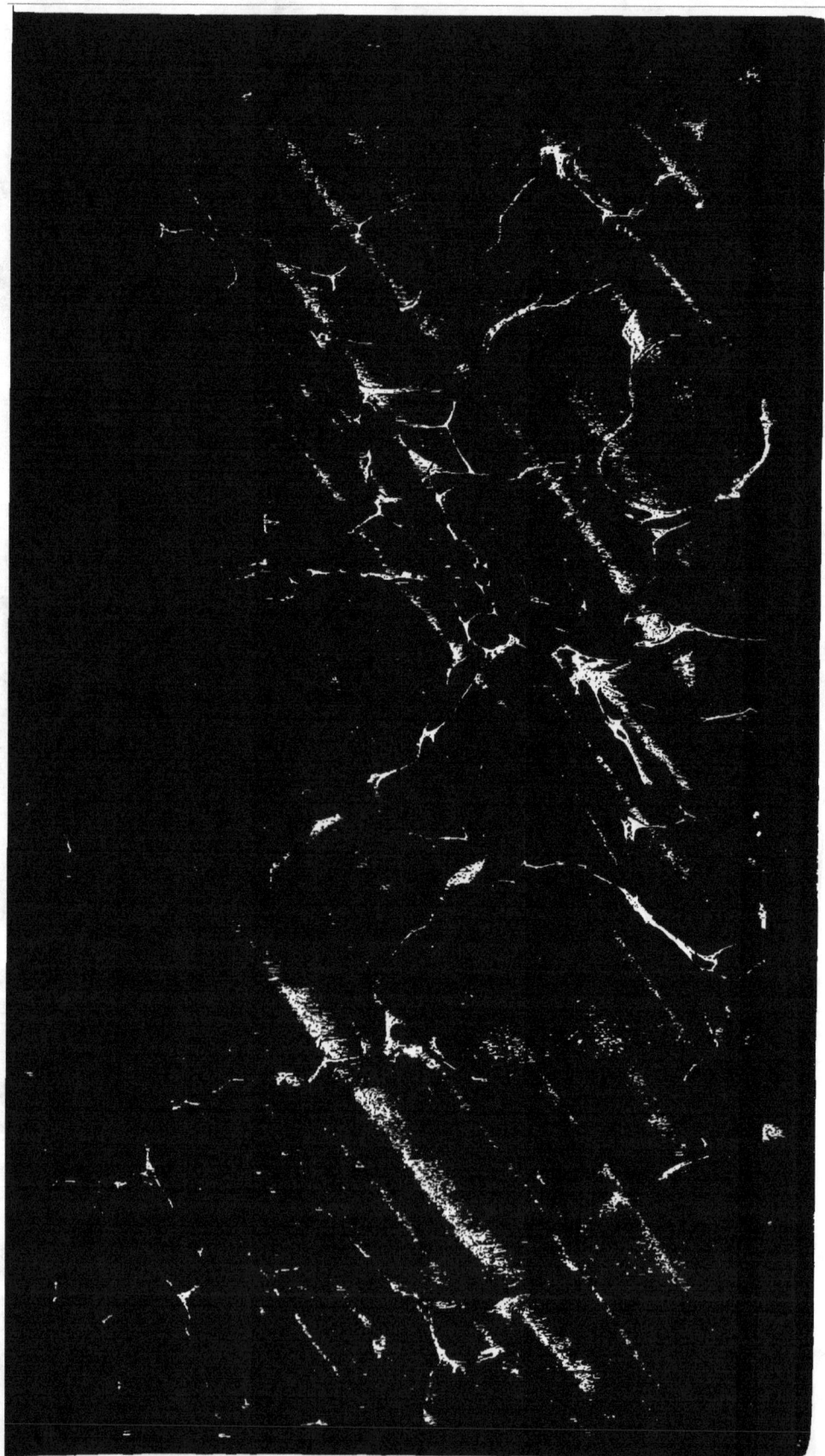